화훼장식기능사 필기

화훼장식기능사 필기

초판 1쇄 인쇄 2008년 4월 23일
초판 1쇄 발행 2008년 4월 30일

지은이 윤순진·윤현숙·장유진
그림 윤순진
펴낸이 김재광
펴낸곳 도서출판 솔과학
주소 서울시 마포구 염리동 164-4 삼부골든타워 302호
전화 82-2(02) 714-8655
팩스 82-2(02) 711-4656
출판등록 1997년 2월 22일(제10-104호)

ISBN 978-89-92988-13-1 (13520)

이 책은 저작권법에 따라 보호받는 저작물이며
저작권자의 서면 허락없이는 내용의 일부 혹은 전부를 사용할 수 없습니다.
저자와의 협의에 의해 인지를 생략합니다.
잘못 만들어진 책은 구입처나 본사에서 교환해 드립니다.

화훼장식기능사 필기

솔과학
SOLKWAHAK

이 교재가 기초가 되어 화훼장식분야에 입문하는 모든 분들께 도움이 되고 좋은 결과가 있기를 기대하면서 지금까지의 과정을 함께하고 마무리하기까지 진심어린 성원을 아끼지 않았던 진플라워 아카데미 회원 모든 분들께 감사드립니다.

윤순진 · 윤현숙 · 장유진

출 제 기 준

- 직무분야 : 농림　　　　○ 자격종목 : 화훼장식기능사　　　　○ 적용기간 : 2005.4.1 ~ 2009.12.31
- 직무내용 : 화훼류를 주소재화하여 실내·외 공간의 기능성과 미적효과가 높은 장식물의 계획, 구상, 디자인, 제작, 유지 및 관리하는 직무수행
- 필기시험방법 : 객관식　　　　○ 시험시간 : 1시간

필기과목명	문제수	주요항목	세부항목	세세항목
화훼장식재료	20	1. 화훼의 정의 및 이용형태	1. 화훼의 정의 2. 화훼의 이용형태	
		2. 화훼장식 식물재료의 분류	1. 식물명	1. 학명　　2. 보통명
			2. 식물재료의 분류	1. 1~2년초　2. 숙근류　3. 구근류 4. 화목류　5. 다육식물　6. 관엽식물 7. 난　　　8. 기타
			3. 용도별 분류	1. 절화용　2. 절지용　3. 절엽용 4. 분식물용　5. 정원용　6. 건조소재용
		3. 화훼식물의 형태와 용도	1. 형태 2. 용도	1. 꽃　2. 잎　3. 줄기　4. 열매 1. 생활공간　2. 축하용　3. 애도용 4. 디스플레이용　5. 작품전시회용 6. 특수용도　7. 기타
		4. 식물 외 재료	1. 재료 2. 도구	1. 용기　2. 구조물　3. 장식물 등 1. 칼　　2. 가위 등

필기과목명	문제수	주요항목	세부항목	세세항목
화훼장식 제작 및 유지관리	20	1. 화훼장식 식물 재료의 관리	1. 절화의 관리	1. 절화생리　2. 절화보존제 3. 환경조절　4. 에틸렌발생(작용)억제 5. 기타방법
			2. 분식물의 관리	1. 배양토의 종류와 특성　2. 관수 3. 환경조절
		2. 화훼장식의 종류와 특성	1. 화훼장식의 종류	1. 꽃꽂이(꽃바구니)　2. 꽃다발(신부부케) 3. 리스　4. 갈란드　5. 분식물장식 (공간장식)
			2. 화훼장식의 특성	
		3. 화훼장식물의 조형	1. 줄기배열 2. 구성형식	1. 방사선　2. 병행선　3. 교차선　4. 감는선 1. 장식적　2. 식생적　3. 구조적 4. 형-선적구성
			3. 표현양식	1. 한국식　2. 일본식　3. 미국식　4. 유럽식
		4. 화훼장식 표현기법	1. 표현기법	1. 밴딩　2. 바인딩　3. 번들링　4. 레이어링 5. 테라싱　6. 그루핑　7. 클러스터링 8. 조닝　9. 프레이밍　10. 새도잉　11. 시퀀싱
			2. 철사 다루기	1. 피어싱　2. 훅킹　3. 인서션　4. 크로싱 5. 헤어핀

필기과목명	문제수	주요항목	세부항목	세세항목
화훼장식론	20	1. 화훼장식의 정의와 기능	1. 정의	1. 정의 2. 목적
			2. 기능	1. 장식적　2. 심리적　3. 환경적 4. 교육적　5. 치료적
		2. 화훼장식 역사	1. 동양 2. 서양	1. 한국　2. 일본　3. 중국 1. 고대　2. 유럽시대　3. 근대　4. 현대
		3. 화훼장식 디자인	1. 디자인 요소	1. 선　2. 형태　3. 깊이　4. 색 5. 질감　6. 향기
			2. 디자인의 원리	1. 조화　2. 통일　3. 균형　4. 규모　5. 비 6. 강조　7. 리듬　8. 단순
		4. 화훼 가공	1. 건조 가공 2. 건조장식물	 1. 압화　2. 염색 등

차례

I. 화훼장식재료

1. 화훼의 정의 및 이용형태 … 13

   1. 화훼의 정의 … 13
      (1) 화훼 (2) 화훼원예 (3) 화훼원예의 특징
   2. 화훼의 이용형태 … 14
      (1) 목적에 따른 분류 (2) 형태적 분류

2. 화훼장식 식물재료의 분류 … 17

   1. 식물명 … 17
      (1) 식물의 분류체계 (2) 학명 (3) 보통명 (4) 표찰 표기법
   2. 식물재료의 분류 … 24
      (1) 1~2년초 (2) 숙근류 (3) 구근류 (4) 화목류 (5) 선인장과 다육식물
      (6) 관엽식물 (7) 난과식물 (8) 기타
   3. 용도별 분류 … 32
      (1) 절화용 (2) 절엽용 (3) 절지용 (4) 분식물용 (5) 정원용 (6) 건조소재용

3. 화훼식물의 형태와 용도 … 34

   1. 형태 … 34
      (1) 꽃 (2) 잎 (3) 줄기 (4) 뿌리 (5) 열매
   2. 용도 … 46
      (1) 생활공간 (2) 축하용 (3) 애도용 (4) 디스플레이용 (5) 작품전시회용 (6) 특수용도

4. 식물 외 재료 … 49

   1. 재료 … 49
      (1) 용기 (2) 구조물 (3) 장식물
   2. 도구 … 55
      (1) 칼 (2) 가위 (3) 가시제거기 (4) 니퍼 및 펜치 (5) 분무기

I. 기출문제 … 57

II. 화훼장식 제작 및 유지관리

1. 화훼장식 식물 재료의 관리 … 85

1. 절화의 관리 … 85
(1) 절화의 생리 (2) 절화보존제 (3) 절화 수명에 영향을 미치는 환경요인
(4) 에틸렌발생(작용) 억제

2. 분식물의 관리 … 91
(1) 배양토의 종류와 특성 (2) 관수 (3) 환경조절

2. 화훼장식의 종류와 특성 … 98

1. 화훼장식의 종류 … 98
(1) 꽃꽂이 (2) 꽃바구니 (3) 꽃다발 (4) 신부부케 (5) 코사지 (6) 리스 (7) 갈런드
(8) 형상물 (9) 꼴라주 (10) 테이블 장식 (11) 공간장식 (12) 분식물 장식

3. 화훼장식물의 조형 … 126

1. 줄기배열 … 126
(1) 방사선 (2) 병행선 (3) 교차선 (4) 감는선 (5) 줄기 배열이 없는 구성

2. 구성형식 … 129
(1) 장식적 구성 (2) 식생적 구성 (3) 구조적 구성 (4) 형-선적 구성
(5) 오브제적 구성 (6) 평면 구성

3. 표현양식 … 130
(1) 한국식 (2) 일본식 (3) 미국식 (4) 유럽식

4. 화훼장식 표현기법 … 132

1. 표현기법 … 132
(1) 베이싱 (2) 테라싱 (3) 레이어링 (4) 필로잉 (5) 터프팅 (6) 파베 (7) 클러스터링
(8) 그루핑 (9) 조닝 (10) 밴딩 (11) 바인딩 (12) 번들링 (13) 프레이밍 (14) 쉐도잉 (15) 시퀸싱
(16) 스택킹 (17) 랩핑 (18) 패더링

2. 철사 다루기 … 136
(1) 철사다루기. (2) 철사처리법의 종류 (3) 보우의 종류

II. 기출문제 … 143

III. 화훼장식론

1. 화훼장식의 정의와 기능 … 175
1. 정의 … 175
(1) 정의 (2) 화훼장식의 목적
2. 화훼장식의 기능 … 175
(1) 장식적 기능 (2) 심리적 기능 (3) 환경적 기능 (4) 교육적 기능 (5) 치료적 기능
3. 화훼장식의 활용 … 177
(1) 화훼장식가 (2) 실내조경가 (3) 화훼장식 교육자 (4) 화훼생산자 (5) 화훼 유통업자
(6) 화훼장식 소매판매자 (7) 화훼가공업자 (8) 원예치료사

2. 화훼장식 역사 … 179
1. 동양 … 179
(1) 한국 (2) 일본 (3) 중국
2. 서양 … 183
(1) 고대이집트 (2) 고대 그리스와 로마 (3) 비잔틴과 중세 (4) 르네상스
(5) 바로크와 더치플레미쉬 (6) 로코코와 프렌치 (7) 조지아와 빅토리아

3. 화훼장식 디자인 … 191
1. 디자인 요소 … 191
(1) 선 (2) 형태 (3) 깊이 (4) 색 (5) 질감 (6) 향기 (7) 공간
2. 디자인의 원리 … 210
(1) 조화 (2) 통일 (3) 균형 (4) 규모 (5) 비율 (6) 강조 (7) 리듬 (8) 단순 (9) 대비
3. 화훼장식 디자인 과정 … 215
(1) 주제의 결정 (2) 공간의 특성조사 분석 (3) 구체적인 구상과 스케치 (4) 조명과 서류작성
(5) 연습 (6) 소재의 구입과 준비 (7) 장식물의 제작과 포장, 운반, 설치 (8) 평가

4. 화훼 가공 … 217
1. 건조 가공 … 217
(1) 건조화 (2) 건조소재 보관방법
2. 건조장식물 … 219
(1) 압화 (2) 염색 (3) 포푸리

III. 기출문제 … 222
✢ 2008년 기능사 제2회 필기시험문제 … 249
✢ 참고문헌 … 256

I. 화훼장식재료

1. 화훼의 장식 및 이용형태
2. 화훼장식 식물재료의 분류
3. 화훼식물의 형태와 용도
4. 식물 외 재료

1. 화훼의 정의 및 이용형태

1. 화훼의 정의

(1) 화훼
1) 화훼는 꽃, 줄기, 잎, 열매에 관상가치가 있는 모든 초본과 목본식물을 의미하며 관상식물이라고도 한다.
2) 화훼의 '花'는 꽃을 의미하고 '卉'는 꽃의 배경을 이루는 푸른 바탕을 뜻한다. 따라서 화훼란 배경과 함께 조화가 잘 이루어진 꽃을 의미한다.

(2) 화훼원예(Floriculture)
1) 원예의 한 분야로 화초와 화목 따위를 집약적이고 기술적으로 재배하는 것을 말한다.
2) 화훼작물의 생산뿐만 아니라 역사, 분류, 번식, 영양, 육종, 토양, 병해충, 이용 등을 학문적으로 연구하는 분야를 다룬다.
3) 최근에는 화훼작물의 유통, 가공, 이용, 원예치료까지 그 취급범위가 광역화되었다.
4) 'Floriculture'는 'Flori'와 'Cultura'의 합성어로 주로 절화와 분화 및 종묘를 생산하는 일을 의미한다.

(3) 화훼원예의 특징
1) 대표적 집약작물이다.
2) 국제성이 높은 작물이다.
3) 종과 품종이 많은 작물이다.
4) 높은 재배 기술이 필요한 작물이다.
5) 정서와 문화의 작물이다.

2. 화훼의 이용형태

(1) 목적에 따른 분류

1) 생산화훼
① 영리를 목적으로 절화, 분식물, 종묘, 구근, 분재 등을 재배 생산하는 것을 말한다.
② 최근에 와서는 종묘생산 중 화단묘 생산의 비중이 큰 산업으로 발전하고 있다.

2) 후생화훼
① 전시화훼란 식물원, 공원, 가로주변, 광장 등에 교육 및 환경조성의 목적으로 화훼작물을 심거나 표본온실을 건축하여 국내외의 화훼작물의 표본을 재배하는 것이다.
② 최근 원예치료, 향기치료 등 인간에게 영향을 미치는 화훼식물의 역할이 증가하고 있다.
③ 인간의 심리적 위안과 치료를 목적으로 한다. 특히 인간이 꽃이나 식물과 접하게 함으로써 육체적, 심리적 장애를 치료하게 하는 원예치료 활동이 매우 높아지고 있다.

3) 취미화훼
① 취미화훼는 가정, 사무실 등에서 취미와 관상을 목적으로 재배하는 화훼이다.
② 고도로 발달된 현대 사회에서 정서함양 및 여가선용의 자료로서의 가치가 크다.

(2) 형태적 분류

1) 실내원예
① 분식물, 절화, 건조화 등을 이용해서 실내 공간에 배치, 장식하는 것을 말한다.
② 실내공간의 크기, 용도, 목적, 환경조건, 의뢰인의 취향, 장식가의 능력 등에 따라 표현된다.
③ 용도에 따라 축하용, 행사용, 장식용 등으로 사용되고 있다.
④ 건물이나 공간, 재료, 계획, 비용의 규모에 따라 장식의 형태는 크게 달라진다.
⑤ 테라리움, 비바리움, 아쿠아리움, 접시정원, 수경재배, 공중걸이분, 토피어리, 꽃장식 등과 같이 장식 형태에 따라 다양하게 구분 할 수 있다.

2) 정원
① 주택이나 주된 시설물에 심미적, 실용적인 목적으로 관상수목, 화초 등을 심어 관리·이용하는 것을 말한다.
② 주택의 미관을 향상시키고 소음의 차단, 방풍, 온·습도 조절 등의 기능을 갖는다.

3) 화단
① 서양화초나 화목류를 심어 정원의 한 부분으로서의 꽃밭을 의미하며 주로 서양식 정원에서 볼 수 있다.
② 꽃의 색깔, 생육특성 등을 잘 파악하고 디자인해야 한다.
③ 화단의 종류는 다음과 같다.

평면화단	화문화단 (Floral carpet bed)	• 키가 작고 꽃이 오래 피는 화초류를 이용하여 양탄자 무늬처럼 기하학적으로 도안하여 만든 화단이다. • 자수화단, 모전화단, 양탄자 화단이라고도 한다. • 넓은 잔디밭에 지면이 보이지 않게 밀식하고 3가지 색깔로 조합한다. • 데이지, 팬지, 임파치엔스, 맨드라미, 페튜니아, 메리골드, 앵초, 히야신스, 튤립, 무스카리, 회양목 등
	리본화단 (Ribbon flower bed)	• 건물이나 울타리의 앞면, 보행로 양쪽에 키가 작은 화초를 이용하여 리본처럼 길게 무늬를 만드는 화단이다. • 대상화단이라고도 한다. • 꽃과 잎의 색깔이 아름답고 선명한 것을 이용한다. • 콜레우스, 메리골드, 팬지, 임파치엔스, 무스카리, 베고니아, 맨드라미 등
	포석화단	• 정원이나 잔디밭의 통로, 연못, 분수나 조각물의 주변에 디딤돌과 같은 돌을 깔고 그 주위에 키가 작은 화초를 심는 화단을 말한다. • 채송화, 꽃잔디, 돌나물, 백리향 등
입체화단	기식화단 (Assorted flower bed)	• 조경의 중앙부나 동선의 교차점에 원형, 타원형, 각형을 만들고 중앙 부위에 흙을 높게 쌓고 가장자리를 낮게 하여 입체적으로 보이도록 조성하는 화단을 말한다. • 모둠화단이라고도 한다. • 중심부 식재 : 장미, 칸나, 만수국, 다알리아, 유카 등의 키가 큰 식물 • 가장자리 식재 : 튤립, 금잔화, 샐비어 등 • 외곽 끝부분 식재 : 팬지, 베고니아, 임파치엔스, 채송화, 데이지 등
	경재화단 (Boarder flower bed)	• 진입로나 산책로에 면한 부분이나 담과 건물을 배경으로 하여 전면에 조성하는 화단이다. • 뒤쪽부터 키가 큰 식물을 심고 앞쪽으로 올 수록 키가 작은 식물을 식재하여 경사지게 보이도록 조성하는 화단이다.
	노단화단 (Terrace flower bed)	• 경사지에 장대석이나 자연석으로 계단 모양의 단을 만들어 화초를 심는 화단을 말한다. • 벽천이나 조각물을 설치하여 조화를 이루기도 한다. • 화목류나 숙근초, 일년초화류를 같이 조성하기도 한다.
	석벽화단 (Wall rock garden)	• 경사지에 자연석을 이용하여 수직으로 축대를 쌓고 돌과 돌 사이에는 꽃을 끼워 심거나 회양목, 눈향나무 등의 관목류나 반덩굴성 식물을 심어 벽면을 아름답게 가꾸는 화단을 말한다. • 양지쪽 식재 : 꽃잔디, 패랭이, 돌나물, 꿩의 비름, 백리향 등 • 음지쪽 식재 : 돌단풍, 고사리류, 서양담쟁이 등
	암석화단 (Rock garden)	• 17세기 말경 영국에서 발달한 정원으로서 정원부지 내에서 암석이나 돌이 많을 경우 이들을 이용함으로써 자연미가 있고 경제적으로 조성할 수 있는 화단을 말한다. • 자연석과 암석을 배치하고 바위틈에 잘 자라는 원추리, 옥잠화, 비비추, 꽃잔디 등 다년생 식물이나 수선화, 크로커스, 무스카리 등의 구근 식물을 식재한다.
	침상화단 (Sunken garden)	• 보도나 지면보다 낮게 위치하도록 하고 기하학적 무늬의 화단을 설치하여 한눈에 볼 수 있도록 조성한 화단으로서 시각적 중심부에는 분수나 조각물 등을 배치한다. • 실제 면적보다 넓게 보이는 장점이 있다.

특수화단	수재화단 (Water garden)	• 연못을 만들고 수생식물을 가꾸는 화단으로서 수련, 연꽃, 마름, 창포 등을 식재한다. • 작은 분수나 분무시설을 설치하고 바닥에는 깨끗한 자갈이나 모래를 깔아준다. • 일산호수공원, 관악산 호수공원 등이 있다.
	단식화단	• 여러 가지 꽃식물 중에서 한 가지 종류만을 선택하여 집단적으로 가꾸는 화단이다. • 장미원, 모란원, 작약원, 철쭉원, 창포원 등이 있다.
	야생초화단 (Wild flower garden)	• 산야에 자생하는 식물을 모아서 화단을 조성한 것을 말하며 도심 속에 억새나 갈대를 곁들여 심으면 시골정취를 느낄 수 있다. • 도라지, 원추리, 할미꽃, 초롱꽃, 용담, 제비꽃, 솔나리, 복수초 등
	공중화단 (Hanging garden)	• 각종 화초를 화분이나 와이어에 심어서 공중에 매달거나 스탠드를 설치하여 그 위에 놓기도 한다. • 수직적인 장식을 하기 때문에 좁은 공간에서도 가능하다. • 건조에 잘 견디는 식물을 선택하는 것이 좋다. • 공중화단과 창문화단은 관리상의 유사점이 많다.

4) 원예치료
 ① 원예치료의 정의
  • 사람의 사회적, 교육적, 심리적, 신체적 적응력을 향상시켜 몸과 마음과 기분을 개선시키기 위해 식물과 원예활동을 이용하는 과정(미국 원예치료협회 American Horticultural Therapy Association, 1991)이라고 말한다.
 ② 원예치료의 역사
  • 2차 세계대전 후 병원에서 상이군인을 대상으로 실시하였으며 1950년에는 미시간 주립대학에서 원예치료사 강좌가 개설되었다.
  • 캔사스 주립대학에서는 1971년부터 대학원에서도 원예치료 교육을 실시하였고 1987년에는 미국 원예치료협회로 변경하여 현재에 이르고 있다.
 ③ 원예치료의 효과
  • 인지적 측면 : 새로운 지식의 습득과 어휘력, 의사소통의 기술의 향상을 돕는다. 호기심, 감각지각의 자극과 관찰력 증가의 기회가 될 수 있다.
  • 사회적 측면 : 원예활동을 함께하는 집단 내의 상호작용과 집단 밖에서의 상호작용의 기회를 제공한다.
  • 정서적 측면 : 자신감과 자기 존중감의 향상과 창조 성향에 대한 만족의 기회가 될 수 있다.
  • 신체적 측면 : 운동 근육 기능의 발달과 활동의 증가를 가져온다.

2. 화훼장식 식물재료의 분류

1. 식물명

(1) 식물의 분류 체계

1) 종(species)은 분류 계급의 기본적인 분류군이 되며 이들이 모여서 속(genus), 과(family), 목(order), 강(class), 문(division), 계(kingdom)와 같이 점차적인 상위계급을 이룬다.

> 식물의 분류 기준 : 계 → 문 → 강 → 목 → 과 → 속 → 종(재배품종, 변종, 품종)

2) 과 : 꽃과 잎 등이 서로 비슷한 것 또는 생육 습성이 비슷한 것끼리 묶어서 과를 만든다.
3) 속 : 유사성을 가진 종의 모임을 나타내며 특정한 속에 속하는 식물들은 거의 동일한 형태를 나타낸다.
4) 종 : 분류체계의 가장 기본단위이며 형태적으로 더욱 비슷하다.
5) 재배품종(cultivar) : 재배 시 종 내에서 발생된 변이종이다.
6) 변종 : 종의 하위 분류군인 변종(variety)은 자연 상태에서 종 내에 발생하는 변이종으로 지리적 변이나 생태적 변이를 말하며 변종간의 교배는 가능하다.
7) 분류학적 품종(forma) : 유전자 조성과 핵형의 차이에 의해 특징지어지는 생물집단으로 화색이나 잎의 무늬 등 미세한 변이에 적용된다.

(2) 학명(Scientific name)

1) 학명은 국제식물명명규약(International Code of Botanical Nomenclature; ICBN)에서 정한 방식에 따라 정해진 전 세계적으로 통일된 이름이다.
2) 학명의 표기는 라틴어로 쓰여 지고 라틴어 발음으로 읽게 되어있다.
3) 학명은 속명과 종명을 연이어 쓰는 Linne의 이명법으로 표기한다.
4) 속명의 첫 글자는 대문자로 쓰고 종명은 소문자로 쓴다.
5) 속명과 종명, 변종명, 품종명을 이탤릭체로 쓰거나 서체에서는 밑줄을 긋는다.

6) 명명자는 인쇄체로 쓰되 첫 글자는 대문자로 쓰며 이름이 길 때는 음절을 끊어서 쓰고 약자 표시로 . 을 찍는다.
7) 변종의 표시는 varietas(영어의 variety)을 줄여서 var. 또는 v.로 쓴다.
8) 품종표시는 forma의 약자로 for. 또는 f.으로 쓴다.
9) 재배종 표시는 culture variety 또는 cultivar의 약자로 cv. 또는 cv.을 쓰지 않고 'ㅇㅇ' 쓴다.
10) 종명이 정확히 동정되지 않거나 그 속의 모든 종을 포함하는 경우에는 속명만을 쓰고 약어로써 표기한다. 종(species)의 약어로 sp. 또는 복수로 spp.를 명조체로 표기한다.

예) *Rosa* sp. 특정의 한 종 / *Rosa* spp. *Rosa* 속의 모든 종

일반명	속명	종명	명명자	변종, 품종, 재배품종	변종,품종 명명자
팬지	*Viola*	*tricolor*	L.	var. *hortensis* (변종)	DC.
민섬말나리	*Lilium*	*hansonii*	Leicht	for. *mutatum* (품종)	Lee
싱고니움	*Syngonium*	*podophyllum*		cv. Pixie (재배품종) 'Pixie'	

(3) 보통 명(Common name)
1) 식물학적인 의미의 한 '종', 하나의 '속' 내에 있는 모든 종을 말한다.
2) 언어권이 같은 사람들에게 통용되는 식물명으로서 지방 명, 상업 명, 통용 명으로 통칭하여 말하며 전 세계적으로 통용하기는 곤란하다.
3) 학술용으로 사용하기에는 비과학적이다.
4) 학명에 비해 부적합한 것이 많다.

(4) 표찰 표기법
1) 표찰의 크기는 미관상 크게 하지 않는 것이 좋으며 글자판은 가로15cm, 세로 9cm 정도를 기준으로 보통 이보다 작게 하는 것이 통례이다.
2) 재료는 비가 와도 썩지 않으며 오래갈 수 있는 것이 좋으며 색상은 경관에서 잘 나타나지 않는 검은 색이 좋다.
3) 표찰의 내용은 보통명, 학명, 과명, 원산지를 표기하며 특징이나 특성 등은 표기하지 않는다.

※ 과별 특성 및 분류

과	특성 및 종류
국화과 Compositae	• 초본성이 대부분이지만 목본성도 있으며 잎의 형태도 다양하다. • 두상화서로 다수의 소화가 화경이 단축된 반원상의 화서축으로 피기에 하나의 꽃처럼 보인다. • 소화는 설상화(ray floret)와 안쪽의 통상화(disk floret, 관상화) 두 종류가 있다. • 변형된 형태로 리아트리스 (다수의 두상화서가 긴 화경의 축에 수상으로 핌), 엉겅퀴 등은 설상화가 없고 통상화만 핀다. 코스모스 *Cosmos bipinnatus* 데이지 *Bellis perennis* 금잔화 *Calendula officinalis* 과꽃 *Callistephus chinensis* 다알리아 *Dahlia* spp. 국화 *Dendranthema grandiflora* 거베라 *Gerbera jamesonii* 해바라기 *Helianthus annuus* 루드베키아 *Rudbeckia hirta* 백일홍 *Zinnia elegans* 리아트리스 *Liatris spicata* 쏠리다스터 *Solidaster lutens* 엉겅퀴 *Cirsium japonicum* 녹영/방울선인장 *Senecio rowleyanus*
백합과 Liliaceae	• 단자엽식물에 속하며 소화는 꽃받침(외화피) 3매, 꽃잎(내화피) 3매, 수술 6개, 암술 1개이다. • 대부분 총상화서이다. 튤립 *Tulipa x gesneriana* 아가판서스 *Agapanthus africanus* 나리 *Lilium* spp. 히아신스 *Hyacinthus orientalis* 옥잠화 *Hosta plantaginea* 알리움 *Allium giganteum* 접란 *Chlorophytum comosum* 엽란 *Aspidistra elatior* 맥문동 *Liroipe platyphylla* 아스파라거스 *Asparagus densiflorus* 독일은방울꽃 *Convallaria majalis*
붓꽃과 Iridaceae	• 수선화과의 식물과 형태적으로 매우 비슷하며 유전적으로 가까운 식물이다. • 수선화과와 동일하나 수술이 3개, 잎이 주맥을 중심으로 접혀서 칼 모양을 하고 있다. 크로커스 *Crocus vernus* 독일붓꽃 *Iris x germanica* 구근아이리스 *Iris x hollandica* 프리지어 *Freesia hybrida* 범부채 *Belamcanda chinensis* 꽃창포 *Iris ensata* 글라디올러스 *Gladiolus x gandavensis*
수선화과 Amaryllid- aceae	• 백합과와 가까운 식물로 형태뿐만 아니라 생육습성도 비슷하다. • 대부분이 산형화서이다. 아가판서스 *Agapanthus africanus* 수선화 *Narcissus tazetta* 군자란 *Clivia miniata* 아마릴리스 *Hippeastrum hybridum* 석산 *Lycoris radiata* 로도히폭시스 *Rhodohypoxis bauerii*
석죽과 Caryophy- llaceae	• 지중해 연안에서 자생하는 종류가 많으며 카네이션의 자생지도 이 지역이다. • 집산화서로 화경의 선단부가 개화하면 그 기부의 측아가 대생으로 개화하는 형식이다. • 유한화서에 속하며 꽃받침과 꽃잎은 4~5매이며 꽃잎의 선단부는 톱날형으로 갈라진다. • 대생엽이며 수술은 8~10개이며 암술은 1개이다. 카네이션 *Dianthus caryophyllus* 패랭이꽃 *Dianthus sinensis* 숙근안개초 *Gypsophila paniculata* 안개초 *Gypsophila elegans*
미나리 아재비과 Ranuncu- laceae	• 야생 그대로 관상할 수 있는 종류가 많다. • 꽃의 형태는 방사대칭화와 좌우대칭화로 구분된다. • 꽃받침이 잘 발달하여 다양한 색과 형태를 나타내며 관상부위가 된다. • 암술과 수술은 다수로 원시적인 식물로 분류하고, 잎은 복엽 또는 장상복엽이다. 아네모네 *Anemone coronaria* 서양매발톱꽃 *Aquilegia* spp. 클레마티스 *Clematis* spp. 델피니움 *Delphinium hybridum* 작약 *Paeonia lactiflora* 모란 *Paeonia suffruticosa* 할미꽃 *Pulsatilla koreana* 복수초 *Adonis amurensis* 라넌큘러스 *Ranunculus asiaticus*

과	특징 및 예

난(초)과
Orchidaceae
	• 단자엽식물의 약 750속 3만 여종의 큰 무리를 이루고 있다.
	• 대부분 총상화서로 암술과 수술, 예주(column)라고 하는 하나의 기관으로 합체되어 있다 (파피오페딜럼의 경우 하부의 외화피 2매가 합체되어 화피편이 5매로 되어있다).
	  카틀레아 *Cattleya* spp.　　호접란 *Phalaenopsis* spp.　　덴드로비움 *Dendrobium* spp.
	  온시디움 *Oncidium* spp.　　양란심비디움 *Cymbidium* spp.　　반다 *Vanda* spp.
	  소엽풍란 *Neofinetia falcata*　　한란 *Cymbidium kanran*
	  춘란・보춘화 *Cymbidiym goerngii*　　덴파레 *Dendrobium phalaenopsis*

장미과
Rosaceae
	• 긴 품종개량의 역사를 가지고 있으며 품종수도 15,000개 이상이 알려져 있다.
	• 꽃받침과 꽃잎이 각각 5매, 수술은 다수, 암술은 1개 또는 다수이다.
	• 화탁이 통 모양 또는 술잔과 같은 형태로 자방을 감싸고 있다.
	  모과 *Chaenomeles sinensis*　　장미 *Rosa* spp.　　명자나무 *Chaenomeles lagenaria*
	  피라칸사 *Pyracantha atalantioides*　　찔레 *Rosa multiflora*　　왕벚나무 *Prunus yedoensis*
	  조팝나무 *Spiraea prunifolia*　　마가목 *Sorbus commixta*　　산사나무 *Crataegus pinnatifida*

꿀풀과
Labiatae
	• 식물체 밖으로 향기를 발산하는 선모(gland hair)를 가지고 있다.
	• 꽃은 5매의 꽃잎이 합생된 합판화로 기부는 통모양이며 선단부는 상하로 나누어져 있다.
	• 줄기와 잎의 형태가 사각형이며 한 마디에 2매의 잎이 나온다.
	  콜레우스 *Coleus* spp.　　로즈마리 *Rosmarinus officinalis*　　샐비어 *Salvia splendens*
	  라벤더 *Lavandula* spp.　　서양백리향・타임 *Thymus* spp.

범의귀과
Saxifragaceae
	• 수술이 5~10개, 암술은 하나로 암술머리는 2개로 갈라진다.
	• 꽃은 장미과와 비슷하고 장미는 화탁이 발달하지만 범의귀과는 발달하지 않는다.
	• 수국의 경우 산성토양에서는 청색, 알카리성 토양에서는 분홍색을 띤다.
	  수국 *Hydrangea macrophylla*　　아스틸베 *Astilbe arendsii*
	  돌단풍 *Aceriphyllum rossii*　　바위취 *Saxifraga stolonifera*

콩과
Leguminosae
	• 꽃은 나비 모양으로 콩과 특유의 형태를 하고 있다.
	• 뿌리에는 공중질소를 고정하는 뿌리혹이 있다.
	  자귀나무 *Albizzia julibrissin*　　토끼풀 *Trifolium repens*　　신경초 *Mimosa pudica*
	  스위트피 *Lathyrus odoratus*　　루피너스 *Lupinus hybrida*

현삼과
Scrophula-
riaceae
	• 꽃은 합판화이며 대부분 통상으로 되어있다.
	  금어초 *Antirrhinum majus*　　칼세오라리아 *Calceolaria herbeohybrida*
	  디기탈리스 *Digitalis purpurea*　　토레니아 *Torenia fournieri*

십자화과 Cruciferae	• 꽃잎, 꽃받침 모두 4매이다. 수술은 6개이지만 외측의 2개는 짧고 내측의 4개는 길기 때문에 외형적으로는 4개로 보인다. • 꽃은 총상화서로 핀다. 스톡 *Matthiola incana*　　꽃양배추 *Brassica oleracea*
용담과 Gentianaceae	• 초본이며 드물게 관목이 있으나 극히 드물게 기생식물도 있다. • 잎은 대생하며 가장자리는 밋밋하다. • 탁엽이 없으며 꽃은 양성이고 방사상칭이며 1개씩 달리거나 집산화서를 이룬다. • 꽃받침은 통모양이고 끝이 4~5개로 갈라진다. 리시안서스・꽃도라지 *Eustoma grandiflorum*　　용담 *Gentiana scabra*

가지과
Solanaceae
	• 초본 또는 관목이며 잎은 호생하고 가장자리는 밋밋하거나 거센 톱니가 있고 탁엽이 없다.
	• 화서는 산방형 또는 잎겨드랑이에 1개씩 달리며 꽃은 양성화이다.
	  페튜니아*Petunia x hybrida* 브론펠시아*Brunfelsia australis*
	  꽈리*Physalis alkekengi* 노랑혹가지 · 폭스페이스*Solanum mammosum*

봉선화과
Balsaminaceae
	• 1년초 또는 다년초이며 줄기는 연한 육질이다.
	• 잎은 호생하며 단엽이고 엽신은 잎자루에 방패모양으로 달린다.
	• 탁엽은 없고 꽃은 겨드랑이에 단생하며 좌우상칭이다.
	  봉선화*Impatiens balsamina* 뉴기니어봉선화*Impatiens New Guinea Hybrids*
	  아프리칸봉선화*Impatiens walleriana*

비름과
Amaranthaceae
	• 잎은 대생 또는 호생하고 단엽이며 가장자리가 밋밋하다.
	• 탁엽이 없으며 꽃은 작고 양성화이다.
	  맨드라미*Celosia cristata* 색비름*Amaranthus tricolor* 천일홍 *Gomphrena globosa*
	  채송화*Portulaca grandiflora* (쇠비름과*Portulacaceae*)

돌나물과
Crassulaceae
	• 잎은 다육질이고 호생 또는 대생하며 때로는 윤생한다.
	• 단엽이며 탁엽이 없고 꽃은 집산화서 또는 총상화서를 이룬다.
	  돌나물*Sedum sarmentosum* 큰꿩의비름*Sedum spectabile*
	  크라슐라*Crassula argentea* 칼랑코에*Kalanchoe spp.*

앵초과
Primulaceae
	• 잎은 호생, 대생 또는 윤생하거나 뿌리에서 로제트상으로 모여나며 거의 단엽이다.
	• 꽃은 잎겨드랑이에 1개씩 달리거나 총상화서, 산형화서를 이루며 양성화이다.
	  프리뮬라 말라코이데스*Primula malacoides* 프리뮬라 오브코니카*Primula obconica*
	  시클라멘*Cyclamen persicum* 앵초*Primula sieboldii*

아욱과
Malvaceae
	• 조직내에 점액세포가 있다.
	• 잎은 호생하며 장상맥의 단엽 또는 장상복엽이다.
	• 탁엽이 있고 꽃은 잎겨드랑이에 단생하거나 짧은 총상화서를 이루고 양성화이다.
	  무궁화*Hibiscus syriacus* 하와이무궁화*Hibiscus rosa-sinensis*
	  접시꽃*Althaea rosea* 아부틸론*Abutilon hybridum*

메꽃과 Convolvulaceae	• 거의가 덩굴성이며 잎은 호생하며 단엽이고 가장자리기 밋밋하거나 우상 또는 장상으로 깊게 갈라진다. • 탁엽이 없으며 꽃은 잎겨드랑이에 1개씩 달리거나 총상화서 또는 원추화서를 이루며 양성화이고 좌우대칭이다. 나팔꽃*Pharbitis nil* 메꽃*Calystegia japonica*

천남성과
Araceae
	• 주로 열대나 아열대원산으로 아름다운 모양이나 다양한 무늬가 특징이다.
	• 고온다습한 환경을 좋아하며 추위에는 비교적 약한 편이다.
	• 꽃은 육수화서의 형태로 피며, 포엽이 발달(불염포 spathe)하였다.
	• 덩굴성 식물이 많고 주로 꺾꽂이로 영양번식 한다. 병충해문제가 거의 없다.
	• 칼슘 옥살레이트라는 바늘과 같은 작은 결정체가 식물체내에 있어서 가려움이나 심한 통증을 일으킬 수 있다.
	  안스리움*Anthurium andraeanum* 칼라*Zantedeschia hybrida*
	  아글라오네마*Aglaonema costatum* 스킨답서스*Epipremnum aureum*
	  싱고니움*Syngonium podophyllum* 칼라디움*Caladium bicolor*

	디펜바키아 *Dieffenbachia amoena*　　몬스테라 *Monstera deliciosa* 알로카시아 *Alocasia odora*　　스파티필름 *Spathiphyllum* spp. 필로덴드론 셀로움 *Philodendron selloum*
야자과 Palmae	• 단자엽식물로 대부분 종자번식을 하며 추위에 비교적 강하다. • 손바닥모양으로 갈라지는 것(관음죽, 종려죽 등)과 깃털모양으로 갈라지는 것(테이블야자, 켄차야자, 아레카야자 등)으로 나눌 수 있다. 관음죽 *Rhapis excelsa*　　테이블야자 *Chamaedorea elegans* 아레카야자 *Chrysalidocarpus lutescens*　　켄차야자 *Howea forsterana* 피닉스야자 *Phoenis roebelenii*　　종려죽 *Rhapis humilis*
파인애플과 Bromeliaceae	• 단자엽식물에 속한 착생식물로 열대나 아열대 원산지에서는 나무 등걸이나 바위에 붙어서 자란다. • 잎은 줄기 없이 뿌리에서 뭉쳐 나오는데 잎의 가장자리가 위로 휘어서 잎이 모여 있는 기부에는 물이 고여 있을 수 있다. • 주로 화려한 포엽 또는 무늬가 있는 잎을 감상하며 보통 포기나누기로 번식한다. 산호아나나스 *Aechmea fulgens*　　에크메아 *Aechmea fasciata* 구즈마니아 *Guzumania monostachia*　　틸란드시아 *Tillandsia ionantha* 브르시아 *Vriesea fenestralis*
고란초과 Polypodiaceae	• 음지에서도 잘 자라는 고사리류로 잎으로 보이는 부분은 원래 엽상체라고 하는 기관이다. • 엽상체의 밑에 달리는 포자로 번식하지만 일부 포기나누기도 이루어진다. • 잎이 약한 것이 특징이다. 보스턴고사리 *Nephrolepis exaltata*　　아디안텀 *Adiantum raddianum* (프)테리스 *Pteris cretica*　　박쥐란 *Platycerium bifurcatum* 아스플레니움 아비스 *Asplenium nidus*
물푸레나무과 Oleaceae	• 꽃은 합판화이며 일반적으로 선단부가 4개로 갈라진다. • 꽃받침도 통상으로 되어 있으며 꽃잎의 열편과 같은 수로 갈라진다. • 수술은 2개로 꽃잎에 밀착되어 있으며 암술은 1개, 대부분이 원추화서이며 대생엽이다. 개나리 *Forsythia koreana*　　라일락 *Syringa vulgaris* 쥐똥나무 *Ligustrum obtusifolium*　　미선나무 *Abeliophyllum distichum*
두릅나무과 Araliaceae	• 주로 나무로 발달하는 쌍자엽식물로 꺾꽂이가 잘 되므로 번식에 이용된다. • 인삼이 속한 과이기 때문에 뿌리에서 인삼과 유사한 냄새가 난다. • 잎은 보통 손가락 모양으로 나누어져 있거나 갈라진 특징이 있다. 팔손이 *Fatsia japonica*　　아이비 *Hedera helix*　　쉐플레라 *Schefflera actinophylla* 디지고데카 *Dizygotheca elegantissima*　　펫츠헤데라 *Fatshedera lizei*
뽕나무과 Moraceae	• 상처를 입으며 유액이 분비된다. • 잎은 단엽이고 호생하며 탁엽이 있다. • 꽃은 단성화이며 화서는 주로 집산화서를 이룬다. 벤자민고무나무 *Ficus benjamina*　　인도고무나무 *Ficus elastica*　　왕모람 *Ficus stipulata*
	• 줄기는 목질이고 잎은 두꺼운 육질이다. • 주로 열대, 아열대의 건조지에서 자란다. • 우리나라에는 자생종이 없으나 여러 종류가 관엽식물로 재배된다.

용설란과 Agavaceae	• 백합과나 수선화과로 분류되기도 하나 꽃이 완전하게 자방하위인 점에서는 백합과와 구별되고 지하에 인경이 없는 점에서는 수선화과와 구별된다. 잎새란 *Phormium tenax*　　　　　코르딜리네 *Cordyline terminalis* 산세비에리아 *Sansevieria trifasciata*　용설란 *Agave americana* 드라세나콘시나 *Dracaena concinna*　유카 *Yucca filamentosa*
자금우과 Myrsinaceae	• 상록교목 또는 관목이며 조직 내에 탄닌세포가 있다. • 잎은 호생하고 가장자리는 밋밋하거나 톱니가 있다. • 꽃은 양성화이고 방사상대칭이며 잎겨드랑이 또는 가지끝에 총상화서, 산방화서를 이루거나 뭉쳐난다. • 우리나라에는 자금우, 산호수, 백량금이 제주도와 남부도서지방에 분포한다. 백량금 *Ardisia crenata*　　자금우 *Ardisia japonica*　　산호수 *Ardisia pusilla*
선인장과 Cactaceae	• 건조지에 자라는 관목 또는 교목인 다육식물이다. • 줄기는 다육질이며 비후하여 괴상, 구상, 원주상, 수지상 등 다양한 형상을 이루며 유조직세포에 다량의 수분을 저장한다. • 잎은 작게 다육화하였거나 소실되고 줄기가 녹색이므로 광합성을 하며 기공은 줄기 표면의 구멍 기부에 발달하는 등 건조조건에 적응하는 기구를 갖는다. 금호 *Echinocactus grusonii*　　　백오모자 *Opuntia mycrodasys* 게발선인장 *Schlumbergera trumcata*
대극과 Euphorbiaceae	• 건조지에 흔하며 줄기가 육질로 비대하고 잎은 퇴화하여 작아진다. • 흔히 탁엽이 있으나 털 또는 가시로 변화한다. • 꽃은 가느다란 긴 총상화서나 원추화서를 이룬다. • 한대를 제외한 전세계에 분포하며 열대와 아열대가 분포와 분화의 중심지이다. 포인세티아 *Euphorbia pulcherrima*　　꽃기린 *Euphorbia milii* 청자목 *Excoecaria cochinchinensis*　　설악초 *Euphorbia marginata* 크로톤 *Codiaeum variegatum*　　　　유포르비아트리고나 *Euphorbia trigona*
후추과 Pipcraccac	• 초본 또는 목본성 덩굴이다. • 잎은 육질이며 호생 또는 대생하나 때로는 윤생한다. • 수상화시를 이루며 열대, 아열대에 널리 분포한다. 수박페페로미아 *Peperomia sandersii* 페페로미아 오브투시폴리아 *Peperomia obtusifolia*

2. 식물재료의 분류

(1) 1~2년초
일년초란 종자를 파종한 후 1년 이내에 꽃을 피우며 열매를 맺고 고사하는 생활사를 가진 식물의 종류를 일컫는데 흔히 한해살이식물이라고 한다.

1) 춘파 일년초
   ① 봄에 파종하여 가을이나 그 이전에 꽃을 피우고 열매를 맺는 종류를 춘파 1년초라 부른다.
   ② 위도가 낮은 열대 · 아열대가 원산이기 때문에 단일에 개화를 촉진하고 불량환경에 잘 적응한다.

나팔꽃 *Pharbitis nil*	다알리아 *Dahlia* spp.	맨드라미 *Celosia cristata*
색비름 *Amaranthus tricolor*	미모사 *Mimosa pudica*	봉선화 *Impatiens balsamina*
백일초 *Zinnia elegans*	아프리칸메리골드 *Tagetes erecta*	샐비어 *Salvia splendens*
채송화 *Portulaca grandiflora*	코스모스 *Cosmos bipinnatus*	해바라기 *Helianthus annuus*

2) 추파 일년초
   ① 가을에 파종하여 이듬해 봄에 꽃을 피우는 식물의 종류를 추파 1년초라고 부른다.
   ② 추파 일년초는 대부분 상대적 장일 식물로 단일에서도 개화가 되지만 장일에서는 개화가 촉진된다.
   ③ 춘파 일년초에 비하여 일반적으로 건조에 약하고 토양도 비옥하여야 잘 자란다.

과꽃 *Callistephus chinensis*	금잔화 *Calendula officinalis*	금어초 *Antirrhinum majus*
시네라리아 *Senecio cruentus*	프리뮬라 *Primula x polyantha*	데이지 *Bellis perennis*
칼세올라리아 *Calceolaria herbeohybrida*	팬지 *Viola tricolor*	

3) 2년 초화류
   종자를 파종한 후 싹이 터서 자라다가 겨울을 넘긴 이듬해에 꽃을 피우고 열매를 맺는 식물을 말하는데 흔히 두해살이식물이라고도 한다.

디기탈리스 *Digitalis purpurea*	패랭이꽃 *Dianthus sinensis*	종꽃 *Campanula medium*
접시꽃 *Althaea rosea*		

(2) 숙근류
1) 종자를 파종한 후 발아되어 뿌리나 줄기가 여러 해 동안 살아남아서 매년 꽃을 피우며 열매를 맺는 종류를 말하는데 흔히 다년생 초화류, 숙근초라고 부른다.
2) 일정기간 동안 생육하고 개화, 결실 한 후 지상부는 죽지만 지하부는 남아 생육을 계속하는 초본성 화훼류이다.
3) 삽목, 분주 등의 영양번식을 하며 일년초처럼 품종의 특성 유지가 힘들지 않고 그 특성이 오래 유지된다.
4) 국내 자생식물은 숙근류가 상대적으로 많다.

① 온실 숙근초
- 열대 및 아열대 원산으로 내한성이 약하여 추운 기간 동안은 온실 내에서 지내야 하는 종류를 말한다.

② 노지 숙근초
- 내한성이 강하여 노지에서도 지하의 뿌리나 줄기의 일부가 살아남아서 월동한 후 이듬해 봄에 다시 싹을 틔워서 꽃을 피우는 종류이다.

온실 숙근초	노지 숙근초	
거베라 Gerbera jamesonii	구절초 Chrysanthemum zawadskii	매발톱꽃 Aquilegia buergeriana
군자란 Clivia miniata	국화 Dendranthema grandiflora	벌개미취 Aster koraiensis
극락조화 Strelitzia reginae	금계국 Coreopsis lanceolata	수련 Nymphaea spp.
베고니아 Begonia semperflorens	금낭화 Dicentra spectabilis	샤스타데이지 Leucanthemum x superbum
안스리움 Athurium andraeanum	꽃잔디 Phlox subulata	옥잠화 Hosta plantaginea
아스파라거스 Asparagus setaceus	꽃창포 Iris ensata	안개꽃 Gypsophila paniculata
임파치엔스 Impatiens walleriana	도라지 Platycodon grandiflorus	원추리 Hemerocallis fulva
제라니움 Pelargonium x hortorum	독일붓꽃 Iris x germanica	작약 Paeonia lactiflora
카네이션 Dianthus caryophyllus	루드베키아 Rudbeckia hirta	클레마티스 Clematis spp.
칼랑코에 Kalanchoe spp.	숙근플록스 Phlox paniculata	노루귀 Hepatica asiatica

(3) 구근류

구근초화류란 식물기관의 일부인 줄기 또는 뿌리의 일부분이나 배축 등이 비대해져서 알뿌리 모양으로 변형된 것을 말하는데 심는 시기와 형태에 따라서 다음과 같이 구분된다.

1) 식재시기에 따른 구분
① 춘식구근 : 노지 월동이 불가능하여 가을에 반드시 캐어 10~15℃ 되는 곳에 저장하며 노지에서는 반드시 봄에 심어야 한다.
② 추식구근 : 가을에 심는 구근류로서 겨울 동안 저온처리를 받은 후에 휴면이 타파되어 꽃을 피운다.

춘식구근	추식구근
글라디올러스 Gladiolus granavensis	튤립 Tulipa gesneriana
칸나 Canna generalis	수선화 Narcissus tazetta
달리아 Dahlia hybrida	나리 Lilium spp.
아마릴리스 Hippeastrum hybridum	프리지어 Freesia hybrida
	무스카리 Muscari spp.
	크로커스 Crocus sativus

2) 구근의 형태에 의한 분류
① 인경(비늘줄기)
- 줄기가 변형된 저장기관이다.

- 여러 개의 인편이 모여서 하나의 구를 형성한다.
- 유피인경 : 외부 인편이 말라 바깥껍질이 생긴 것이다(양파).
- 무피인경 : 외부 인편이 없고 서로 떨어져 있는 것이다(나리).

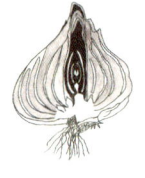 유피인경(튤립)	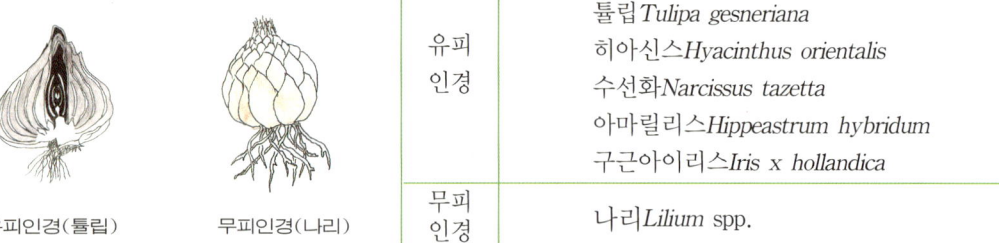 무피인경(나리)	유피 인경	튤립 *Tulipa gesneriana* 히아신스 *Hyacinthus orientalis* 수선화 *Narcissus tazetta* 아마릴리스 *Hippeastrum hybridum* 구근아이리스 *Iris x hollandica*
		무피 인경	나리 *Lilium* spp.

② 구경(알줄기)
- 뿌리가 아닌 줄기가 변형되어 구를 형성한다.
- 마디가 있고 잎의 기부는 얇은 외피로 변해 구근을 둘러싸고 있다.

 크로커스	 글라디올러스	크로커스 *Crocus sativus* 글라디올러스 *Gladiolus granavensis* 프리지어 *Freesia hybrida* 익시아 *Ixia hybrida* 콜치쿰 *Colchicum autumnale*

③ 근경(뿌리줄기)
- 땅속에 있는 줄기에 양분이 저장되면서 비대해진 것으로 줄기형태를 그대로 가지고 있다.
- 지하경이라고도 하며 괴경보다 비대 정도가 적다.

  독일붓꽃	칸나 *Canna generalis* 독일붓꽃 *Iris x germanica* 은방울꽃 *Convallaria keiskei* 수련 *Nymphaea* spp. 꽃생강 *Hedychium* spp.

④ 괴경(덩이줄기)
- 땅속에 있는 줄기에 영양분이 저장되어 비대해진 것으로 뿌리처럼 보이지만 줄기의 아래 부분이 비대해진 것이다.

 칼라디움	 시클라멘	칼라 *Zantedeschia hybrida* 칼라디움 *Caladium* spp. 아네모네 *Anemone coronaria* 시클라멘 *Cyclamen persicum* 글록시니아 *Sinningia speciosa* 감자 *Solanum tuberosum*

⑤ 괴근(덩이뿌리)
- 뿌리가 비대해져서 덩어리(구)가 된 형태이다.

  다알리아　　　　　고구마	다알리아*Dahlia hybrida* 라넌큘러스*Ranunculus asiaticus* 글로리오사*Gloriosa superba* 고구마*Ipomoea batatas*

(4) 화목류

화목류는 목본성 식물 중에서 꽃을 관상의 주 대상으로 하는 관화화목, 관상가치가 있는 잎을 가진 관엽화목, 열매를 갖는 관실화목을 포함하는 관목과 교목의 목본식물을 말한다.

1) 노지 화목류(Outdoor flowering tree)
   ① 우리나라를 비롯한 대륙 동안에서 자라는 것으로 내한성이 있어 노지에서도 겨울을 날 수 있으나 위도에 따라 내한성의 차이가 있다.
   ② 교목성 화목류(Flowering tree) : 한 개의 주간이 있고 대체로 키가 높게 자라는 종류이다.
   - 벚나무*Prunus serrulata*, 목련*Magnolia kobus*, 꽃사과*Malus prunifolia*,
     이팝나무*Chionanthus retusa*, 동백나무*Camellia japonica*
   ③ 관목성 화목류(Flowering shurub) : 땅에서부터 여러 개의 줄기가 무리지어 나며 비교적 키가 작은 화목류이다.
   - 개나리*Forsythia koreana*, 조팝나무*Spiraea prunifolia*, 장미*Rosa hybrida*,
     진달래*Rhododendron mucronulatum*, 무궁화*Hibiscus syriacus*, 황매화*Kerria japonica*

관화화목	개나리*Forsythia koreana* 라일락*Syringa vulgaris* 무궁화*Hibiscus syriacus* 벚나무*Prunus serrullata* 자귀나무*Albizzia julibrissin* 조팝나무*Spiraea prunifolia* 황매화*Kerria japonica*	능소화*Campsis grandiflora* 매화나무*Prunus mume* 모란*Paeonia suffruticosa* 산수유*Cornus officinalis* 진달래*Rhododendron mucronulatum* 철쭉*Rhododendron schlippenbachii* 장미*Rosa hybrida* 등	등나무*Wisteria floribunda* 명자나무*Chaenomeles lagenaria* 백목련*Magnolia hcptapcta* 산사나무*Crataegus pinnatifida*
관엽화목	낙우송*Taxodium distichum* 백송*Pinus bungeana* 소나무*Pinus densiflora* 편백나무*Chamaecyparis obtusa* 사철나무*Euonymus japonicus*	단풍나무*Acer palmatum* 벽오동나무*Firmiana simplex* 주목*Taxus cuspidata* 향나무*Juniperus chinensis* 백합나무*Allium victorialis* 등	은행나무*Ginkgo biloba* 잣나무*Pinus koraiensis* 칠엽수*Aesculus turbinata* 고로쇠나무*Acer mono*
관실화목	모과나무*Chaenomeles sinensis* 자금우*Ardisia japonica* 화살나무*Euonymus alatus*	석류나무*Prunica granatum* 피라칸사*Pyracantha angustifolia* 노박덩굴*Celastrus orbiculatus* 등	백량금*Ardisia crenata*

2) 온실 화목류(Indoor flowering tree)
　① 열대 및 아열대 원산으로 내한성이 없어 노지에서는 겨울에 동사하므로 온실에서 키워야 하나 남부지방이나 제주도에서는 노지에서 재배하는 것들도 있다.
　② 휴면기간이 길고 단일 저온의 환경에 노출 되면 생장이 중단된다.
　③ 대부분 화분에 심어 실내 장식용으로 쓰이며 종류에 따라서는 계속 개화하는 것도 있다.

관화화목	꽃기린Euphorbia milli 병솔꽃나무Callistemon lanceolatus 포인세티아Euphorbia pulcherrima 협죽도Nerium oleander	동백나무Camellia japonica 익소라Ixora chinensis 하와이무궁화Hibiscus rosa-sinensis 치자나무Gardenia jasminoides 등
관엽화목	벤자민고무나무Ficus benjamina 돈나무Pittosporum tobira 소철Cycas revoluta 식나무Aucuba japonica 아라우카리아Araucaria heterophylla 팔손이나무Fatsia japonica	남천Nandina domestica 디지고데카Dizygotheca elegantissima 쉐플레라Schefflera arboricola 파키라Pachira aquatica 아브틸론Abutilon hybridum 유카Yucca elephantipes 등
관실화목	온주밀감Citrus unshiu	낙상홍Ilex serrata 등

(5) 선인장과 다육식물

1) 선인장
　① 선인장과로서 줄기나 잎에 수분을 많이 함유하고 있어서 건조에 매우 강한 식물이다.
　② 대개의 선인장은 잎이 퇴화되어 가시로 변해있다.
　③ 줄기는 구형, 편형, 원통형을 이루고 대부분이 엽록소를 갖고 있어서 동화능력을 지닌다.
2) 다육식물
　① 잎 또는 줄기 속에 저수 조직이 발달하여 다육화한 식물이다.
　② 건조지나 염분이 많은 땅에 나며 표피에는 큐티클층이 발달하여 내건성이 강하다.
　③ 건조지방, 사막이나 태양광선이 강한 곳에서 잘 자란다.
　④ 주로 분화용으로 많이 이용되며 분주, 삽목 등의 영양번식을 주로 한다.

구 분	종 류	
선인장	금호Echinocactus grusonii 삼각주Hyloceruns trigonus 공작선인장Epiphyllum hybrid	부채선인장Opuntia maxima 게발선인장Schlumbergera truncata 비모란Gymnocalycium mihanovichii
다육식물	용설란Agave americana 알로에Aloe vera 큰꿩의비름Sedum spectabile 돌나물Sedum sarmentosum	칼랑코에Kalanchoe spp. 바위솔Orostachys japonicus 크라슐라Crassula argentea 꽃기린Euphorbia milli

(6) 관엽식물

1) 열대 및 아열대 원산의 아름다운 잎이 관상의 대상이다.
2) 고온다습한 환경을 좋아하며 연중 잎을 관상할 수 있다.
3) 반음지 조건에서 잘 자라는 식물로 주로 실내식물로 이용된다.

종 류	
아디안텀 Adiantum raddianum 아글라오네마 Aglaonema spp. 아스파라거스 Asparagus spp. 엽란 Aspidistra elatior 테이블야자 Chamaedorea elegans 아이비 Hedera helix 필로덴드론 Philodendron selloum 보스톤 고사리 Nephrolepis exaltata	접란 Chlorophytum comosum 드라세라 와네키 Dracaena deremensis 드라세나 맛상게아나 Dracaena fragrans 개운죽 Dracaena sanderiana 스킨답서스 Epipremnum aureum 벤자민고무나무 Ficus benjamina 박쥐란 Platycerium bifurcatum

(7) 난과 식물

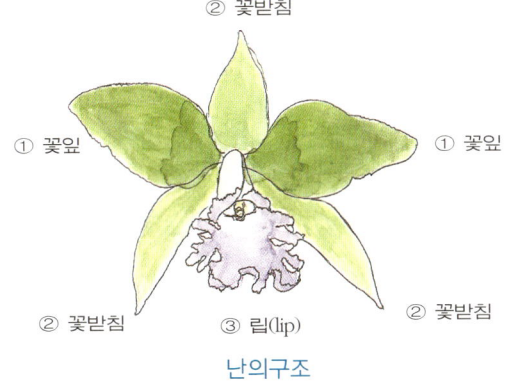

난의 구조

1) 원산지에 따른 분류

① 동양란
- 내한성이 강하다.
- 꽃의 모양은 화려하지 않은 것이 많고 향기가 있다.

② 서양란
- 아열대 또는 열대지방이 원산이며 꽃이 매우 화려한 것이 많다.
- 향기는 대부분 없으며 꽃의 수명이 길다.

구 분	종 류	
동양란	춘란 Cymbidium goeringii 소엽풍란 Neofinetia falcata 석곡 Dendrobium moniliforme	한란 Cymbidium kanran 대엽풍란 Aerides japonicum
서양란	카틀레야 Cattleya spp. 심비디움 Cymbidium spp. 덴드로비움 Dendrobium spp.	온시디움 Oncidium spp. 팔레놉시스 Phalaenopsis spp. 반다 Vanda spp.

2) 생장습성에 따른 분류
   ① 착생란
   • 식물체를 지탱하기 위해 나무 위나 바위에 붙어서 고착 생활을 하고 뿌리가 공중에 노출되어 있는 종류를 말한다.
   ② 지생란
   • 땅속에 뿌리를 내리고 토양중의 수분이나 영양분을 섭취하는 동시에 식물체를 지탱하는 종류이다.

구 분	종 류	
착생란	팔레놉시스 Phalaenopsis spp. 온시디움 Oncidium spp. 소엽풍란 Neofinetia falcata 콩짜개란 Bulbophyllum drymoglossum	카틀레아 Cattleya spp. 석곡 Dendrobium moniliforme 대엽풍란 Aerides japonicum 반다 Vanda spp.
지생란	한란 Cymbidium kanran 새우난초 Calanthe discolor 건란 Cymbidium ensifolium	심비디움 Cymbidium spp. 자란 Bletilla striata 춘란 Cymbidium goeringii

3) 형태적 분류
   ① 단경성란 : 직립성의 하나의 줄기가 위로 생장하는 것으로 반다, 풍란, 팔레놉시스 등이 있다.
   ② 복경성란 : 포복성의 줄기나 근경으로부터 여러 줄기가 나오는 것으로 카틀레야, 덴드로비움, 심비디움, 온시디움 등이 있다.

단경성란(반다)   복경성란(카틀레야)

난의 줄기구조

(8) 기타

1) 식충식물(Insectivorous plant)
   ① 곤충, 작은 동물 등을 잡아 소화시킨 후 양분의 일부로 하는 식물의 총칭이다.
   ② 이색적인 용모가 관상가치가 있어 절화용으로 이용되기도 한다.

벌레잡이통풀 Nepenthes spp.   사라세니아 Sarracenia spp.
끈끈이주걱 Drosera rotundifolia   파리지옥 Dionaea muscipula 등

2) 고산식물(Alpine plant)
   ① 한대 또는 고산 지방에서 자생하는 식물을 말하며 그 수는 많지 않지만 암석정원에 이용되는 경우가 있다.
   ② 높은 산에 저절로 나는 식물로 다년생 풀과 키가 작은 관목이 많다.
   ③ 기후가 차고 바람이 세며 특수한 환경 때문에 뿌리가 발달하였다.
   ④ 잎은 작고 꽃은 비교적 크며 아름답다.

   > 에델바이스 *Leontopodium alpinum*   솜다리 *Leontopodium coreanum*   눈향나무 *Juniperus chinensis*
   > 금강초롱 *Hanabusaya asiatica*   연영초 *Trallium kamtschaticum*   설앵초 *Primula modesta*
   > 진달래 *Rhododendron mucronulatum*   동백나무 *Camellia japonica* 등

3) 방향성 식물 (Aromatic plant)
   ① 식물체 전체나 특정 부위의 방향성으로 식용과 약용, 향료용, 관상용 등으로 쓰이고 있는 식물을 말한다.
   ② 햇빛이 충분히 들고 통풍이 잘 되며 배수가 좋은 생육환경을 갖추어야 한다.

   > 백리향(타임) *Thymus* spp.   로즈메리 *Rosmarinus officinalis*   라벤더 *Lavandula angustifolia*
   > 제라늄 *Pelargonium x hortorum* 등

4) 반입식물(Variegated plant)
   ① 식물류 중에서 정상상태를 가지고 있지 않고 여러 형태의 색채가 들어 있는 식물을 말한다.
   ② 일반적으로 관상가치가 높으며 일반적인 특성은 다음과 같다.
      • 엽록소의 결핍
      • 세포간극에 공기가 많이 함유되어 있어 광선이 반사되어 은백색이 되는 경우
      • 엽록소가 없어 조직이 축소되어있는 경우
      • 책상조직과 해면조직이 불명확하게 분화되어 있는 경우
      • 적색부분에는 전분 등을 함유하고 있지 않은 경우
   ③ 보통 식물의 잎은 녹색이지만 흰색이나 노란 얼룩이 있는 것 등 두 가지 색 이상의 다른 부분이 존재하여 아름다운 모양을 나타내는 식물을 말한다.
   ④ 일반적으로 잎에 나타나지만 꽃잎이나 줄기 등 다양한 부분까지 나타나는 것도 있다.
   ⑤ 종자번식으로 유전되지 않으므로 많은 개체를 얻기 위해서는 삽목이나 분주와 같은 영양번식을 해야 한다.

   > 관음죽 *Rhapis excelsa*   싱고니움 *Syngonium podophyllum*   아이비 *Hedera helix*   칼라디움 *Caladium* spp. 등

5) 자생식물(Native plant)
   ① 좁은 의미로는 토착식물만을 의미하지만 넓은 의미로는 외래식물이라도 오래 전부터 귀화되어 살고 있으면 자생식물 속에 포함시킬 수 있다.
   ② 자연 상태로 발생하여 생육되고 있는 모든 식물을 말한다.

③ 분식물 장식에 이용되며 정원용으로 지피식물로 대량 이용되고 있다.
④ 개화기가 짧고 비료의 요구도가 적으며 대부분 다년생 초본식물이다.

금불초 Inula britannica	금낭화 Dicentra spectabilis	노루귀 Hepatica asiatica
돌단풍 Aceriphyllum rossii	동의나물 Caltha palustris	둥글레 Polygonatum odoratum
제비꽃 Viola mandshurica	천남성 Arisaema amurense	자란 Bletilla striata
하늘매발톱 Aquilegia flabellata 등		

3. 용도별 분류

(1) 절화용

1) 실내 장식을 목적으로 주로 사용한다.
2) 식물체의 지상부 전체 또는 그 일부가 잘린 상태를 절화라고 한다.
3) 대체적으로 꽃줄기가 긴 종류들이 많이 쓰인다.
4) 꽃꽂이나 꽃다발, 화환 등에 사용한다.

과꽃 Callistephus chinensis	고데치아 Clarkia amoena	국화 Dendranthema grandiflora
패랭이꽃 Dianthus sinensis	해바라기 Helianthus annuus	조팝나무 Spiraea prunifolia
디기탈리스 Digitalis purpurea	스톡 Matthioal incana	수선화 Narcissus tazetta
튤립 Tulipa x gesneriana	장미 Rosa spp.	리아트리스 Liatris spicata
글라디올러스 Gladiolus x gandavensis	관엽식물, 난과식물 등	

(2) 절엽용

1) 잎을 잘라서 쓰는 종류이다.
2) 주로 관엽식물로 절화 장식의 배경이 되는 녹색 잎을 말한다.
3) 녹색, 붉은색, 노랑색 등의 다양한 색을 이용할 수 있다.

몬스테라 Monstera deliciosa	아이비 Hedera helix	크로톤 Codiaeum variegatum
엽란 Aspidstra elatior	사스레피 Eurya japonica 등	

(3) 절지용

1) 가지를 잘라서 쓰는 종류를 말한다
2) 화훼장식의 골격, 선을 표현하는 소재로 쓰인다.

수양버들 Salix babylonica	삼지닥나무 Edgeworthia papynifera
청미래덩굴 Smilax china	화살나무 Euonymus alatus 등

(4) 분식물용

1) 화분에 식재하여 잎과 꽃 또는 열매를 관상의 대상으로 하는 종류이다.

국화 *Dendranthema grandiflora*	시네라리아 *Senecio cruentus*	아잘레아 *Rhododendron simsii*
제라니움 *Pelargonium x hortorum*	칼랑코에 *Kalanchoe* spp.	프리뮬러 *Primula x polyantha*
포인세티아 *Euphorbia pulcherrima*	아프리칸 바이올렛 *Saintpaulia ionantha*	난 등의 관화식물
스킨답서스 *Epipremnum aureum*	렉스베고니아 *Begonia rex*	인도고무나무 *Ficus elastica*
페페로미아 *Peperomia argyreia*	필로덴드론 *Philodendron selloum*	야자(Palmae)류 등의 관엽식물

(5) 정원용

1) 화단용은 꽃이 피면 실외 혹은 실내의 화단에 옮겨 심을 목적으로 재배되는 식물이다.

과꽃 *Callistephus chinensis*	금잔화 *Calendula officinalis*	매리골드 *Tagetes erecta*
맨드라미 *Celosia cristata*	봉선화 *Impatiens balsamina*	일일초 *Catharanthus roseus*
백일홍 *Zinnia elegans*	샐비어 *Salvia splendens*	프리뮬러 *Primula x polyantha*
팬지 *Viola tricolor*	아프리칸봉선화 *Impatiens walleriana* 등의 일년초	
국화 *Dendranthema grandiflora*	꽃베고니아 *Begonia semperflorens* 등의 숙근초	
개나리 *Forsythia koreana*	진달래 *Rhododendron mucronulatum* 등의 화목류	

(6) 건조소재용

1) 식물의 잎이나 꽃, 열매 등을 말려서 사용하는 것을 말한다.

숙근스타티스 *Limonium hybridum*	치자나무열매 *Gardenia jasminoides*	조 *Setaria italica* 등

3. 화훼식물의 형태와 용도

1. 형태

(1) 꽃

① 꽃은 생식기관으로 종자를 생산하는 중요한 기관이다.
② 자방(씨방)이 성숙하면 열매로 발달하고 배주가 성숙하면 종자가 된다.
③ 꽃잎, 꽃받침, 수술, 암술로 구성되어 있으며 한 송이의 꽃에 4가지 기관을 모두 갖춘꽃을 완전화(갖춘꽃, complete flower), 그 일부가 없는 꽃을 불완전화(안갖춘꽃, incomplete flower)라 한다.

> 완전화 : 나리, 수선화, 무궁화, 패랭이꽃 등 / 불완전화 : 벼꽃, 둥글레, 창포, 튤립, 강아지풀 등

④ 한 꽃에 암술과 수술이 모두 들어있는 꽃을 양성화, 암술이나 수술 중 어느 하나만 가지고 있는 것을 단성화라고 한다.

> 양성화 : 나팔꽃, 튤립, 벼꽃, 장미, 국화 등 / 단성화 : 수세미, 옥수수, 참외, 수박, 소나무 등

⑤ 암꽃과 수꽃이 한 그루에 있거나 양성화가 피는 식물을 자웅동주(암수한그루), 각각 다른 그루에서 피는 식물을 자웅이주(암수딴그루)라 한다.

> 자웅동주 : 무화과, 수박, 밤나무, 자작나무 등 / 자웅이주 : 은행나무, 버드나무, 물푸레나무 등

⑥ 꽃잎의 형태에 따라 꽃잎이 모두 붙어서 통으로 되어 있으면 통꽃(합판화관)이라고 하고 꽃잎이 한 장씩 서로 떨어져 있으면 갈래꽃(이판화관)이라고 한다.

> 통꽃 : 도라지, 나리, 가지, 용담, 국화, 해바라기 등 / 갈래꽃 : 장미, 목련, 딸기, 물옥잠

1) 꽃의 구조

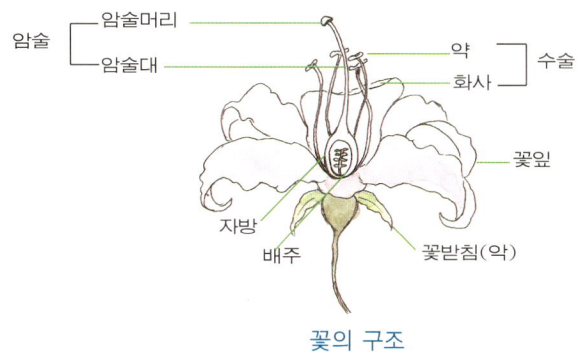

꽃의 구조

① 암술(Pistil)
- 꽃의 중앙에 있고 화기분열조직에서 가장 늦게 형성되는 기관이다.
- 자성생식기관으로 꽃을 구성하는 중요한 부분이다.
- 암술을 형성하는 심피(carpel)는 자방, 암술대, 암술머리로 구성되어 있으며 자방 안에는 장차 종자가 될 배주가 들어 있다.
- 수정 후에 종자나 과실로 자라는 배주(ovule)를 가진 자방(씨방, ovary), 자방 위에 신장되어 있고 화분관이 배주를 향해 자랄 수 있는 화주(암술대, style), 화주의 꼭대기에 있어 수분과 화분발아가 일어나는 주두(암술머리, stigma)의 세 부분으로 구성되어 있다.
- 주두는 꽃가루가 부착하는 장소이고 화주는 화분관이 신장하여 자방에 도달할 때까지의 통로이다.

② 수술 (Stament)
- 꽃잎 바로 안쪽에 위치하며 웅성 생식세포인 화분을 만드는 기관이다.
- 수술은 꽃가루(화분)로 가득 채워진 약(anther)과 그것을 지탱하는 화사(filament)로 되어있다.
- 꽃가루가 운반되는 방법에 따라 곤충에 의해 수분되는 꽃을 충매화, 바람에 의해 수분되는 꽃을 풍매화, 새에 의해 수분되는 꽃을 조매화, 물에 의해 수분되는 꽃을 수매화라고 한다.
  - 충매화 : 디기탈리스, 가자니아, 조팝나무 등
  - 풍매화 : 옥수수, 호밀, 보리 등의 벼과 식물, 소나무 등
  - 조매화 : 후크시아, 바나나, 시계 꽃, 극락조화, 붉은 매발톱 꽃 등
  - 수매화 : 물수세미, 수련, 가래 등

③ 꽃잎(Petal)
- 꽃잎을 총칭하여 화관(corolla)이라 하고 꽃잎 낱개를 화판(petal)이라 한다.
- 꽃잎이 서로 떨어져 있는 것을 이판화관(갈래꽃), 서로 붙어있는 것을 합판화관(통꽃)이라고 한다.
- 암술과 수술을 보호하는 역할을 한다.

④ 꽃받침(Calyx)

- 속과 겉의 두 겹의 화피 중 바깥쪽의 것이 꽃받침이다.
- 꽃받침을 총칭하여 악(calyx)이라고 하고 꽃받침 낱개를 악편(sepal)이라 한다.
- 꽃받침이 각각 떨어져 있는 것을 이편악, 붙어있는 것을 합편악이라고 한다.
- 꽃받침조각의 수는 꽃잎의 수와 같은 경우가 많다.

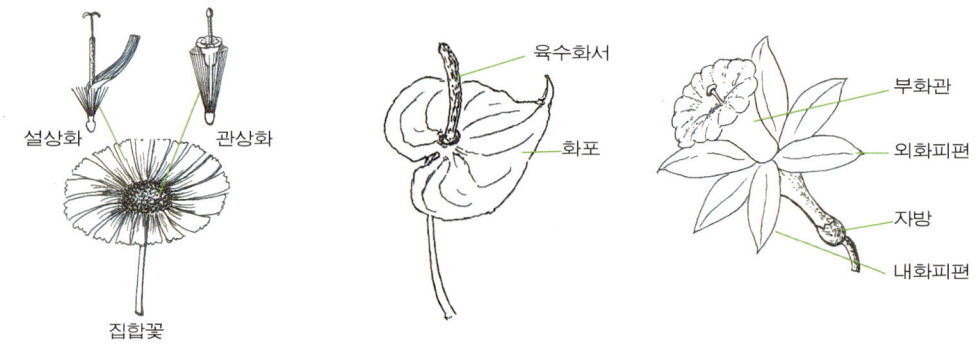

각종 꽃의 구조와 화형 및 명칭

2) 화서(Inflorescence)
① 꽃이 붙어있는 배열상태를 화서라고 하며 무한화서와 유한화서로 구분한다.
② 무한화서는 화축의 정아가 계속 생장하여 꽃을 피우며 아래쪽에서 위, 바깥쪽에서 안쪽을 향해 개화한다.
③ 유한화서는 화축의 정아가 꽃이 되어 가장 먼저 피기 때문에 화축의 생장은 정아의 개화와 더불어 중단되며 위에서 아래쪽을 향해 꽃이 핀다.
④ 화서를 이루는 각각의 꽃은 소화라고 한다.

무한화서	두상화서		• 가장자리의 꽃이 먼저 피고 중앙을 향해 피어 들어가는 화서이다. • 엉컹퀴 Cirsium japonicum　　맨드라미 Celosia cristata 　국화 Dendranthema grandiflora　코스모스 Cosmos bipinnatus 　해바라기 Helianthus annuus　　거베라 Gerbera jamesonii 　메리골드 Tagetes erecta 등
	수상화서		• 총상화서와 비슷하나 소화경이 거의 없다. • 글라디올러스 Gladiolus x gandavensis　금어초 Antirrhinum majus 　맥문동 Liroipe platyphylla　　스톡 Matthioal incana 　프리지어 Freesia hybrida　　익시아 Ixia hybrida 　벼과식물 등

무한화서	총상화서		• 화축이 가늘고 길며 소화경도 발달하나 분지가 발생하지 않는다. • 덴드로비움*Dendrobium* spp.　　델피니움*Delphinium hybridum* 　라일락*Syringa vulgaris*　　　루피너스*Lupinus hybrida* 　무스카리*Muscari* spp.　　　　양란심비디움*Cymbidium* spp. 　옥잠화 *Hosta plantaginea*　　은방울꽃*Convallaria keiskei* 　팔레놉시스*Phalaenopsis* spp.　히아신스*Hyacinthus orientalis* 　나리*Lilium* spp. 등
	산방화서		• 총상화서와 비슷하나 화경의 끝이 거의 같은 높이로 자라서 꽃이 중앙을 향해 피어 들어간다. 　벚나무*Prunus serrulata*　　　수국*Hydrangea macrophylla* 　산사나무*Crataegus pinnatifida*　아게라텀*Ageratum houstonianum* 　조팝나무*Spiraea prunifolia*　　톱풀*Achillea sibirica* 　배추과*Cruciferae* 식물 등
	산형화서		• 꽃차례의 축이 짧으며 소화병의 꽃이 거의 같은 높이로 작은 꽃자루에 핀다. • 가시오가피나무*Acanthopanax senticosus* 　벚나무*Prunus serrulata*　　　아가판서스*Agapanthus africanus* 　알리움*Allium giganteum*　　　파*Allium fistulosum* 　미나리과*Umbelliferae* 식물 등
	원추화서		• 소화경이 여러 번 갈라져서 전체가 원뿔 모양을 이룬다. • 귀리*Avena sativa*　　　　　　남천*Nandina domestica* 　수수*Sorghum bicolor*　　　　숙근플록스*Phlox paniculata* 　아스틸베*Astilbe arendsii*　　억새*Miscanthus sinensis* 　쥐똥나무*Ligustrum obtusifolium* 등
	육수화서		• 수상화서의 변형으로서 화축이 육질이고 불염포로 둘러싸인 화서이다. • 몬스테라*Monstera deliciosa*　　스파티필럼*Spathiphyllum* spp. 　안스리움*Athurium andraeanum*　칼라*Zantedeschia hybrida* 등
	미상화서		• 수상화서아 비슷하나 화서축이 연하여 밑으로 늘어진다. • 소화는 단성화로 수꽃이기 때문에 웅성화서이다. • 줄맨드라미*Amaranthus caudatus*　자작나무과*Betulaceae* 　버드나무과*Salicaceae* 식물 등
유한화서	단정화서		• 화서축의 선단에 1개의 꽃을 피운다. • 아네모네*Anemone coronaria*　　튤립*Tulipa x gesneriana* 　쿠르쿠마*Curcuma* spp.　　　　장미*Rosa* spp, 　목련*Magnolia kobus*　　　　　작약*Paeonia lactiflora* 　할미꽃*Pulsatilla koreana*　　노루귀*Hepatica asiatica* 　연령초*Trillium kamtschaticum* 등
	집산화서		• 화서축의 선단부에 소화경이 있는 1개의 소화가 발생하고 그 기부에 한 쌍의 소화경이 발생하여 각각의 선단부에 다시 소화경이 있는 1개의 소화가 발생하게 되는데 이 과정이 반복되면 삼각형의 화서가 된다. • 석죽과*Caryophyllaceae*식물이 이에 해당된다.

3) 화기의 기형화(Malformed flower)
① 꽃잎 이외의 기관인 꽃받침, 포엽 또는 수술 등이 꽃잎보다 크고 아름다워 관상의 대상이 되는 것을 말한다.
② 꽃잎 수는 기본매수만을 가지는 홑꽃과 꽃잎이 분리되어 있고 암술과 수술이 꽃잎으로 되어 꽃잎수가 증가된 겹꽃이 있다.
③ 겹꽃발생은 식물학상으로 일종의 화기의 기형화라고 볼 수 있다.
④ 겹꽃발생의 원인은 화판의 분열, 기관의 중복, 생식기관의 일부나 전부의 화판화 및 개화 중에 중심이나 꽃 사이로부터 다시 꽃이 나오는 관생(prolification)등에 의해 발생한다.
- 꽃잎이 분열이나 주름결 형성(홑꽃) : 페튜니아, 팬지, 모란, 작약, 양귀비, 석죽, 나팔꽃 등
- 꽃잎 수의 증가 (암, 수술 정상) : 봉선화, 한련화, 황색코스모스, 도라지, 벚꽃, 매화, 제라니움, 시클라멘, 철쭉, 동백 등
- 수술 일부나 전부의 화판화(staminady) : 카네이션, 양귀비, 모란, 장미 등
- 암·수술 전부의 화판화 : 페튜니아, 작약, 꽃창포 등
- 두상화서의 설상화나 통상화의 발달 : 금잔화, 옥사이데이지, 샤스타데이지, 국화 등
- 관생 : 데이지, 금잔화, 국화, 스토크, 카네이션, 석죽 등
- 꽃받침의 화판화 : Iris속 식물(꽃창포, 붓꽃, 저먼아이리스), 난, 칸나, 분꽃 등
- 꽃잎은 소형화, 꽃받침 화판화 : 크레마티스, 수국 등
- 화포가 착색 또는 화판화 : Euphorbia속(포인세티아, 성성초, 스노우마운틴 등), 안스리움, 스파티필름, 칼라, 부겐빌레아
- 잎보다 꽃이 먼저 피는 식물은 개나리, 진달래. 벚꽃, 목련, 복숭아나무, 산수유, 조팝나무 등이 있다.
- 잎이 먼저 자란 후 꽃이 피는 식물(선엽후화)은 후박나무, 병꽃나무, 만병초, 철쭉 등이 있다.

4) 화색
① 화색이란 꽃잎에 함유되어 있는 색소에 의해 가시광선 중에서 흡수되지 않고 반사되어 나오는 광 스펙트럼이라 할 수 있다.
② 꽃의 색깔을 나타내게 하는 색소는 유관속식물에서 흔히 볼 수 있다.
③ 색소는 특히 화관에 집중되어 있으며 소량의 색소에 의해서 나타난다.
④ 카로티노이드계(Carotenoids)
- 등황색의 카로티노이드가 최초로 발견된 것은 당근뿌리이다.
- 등식물에서부터 균류 조류에 이르기까지 폭넓게 분포되어 있다.
- 카로티노이드는 카로틴과 크산토필의 총칭으로 노랑색, 주홍색, 다홍색의 화색을 표현하는 색소들로 꽃잎뿐만 아니라 잎, 뿌리, 과실 등에 널리 분포하며 불용성이다.
- 지용성이며 색소체에 들어있다.
- 은행 나뭇잎이 노란색을 띠는 것은 클로로필의 분해와 카로티노이드의 발현에 의한 것이다.
⑤ 플라보노이드계(Flavonoids)
- 수용성 색소이며 액포 내에 존재한다.

- 흰색부터 크림황색, 황, 등적색, 청색까지의 여러 색을 발현한다.
- 꽃잎, 잎, 줄기, 뿌리 등 식물 전체에 함유되어 있다.
- 플라본류와 안토시아닌으로 구분할 수 있다.

안토시아닌	플라본류
• 적색, 보라색, 청색과 같이 아름다운 꽃색의 대부분이 안토시아닌에 의해 발색된 것이며 플라보노이드계의 중심을 이룬다. • 제라늄의 선홍색, 델피니움의 청색으로 나타나며 안토시아닌 색소에 의해 화색이 발현되는 꽃을 유색화라고 한다. • 딸기, 사과, 깻잎, 포도, 가지 등과 같은 채소와 과일의 잎, 뿌리에 들어있으며 가을 단풍의 빨간색도 안토시아닌에 의해 조절된다.	• 무색에서 황색을 띠며 곤충에게 매우 잘 보이는 색소이다. • 거의 모든 백색, 크림색 꽃에 함유되어 있다.

⑥ 베타레인(Betalains)
- 베타시아닌과 베타크산틴을 통합해서 베타레인류로 분류한다.
- 수용성이면서 적색과 황색을 나타내는 색소를 가지고 있다.
- 명아주과, 비름과, 분꽃과, 쇠비름과, 선인장과 등과 같은 식물의 적색, 적자색, 보라색, 노란색 등은 베타레인에 의해 발색된다.

⑦ 클로로필(Chlorophyll)
- 고등식물에서 조류에 이르기까지 넓게 분포되어 있는 녹색색소로 이산화탄소와 물로부터 당을 만드는 광합성에 없어서는 안 되는 색소이다.
- 불용성이며 세포내에 엽록체라고 불리는 작은 소기관 안에 존재한다.
- 봉오리 시기에는 클로로필을 가지고 있으나 꽃이 필 무렵이 되면 점차적으로 감소한다.

(2) 잎

1) 잎의 형태

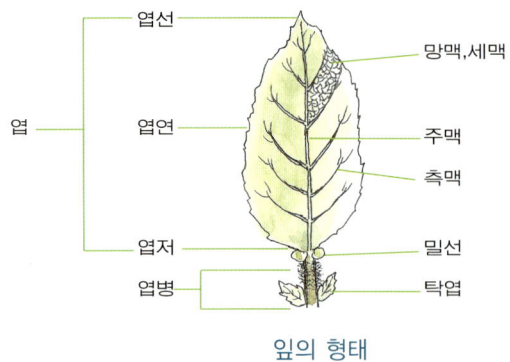

잎의 형태

① 잎은 광합성, 호흡 및 증산작용을 하는 기관이다.
② 잎은 엽신(leaf blade, leaf lamina), 엽병(petiole, leaf stalk), 탁엽(stipule)으로 나누며 이 세부분을 갖춘잎을 완전엽, 한두 부분을 갖추지 않은 잎을 불완전엽이라 한다. 주로 탁엽은 없는 경우가 많다.
③ 엽신은 선단부인 엽선(leaf apex), 기부인 엽저(leaf base), 주변부인 엽연(ldaf margin)으로 이루어져 있다.
④ 엽선(엽병으로부터 가장 먼 곳)은 곡침형, 권수형, 소철두, 예두, 요두, 점첨두, 침형, 평두 등으로 구분한다.
⑤ 엽저(엽병으로부터 가장 가까운 곳)는 유저, 의저, 이저, 전저, 관천저, 극저, 무병저, 설저, 순형저, 심장저, 쌍관천저, 엽초 등으로 구분한다.
⑥ 엽연(잎의 가장자리)은 결각상거치, 둔거치, 반전형, 빗살형거치, 예거치, 오므라듬거치, 전연, 전열, 중열, 침거치, 파상 등으로 구분한다.

⑦ 잎의 형태(엽형)는 원형, 난형, 타원형, 도란형, 선형, 침형, 신장형, 심장형, 화살형, 도피침형, 쐐기형, 피침형 등으로 구분한다.

원형 난형 타원형 도란형 선형 침형 신장형 심장형 화살형 도피침형 쐐기형 피침형

2) 엽서 : 잎이 줄기에 달려있는 배열상태를 엽서라고 한다.

호생		• 한 마디에 잎이 1개씩 달린 것을 말한다.
		• 둥글레*Polygonatum odoratum* 서양담쟁이*Parthenocissus quinquefolia*
		  송악*Hedera rhombea* 사스레피나무*Eurya japonica*
		  느티나무*Zelkova serrata* 느릅나무*Ulmus davidiana* 등

대생		• 한 마디에 잎이 2개씩 마주 붙는 것을 말한다. • 소철*Cycas revoluta* 마가목*Sorbus commixta* 주목*Taxus cuspidata* 회양목*Buxus microphylla* 등
윤생		• 한 마디에 잎이 3개 또는 그 이상 돌려나는 것을 말한다. • 아스플레니움*Asplenium nidus* 칼라데아*Calathea crocata* 드라세나*Dracaena deremensis* 등
속생		• 마디 사이가 매우 짧아서 잎이 다발로 난 것을 말한다. • 소나무*Pinus densiflora* 잣나무*Pinus koraiensis* 은행나무*Ginkgo biloba* 등

저생
(근생)
		• 줄기의 길이가 아주 짧아 잎이 거의 땅바닥에 닿을 정도로 낮게 드리워져 나는 것을 말하며 로제트(rosette)배열이라고도 한다.
		• 제비꽃*Viola mandshurica* 맥문동*Liriope platyphylla*
		  바위취*Saxifraga stolonifera* 질경이*Alisma canaliculatum*
		  앵초*Primula sieboldii* 민들레*Taraxacum platycarpum* 등

관생엽 (관천엽)		• 대생으로 배열된 2개의 잎이 융합된 잎자루가 없는 잎의 형태이며 마주나는 잎몸의 기부가 발달하여 서로 붙고 줄기가 잎을 꿰뚫은 것처럼 보인다. • 며느리배꼽 *Persicaria perfoliata* 뻐꾹나리*Tricyrtis dilatata* 등

3) 엽맥 : 잎을 지지해주며 양분과 수분의 통로가 된다.

우상맥	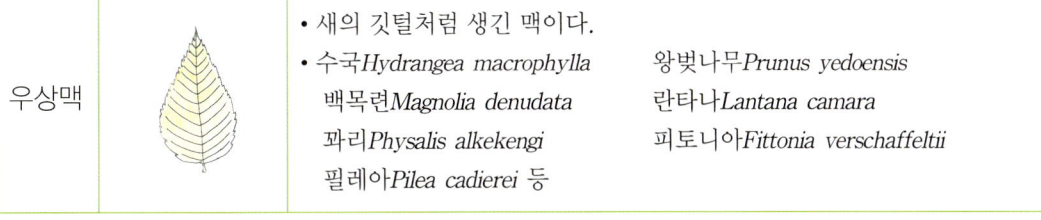	• 새의 깃털처럼 생긴 맥이다.
		• 수국*Hydrangea macrophylla* 왕벚나무*Prunus yedoensis*
		  백목련*Magnolia denudata* 란타나*Lantana camara*
		  꽈리*Physalis alkekengi* 피토니아*Fittonia verschaffeltii*
		  필레아*Pilea cadierei* 등

평행맥		• 평행으로 뻗은 엽맥이다.
		• 옥잠화 *Hosta plantaginea*
		  루스커스 *Ruscus* spp.
		  칼라데아 *Calathea crocata*
		  드라세나 *Dracaena deremensis*
		  산세베리아 *Sansevieria trivasciata*
			극락조화 *Strelitzia reginae*
			디펜바키아 *Dieffenbachia amoena*
			고무나무 *Ficus elastica*
			마란타 *Maranta leuconeura*
			아펠란드라 *Aphelandra squarrosa* 등

장상맥		• 손바닥을 편 모양같이 발달되는 엽맥이다.
		• 단풍나무 *Acer palmatum*
		  한련화 *Tropaeolum majus*
		  팔손이 *Fatsia japoinica*
		  칼라디움 *Caladium* spp. 등
			제라니움 *Pelargonium hortorum*
			국화 *Dendranthema grandiflora*
			페페로미아 *Peperomia puteolata*

4) 잎의 기능
   ① 광합성 작용 : 뿌리에서 흡수된 물과 잎에서 흡수된 이산화탄소가 햇빛을 받아 엽록체 내에서 유기물을 합성하는 것을 말하며 산소가 방출된다.
   ② 증산작용 : 뿌리에서 흡수된 물이 물관을 통해 잎으로 가는 동안 식물체 내의 필요한 물을 흡수시키고 잎의 뒷면에 있는 기공을 통해 수증기 형태로 배출시키는 현상이다.

쌍자엽식물	단자엽식물
• 잎의 잎몸은 넓고 잎자루로 받쳐져있다. • 망상맥(그물맥) • 강낭콩, 국화, 봉선화, 호박 등	• 잎몸은 좁고 길며 잎집이 줄기의 마디사이를 둘러싼다. • 평행맥 • 벼, 옥수수, 보리 등

5) 잎의 변형된 형태

인편엽	• 겨울눈에서 볼 수 있으며 광합성 능력은 거의 없다.	개나리, 벚나무 등의 화목류
인엽 (저장엽)	• 구근에서 볼 수 있으며 광합성 능력은 거의 없고 인경은 영양분을 저장하고 영양번식에 이용한다.	나리, 수선, 튤립
덩굴손	• 완두, 오이, 호박 등의 덩굴손은 지지 작용을 하기 위해서 변형된 잎이다. • 복엽의 소엽이나 잎자루, 탁엽이 덩굴손으로 변한 것이다. • 다른 나무에 감기면서 매달릴 수 있도록 변한 것이다.	오이, 호박, 스위트피, 완두, 클레마티스, 청미래덩굴
포충엽 (낭상엽)	• 엽신의 선단부가 자루모양으로 변형되어 벌레잡이잎으로 된 것이다. • 주머니 모양의 포충엽을 낭상엽이라고 한다.	네펜데스, 사라세니아

엽침 (가시)	• 잎이 침모양의 예리한 돌기로 변형된 것이며 광합성 능력은 없다. • 보호작용을 위해서 잎이 변형되어 생긴 가시를 엽침이라고 하며 변형된 가시들은 주위의 열을 발산시킨다.	선인장, 아카시나무
포	• 꽃의 아래쪽 또는 꽃자루에 형성되는 잎을 포라고 한다. • 포는 보통 작으며 발달하는 꽃을 보호하는 작용을 한다. • 일부 식물의 포는 색깔을 띠는데 꽃잎은 작고 눈에 잘 띄지 않는다.	수국, 층층나무, 포인세티아, 극락조화, 스팟티필름, 안스리움
다육엽	• 수분과 영양분의 저장 기관화한 잎이다. • 사막지대에서 사는 식물들은 살아남기 위해서 여러 가지 적응이 필요하며 가장 흔한 것 중의 하나가 다즙성 잎을 만드는 것이다.	돌나물, 쇠비름, 석류풀

(3) 줄기

1) 줄기의 형태와 기능

① 줄기는 잎이 붙어있는 마디(node)와 잎이 없는 마디 사이(internode)가 발달하고 마디의 엽액에 있는 눈이 자라서 꽃이나 가지가 된다.

② 눈이 분열하고 생장하여 잎으로 발달하는 것은 잎눈, 꽃으로 발달하는 것은 꽃눈이라고 하며 잎눈과 꽃눈이 함께 있는 것은 혼합눈이라고 한다.

줄기의 구조

③ 줄기는 표피계, 기본 조직계, 유관속계로 이루어져 있다.

④ 뿌리에서 흡수한 물과 양분을 운반하는 역할을 한다.

⑤ 식물체를 지탱(supporting)하고 이동된 양분의 저장기능도 한다.

⑥ 물관(목부, xylem) : 관다발의 안쪽에 위치하고 뿌리에서 흡수한 물과 무기양분의 이동 통로이다.

⑦ 체관(사부, phloem) : 관다발의 바깥쪽에 위치하고 잎의 광합성으로 만들어진 유기양분의 이동 통로이다.

⑧ 형성층(부름켜, cambium) : 세포분열을 통해 부피생장을 하며 물관과 체관 사이에 존재한다.

⑨ 쌍떡잎식물은 물관, 체관, 형성층이 한 덩어리를 이룬 관다발이 속 주위로 둥글게 늘어서 있으며 외떡잎식물의 관다발은 물관, 체관이 한 덩어리를 이루고 있으며 형성층이 없다.

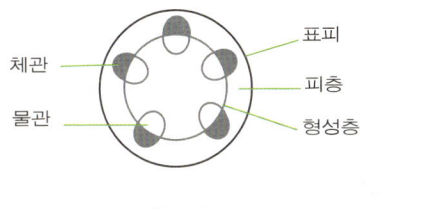

횡단면

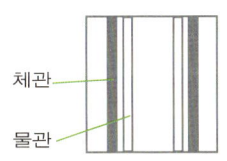

종단면

• 줄기의 변형된 형태와 기능은 다음과 같다.

지하경	• 땅 속에서 자라는 줄기로서 길게 옆으로 자라는 것과 마디사이가 짧아서 덩이처럼 생긴 것이 있다.	창포, 고비, 생강, 대나무
포복경	• 지하경과 비슷하나 지하경과는 달리 땅위로 기어간다. • 마디사이가 길고 마디사이에서 뿌리와 잎이 돋아나오고 이것으로 번식한다.	딸기, 잔디
덩굴손	• 물체의 둘레를 감으면서 자신의 식물체를 지탱시킨다.	포도, 으아리, 나팔꽃, 담쟁이덩굴
인경	• 잎이 다육화 되어 짧은 줄기의 주위에 밀생하는 것으로서 육질의 인편이 기왓장처럼 포개진 것과 바깥쪽에 넓은 인편이 속에 것을 둘러싸고 있는 것이다.	튤립, 히아신스, 백합, 양파, 수선화
구경	• 땅속에서 종이처럼 얇은 잎으로 싸여 있으며 짤막하고 육질성인 둥근 줄기를 말한다. • 구경의 가운데 부분에 영양분을 저장하였다가 꽃이 필 때 이용한다.	글라디올러스, 시클라멘, 프리지아
괴경	• 생장을 계속하기 위해서 영양분을 저장하는 줄기의 팽창된 부위이며 지하경처럼 수평으로 자라지만 생장기간은 짧다.	감자, 토란, 뚱딴지
편경 (엽상경)	• 광합성을 위해서 편평하고 잎 모양으로 변형된 줄기를 엽상경이라고 한다.	아스파라거스, 청미래덩굴
경침 (가시)	• 줄기에 있는 가지가 변형되어 생긴 가시를 경침이라고 한다. • 줄기와 잎 사이의 액아에서 생기며 손으로 떼어 내려고 해도 잘 떨어지지 않는다.	산사나무, 주엽나무, 탱자나무

2) 줄기의 형태

　① 줄기는 지상경과 지하경으로 나눌 수 있다.

　② 지하경은 일부 구근류에서처럼 줄기가 양분의 저장기관으로 발달한 것이 대부분이다.

　③ 지상경에는 보통 직립성을 흔히 볼 수 있으나 포복경, 위구경, 덩굴손, 편경, 다육경, 주경, 기어오르는 줄기, 휘감는 줄기 등도 있다.

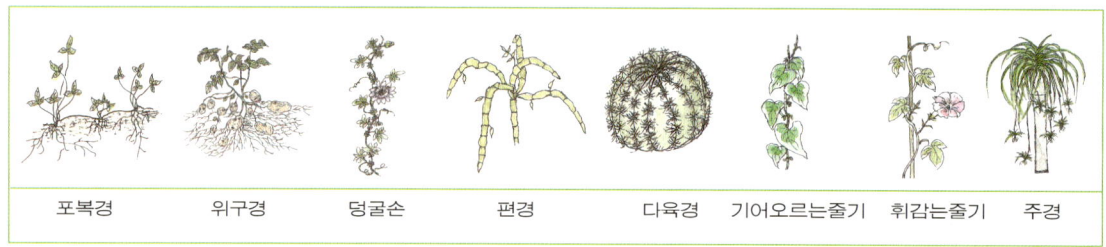

포복경　　위구경　　덩굴손　　편경　　다육경　기어오르는줄기　휘감는줄기　주경

(4) 뿌리

1) 뿌리의 구조
   ① 뿌리의 선단에는 뿌리골무, 내부에는 뿌리끝(근단, root apex)이 있으며 성숙대에는 표피 세포가 변형된 뿌리털(근모, root hair)이 있다.
   ② 뿌리골무는 세포의 덩어리로서 골무모양이며 뿌리 끝을 감싸서 보호하고 있다.
   ③ 뿌리의 내부는 유조직의 피층을 감싸고 있는 표피와 유관속 조직으로 이루어지는 중심주를 가지고 있다.
   ④ 쌍떡잎식물의 뿌리는 한가운데 굵고 곧은 원뿌리와 원뿌리에 나는 가늘고 옆으로 퍼져나가는 곁뿌리가 있으며 외떡잎식물은 줄기 밑에 가는 뿌리가 수염처럼 난다.

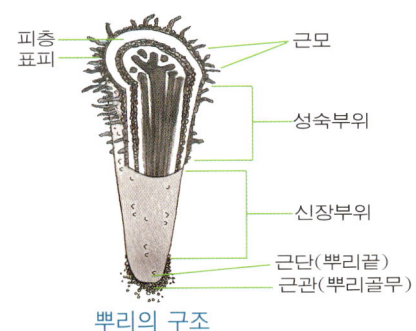

뿌리의 구조

2) 뿌리의 기능
   ① 식물을 땅에 고정시키고 생육하는데 필요한 영양분과 물을 흡수한다.
   ② 영양분의 저장기관으로서도 기능을 한다.

3) 뿌리의 형태
   ① 뿌리는 수염뿌리와 덩이뿌리(괴근)로 나눌 수 있다. 수염뿌리는 흔히 털뿌리라고도 하며 대부분의 식물에서 볼 수 있다.
   ② 괴근은 뿌리가 비대하여 양분의 저장기관으로 변태한 것이다.
   ③ 괴근인 달리아는 줄기의 마디 부분에서 발생하는 부정근의 일부가 비대하여 원형의 구근으로 변한 것이다. 라넌큘러스, 글로리오사 등이 있다.
   ④ 판다누스 우틸리스와 같은 지지근(prop root), 난초과에서와 같이 수분을 저장하는 흡수근(absorbing root), 담쟁이 덩굴과 같이 물건을 잡고 기어오르기 위한 부착근(adhesive root, adhering root), 거미란처럼 광합성을 하는 동화근(assimilatory root)등이 있다.

(5) 열매

1) 열매의 구조
   ① 열매는 자방이 성숙한 상태를 말하며 과피와 씨로 구성되어 있다.
   ② 과피는 외과피, 중과피, 내과피로 되어 있으며 심피가 발달하여 과피가 된 열매를 참열매(진과)라고 하며 화탁과 같은 심피 주위의 부분이 발달하여 과피가 된 것을 헛열매(위과)라고 한다.
   ③ 꽃의 각 부분이 성숙되어 변화된 것으로 수정이 된 후 자방, 화탁, 꽃받침 등은 열매로 변하고 배주는 종자로 변한다.

2) 열매의 형태
   ① 대부분 꽃이 피는 식물들은 종자를 만들어내며 자방이 열매로 변한 것을 참열매(진과)라고 한다. 종류에는 복숭아, 감, 포도 등이 있다.
   ② 자방 이외의 꽃받침 등이 자라서 열매로 변한 것을 헛열매(위과)라고 하며 사과, 배, 딸기 등이 있다.
   ③ 종자는 과피로 둘러싸여 보호받게 되는데 외과피는 열매의 가장 바깥쪽에 있는 껍질이며 중과피는 일반적으로 과실로 먹는 부분이며 내과피는 열매의 가장 안쪽에 있다.

2. 용도

(1) 생활공간

1) 주거용
   ① 분식물과 절화, 건조소재나 조화 등을 이용하여 거실, 침실, 부엌, 벽면에 배치하여 생활공간을 장식하는 것을 말한다.
   ② 주거용 공간에는 관엽식물과 난류, 다육식물 등이 분식물로 많이 이용되고 있다.

2) 사무용
   ① 사무용 공간의 식물장식은 일의 효율성을 높이고 쾌적한 환경을 만들기 위해 이루어진다.
   ② 관엽식물을 이용하여 실내 환경 개선과 휴식공간을 위한 실내 정원을 조성하기도 한다.

(2) 축하용

1) 화훼장식의 가장 일반적인 용도이며 축하의미와 개인적 취향을 고려하여 디자인 한다.
2) 생일, 결혼기념일, 전시회, 졸업, 입학 등의 축하용 뜻을 전하기 위해 사용한다.
3) 화훼장식의 형태는 꽃바구니, 꽃다발, 꽃상자 등이 일반적이며 관엽식물과 난 종류도 많이 이용된다.

(3) 애도용

1) 한국의 화훼장식

① 장례 제단 장식 : 주로 흰 국화를 이용하여 빈소의 장례 제단 둘레를 대칭적으로 장식한다.
② 영정 장식 : 고인의 사진 둘레를 장식한다.
③ 운구 차량 장식 : 운구용 차량 전체나 부분적으로 꽃을 장식한다.
④ 화환 : 장례식장의 입구에 놓이는 근조화환의 형태는 2단, 3단의 스탠드식 디자인이 주종을 이루며 가장 일반적인 애도용 꽃장식의 형태이다.

2) 외국의 화훼장식
① 케스켓 스프레이(Casket spray) : 관 위에 올려놓는 장식으로 관 전체가 열리거나 반만 열리는 형태이기 때문에 열리는 정도에 따라 디자인의 좌우 길이가 달라진다.
② 이젤 스프레이(Easel spray) : 관 옆쪽이나 장례식 입구에 놓이는 스탠드 형 장식으로 장례행사에서 가장 많이 사용되며 이젤에 플로랄 폼을 고정시켜 디자인하는 것을 말한다.
③ 이외에도 리스를 이용하기도 하고 하트, 십자가, 성경책 모양으로 다양하게 장식한다.

(4) 디스플레이용

1) 상업 공간 디스플레이
① 백화점, 레스토랑 등의 상품과 상업공간의 이미지를 전달하고 마케팅 효과를 얻기 위해 장식하는 것이다.
② 상품이나 정보의 내용을 전달하기 위하여 주제를 설정하고 대상물을 효과적으로 전시, 진열하여 고객이나 관람객에게 원하는 의도를 전달하고자 하는 것이다.

2) 상업공간디스플레이의 목적
① 고객의 주의를 끌어들이고 흥미를 유발시키며 욕구를 갖도록 자극한다.
② 고객으로 하여금 상품을 구입하도록 동기를 만들어 주는 것이다.

3) 상업 공간 디스플레이 화훼장식
① 상업공간의 이미지 전달과 상품홍보를 위해 독창적이며 시선을 집중시킬 수 있는 연출이 필요하다.
② 지속적인 효과를 위해 긴조소재, 조화, 인조목, 철재 등의 구조물이나 침경소재를 이용한다.

(5) 작품전시회용

1) 자신의 작품을 전시회에 출품하여 화훼장식 전문가로서의 기회를 얻을 수 있다.
2) 난, 국화, 자생식물, 실내원예 전시회 등을 비롯한 화훼장식 관련 작품 전시회가 많이 이루어지고 있다.

(6) 특수용도

1) 종교장식용
① 화훼산업 측면에서 종교용의 꽃은 수요가 많고 규칙적이다.
② 예배나 예불하는 장소의 장식과 종교 행사를 위해 주로 사용한다.

2) 행사용
　① 행사용 화훼장식은 생일, 회갑, 크리스마스 등의 다양한 연회, 예식, 발표회, 전시회 등의 행사를 돋보이게 하기 위한 것으로 행사의 주제와 공간에 맞는 연출이 중요하다.
　② 테이블장식은 절화를 이용한 꽃꽂이가 일반적이었으나 최근 다양한 형태의 절화장식과 분식물 배치로 이루어지고 있다.
　③ 행사장의 단상과 입구의 장식은 화환과 분식물로 주로 이루어진다.

4. 식물 외 재료

1. 재료

재료는 물건을 만드는 감, 어떤 일을 하거나 이루는 거리, 예술적 표현의 제재를 말한다.

(1) 용기

1) 화기(Containers)
   ① 꽃을 꽂아두는 목적의 용기로써 수분을 공급하여 꽃의 수명을 연장시켜주는 효과를 지닌다.
   ② 꽃의 아름다움이 더 돋보이게 하고 나아가서는 소재와 함께 작품 구성의 한 요소가 된다.
   ③ 꽃과의 조화를 이루어서 예술적인 작품의 미적 효과를 갖게 하는 역할을 한다.
   ④ 장소와 용도에 맞는 형태, 색채, 재질의 화기를 선택하는 것이 중요하다.
   ⑤ 화기의 모양은 디자인의 형태를 결정하며, 화기의 크기는 꽃과의 비례관계가 맞아야 한다.
   ⑥ 화기의 형태별 구분은 원형, 타원형, 정사각형, 직사각형, 삼각형, 팔각형, 퍼진형(flared), 원뿔형 등으로 나눌 수 있다.
   ⑦ 화기의 재질별 구분은 매끈한 것, 거친 것, 유광택, 무광택, 프로스트(frost) 등이다.
   ⑧ 화기의 재료별 구분은 유리, 도자기, 플라스틱, 스테인리스스틸(stainless steel), 테라코타, 토분 등으로 나눌 수 있다.
     - 유리화기
       - 단순하고 우아한 느낌을 보여주며 빛이 통과하는 성질 때문에 색다른 아름다움을 더해준다.
       - 다용도 유리화기는 다양한 색상으로 이용할 수 있다.
     - 도자기
       - 다양한 형태의 외양과 질감을 표현할 수 있어 주로 동양식 꽃 장식에서 많이 이용된다.
       - 점토로 만든 용기에 유약을 바르고 구워내 내구성과 방수성이 우수하나 무겁고 파손될 위험이 있다.

> ※ 절화 장식에 많이 이용되는 용기
> - 병 : 입구가 좁고 키기 큰 그릇으로서 위아래의 폭 차이가 나지 않으며 높이가 20~40cm의 것이 사용하기 편리하다.
> - 수반 : 높이가 낮고 넓은 그릇으로 둥근형, 직사각형, 정사각형, 삼각형, 접시형, 반달형 등 여러 형태가 있다.
> - 콤포트 : 수반과 같이 폭이 넓고 길이가 짧은 용기에 다리나 받침대가 달린 형태의 화기를 말한다.
> - 항아리 : 병에 비해 입구가 넓고 배가 부른 그릇을 말한다.

- 플라스틱 화기
  - 모양과 크기, 스타일과 색체가 다양하며 값이 저렴하고 가볍고 잘 깨지지 않는 장점이 있으나 햇볕에 노출되면 쉽게 변색이 될 수 있다.
- 스테인리스 스틸(Stainless steel)
  - 현대적 감각이 느껴지며 광택이 차고 우수하다.
  - 가볍고 크기도 다양하여 사용하기 편한 용기이나 찌그러지기 쉬워 조심해서 다뤄야 한다.
- 테라코타
  - 다공성 재질로 통기성이 좋고 자연미가 있으며 모양과 크기가 다양하나 깨질 위험성이 있다.
- 토분
  - 진흙을 구워서 만든 다공성 용기로 통기성이 좋고 수분증발이 잘 되어 토양 환경에 좋은 용기이나 깨지기 쉽고 다른 재질의 화분보다 무겁고 관수를 더 자주 해주어야 한다.

2) 바구니
  ① 등나무, 대나무, 플라스틱 등의 다양한 재질로 비교적 값이 저렴한 편이다.
  ② 꽃, 과일, 화초용 바구니 등으로 다양하게 이용된다.

3) 플라워 박스
  ① 재질이나 모양, 크기, 디자인, 가격 면에서 매우 다양하며 주로 꽃다발을 넣는 포장 용기로 사용된다.
  ② 종이로 된 직사각형 모양의 플라워 박스가 가장 많이 이용되고 있다.

4) 부케 스탠드
  ① 신부화를 고정하기 위한 도구로 신부화를 만들 때나 완제품을 전시할 경우에 사용되며 부케의 무게를 지탱할 수 있는 무게를 갖추어야 한다.

5) 오브제
  ① 주로 틀, 받침대, 소재, 플로랄 베이스를 일컬으며 아치, 촛대, 화환 받침대, 기타 오브제로 통칭된다.

(2) 구조물

1) 침봉(Frog, Pinholder)
  ① 동양식 꽃꽂이에서는 매우 중요한 도구이다.

② 쇠로 된 작은 판에 식물소재를 고정시킬 수 있는 짧은 핀이 촘촘히 박혀 있는 것으로 녹이 슬지 않도록 코팅된 것을 사용한다.
　　③ 핀과 핀 사이는 깨끗하게 관리를 해주어야 한다.
　　④ 원형, 반원형, 타원형, 정사각형, 직사각형 등의 침봉이 있다.
　2) 플로랄 폼(Floral form)
　　① 오아시스(oasis)는 플로랄 폼의 상품명으로 1953년에 출시되어 다양하고 풍부한 디자인을 가능하게 했다.
　　② 발포성 재료를 혼합하여 제조한 화학제품으로 물을 흡수하여 오랫동안 지닐 수 있다.
　　③ 직사각형 외에 원통형의 실린더, 하트, 십자형, 부착형, 손잡이형, 부케홀더 등 다양한 종류가 있다.
　　④ 위에서 누르거나 물을 부어주는 것은 좋지 않으며 물 위에 띄워놓은 채 서서히 흡수시켜 사용한다.
　　⑤ 한번 구멍이 난 곳은 원상복귀가 안되고 재활용해서 사용할 수 없다.
　　⑥ 플로랄 폼은 물에 포화시킬때 보존용액을 이용하면 절화수명 연장에 효과가 있다.
　　⑦ 비흡수성 플로랄폼(우레탄)은 건조화용이나 실크플라워, 인조재료 꽂을 때 사용하며 핫글루나 접착제를 이용하여 단단히 장식할 수 있다.
　3) 플로랄 폼 망
　　① 플로랄 폼을 감싸 폼이 무너지지 않도록 하는 망으로 예전에는 철망을 이용하였으나 현재는 플라스틱 망이 시판되어 편리하게 이용되고 있다.
　4) 철망(Wire mesh)
　　① 플로랄 폼(floral form)이 부스러지는 것을 방지하기 위하여 코팅된 망을 겉에 씌워서 사용한다.
　　② 플로랄 폼을 철망으로 싸주면 많은 양의 꽃을 꽂아도 단단하여 무너지지 않는다.
　　③ 철망을 용기 안에 채워 넣거나 용기 입구를 덮고 가장자리는 깨끗하게 마무리 한 후 꽃과 줄기 등을 철망 사이로 꽂아 고정시킨다.
　5) 부케홀더(Bouquet holder)
　　① 마이크 모양의 홀더 안의 플로랄 폼에 꽃이나 줄기 그대로를 꽂아서 장시간 동안 수명을 유지할 수 있게 하는 도구이다.
　　② 신부부케에 많이 이용되고 있다.
　6) 워터 튜브(Water tubes)
　　① 고무나 플라스틱 마개가 있으며 중앙에 뚫려 있는 구멍에 줄기를 꽂는다.
　　② 플로랄 폼에 바로 꽂지 않을 경우나 난과 같은 열대 원산의 절화가 장거리 수송될 때 신선도 유지를 위해 필수적으로 사용한다.
　　③ 재료의 줄기 길이에 관계없이 작업할 수 있고 신선도를 유지할 수 있어 효과적이다.

| 침봉 | 플로랄폼 | 부케홀더 | 워터튜브 |

(3) 장식물

1) 와이어의 종류

① 직선 철사(Straight wire)
- 무거운 꽃이나 약한 줄기를 지탱하거나 굽은 줄기를 똑바르게 펼 때, 곡선으로 구부릴 때, 줄기 길이를 길게 하기 위하여 사용된다.
- 장식물의 뼈대 등의 재료를 묶거나 고정할 때 이용된다.
- 와이어 게이지 번호는 짝수번호로 표시되며 높은 수 일수록 가늘며 가장 굵은 16번에서 가장 가는 32번까지의 게이지로 되어 있다.
- 직선형 와이어는 40cm와 70cm 길이가 가장 대표적이다.
- 녹색 에나멜로 코팅이 되어 있는 지철사 또는 에나멜 철사는 와이어가 녹스는 것을 막아 주며 장식 면에서도 눈에 덜 띄는 효과를 준다.

② 패들와이어(Paddle wire)와 스풀 와이어(Spool wire), 릴 철사(Reel wire)
- 목재 패들이나 스풀에 감아놓은 끊어지지 않는 와이어로 게이지 수로 분류된다.
- 커다란 소재를 감거나 갈런드를 만들거나 잎으로 만든 리스를 안전하게 고정시킬 때 사용한다.
- 둥근 테에 감겨 있는 철사로 굵기가 다양하여 가는 것은 식물재료를 연결할 때 사용하고 굵은 것은 형태를 잡을 때 뼈대로 이용한다.

③ 뷰리온 철사(Bulion wire)
- 당기면 늘어나는 철사로 부케장식 디자인에 사용한다.

④ 색 철사(Color wire)
- 현대적인 작품에 기능적, 장식적으로 활용되며 색의 종류도 다양화되어 화훼장식 분야에 널리 이용된다.

⑤ 엔젤 헤어(Angel hair)
- 머리카락 모양으로 다양한 색상이 판매되고 있으며 장식적인 디자인에 많이 이용된다.

⑥ 케이블 타이(Cable tie)
- 전기선이나 철근을 묶는 용도로 사용되었으나 최근 화훼장식에서 프레임을 만들 때나 작품을 고정할 때 이용된다.

- 색상도 다양해서 장식적으로도 많이 사용한다.

2) 리본

① 디자인을 깔끔하게 끝맺음하기 위해 디자인의 가치를 높이기 위해 사용된다.

② 꽃을 묶거나 돋보이게 하는 장식에 활용되는 것으로 주로 꽃다발이나 꽃바구니, 신부부케 등에 이용된다.

③ 리본은 색상과 재질이 풍부하여 색, 짜임새, 모양 등 많은 종류가 있으며 사용 목적에 맞추어 실용적 쓰임 외에 장식용으로도 사용한다.

④ 리본은 질감도 중요하며 리본의 크기는 디자인의 크기와 어울려야 한다.

⑤ 리본은 단면과 양면인 것, 방수성이 있는 것과 없는 것, 재질에 따라 신축성의 차이가 있는 것 등 다양하다.

⑥ 리본은 환경의 변화에 둔감하게 반응하는 것이 취급하기 편리하다.

⑦ 리본의 재질은 공단, 레이스, 망사, 직물, 폴리에스테르, 플라스틱 등으로 다양하다.

3) 포장지

① 포장지는 완성품에 부가가치를 더욱 높이는 자재로 포장기술의 개발과 함께 종류도 다양해지고 있다. 재질에 따라서는 부직포, 마, 셀로판지(OPP), 주름종이, 망사 포장지 등 다양하다.

- 부직포 : 다양한 색상과 부드러운 촉감의 재질로 색상이 선명하고 물에 젖지 않아 꽃 포장에 효과적이다.
- 셀로판지(OPP) : 재질은 탄력성이 있고 물에 젖지 않으며 투명성이 있어 아름다운 모습을 그대로 감상할 수 있어 포장 효과가 크다.
- 필리핀 마 : 통풍성이 좋고 작업 시 다양한 형태를 연출할 수 있어서 사람들의 선호도가 높지만 값이 싸 보인다는 단점이 있고 잘린 부분이 잘 풀리므로 주의해야 한다.
- 한지 : 고급스런 느낌의 포장지이나 물에 약한 재질이므로 셀로판지와 곁들여 사용하면 효과적이다.

4) 끈

① 라피아(Raffia)
- 야자 잎으로 만든 끈으로 작품 디자인에 장식적으로 사용하거나 소재를 단단히 묶거나 고정시킬 경우에 사용한다.

② 노끈
- 마 로프에 염색한 것으로 바인팅 포인트를 묶을 때 사용하며 라피아와 비슷한 용도로 사용된다.

5) 테이프

① 플로랄 테이프(Floral tape)
- 접착제 성분이 있어 잡아당기면 달라붙으며 철사와 이루는 각도는 20~30° 정도가 되도록 감는다.
- 코사지나 신부부케를 만들 때 꽃의 줄기 대신이나 잎에 철사를 연결할 때 쓰이며 녹색,

흰색, 갈색 등의 색상이 주로 사용되고 있다.
② 방수 테이프(Water-proof tape)
- 꽃꽂이에서 플로랄 폼과 용기종류를 고정할 때 이용하는 테이프이다.
- 사용할 때 용기가 젖어 있으면 잘 붙지 않으므로 반드시 물기를 닦아낸 후 사용한다.

6) 글루건 종류
① 글루 건(Glue gun)과 스틱
- 글루건은 전기의 열로서 접착제 막대를 녹여서 이용하는 기구이다.
- 낮은 온도에서는 쉽게 굳어 빠르게 이용해야 한다.
② 글루포트(Glue pot)
- 전기후라이팬과 같은 기구에 글루스틱을 녹여서 이용하므로 여러 사람이 한꺼번에 이용할 수 있다.
- 다른 글루와는 다르게 습기나 기온 변화에도 안전하게 유지된다.
③ 콜드 글루로 생화에 안전하게 이용되는 튜브 타입의 생화용 본드와 생화용 스프레이가 있다.
④ 접착제
- 주로 목공용 본드를 사용하며 말린꽃을 붙이거나 드라이플라워나 조화를 비 흡수성 스폰지에 꽂을 때도 사용한다.

7) 기타
① 메시지 카드 및 태그(tag)
② 절화 수명 연장제 및 광택제
③ 기타 : 호치키스, 셀로판 테이프, 양면 테이프, 고무밴드, 자 외에 드라이 플라워나 압화용의 착색제, 핀셋, 화분커버 등이 있다.

직선철사   페들, 스풀, 릴철사   뷰리온철사   색철사

케이블타이   엔젤헤어   리본   포장지

| 라피아, 노끈, 테이프 | 후로랄테이프 | 글루건 | 접착제 |

2. 도구

도구는 재료를 원하는 형상으로 만들 때 쓰는 기구나 장비를 말한다.

(1) 칼(Floral knife)
1) 가위로 자르면 절단 부분이 부스러지거나 도관이 막혀 물올림이 좋지 않기 때문에 칼을 사용한다.
2) 줄기를 자를 때는 반드시 칼끝을 엄지와 칼의 날 사이에 줄기를 끼고 경사지게 한다.
3) 칼만을 움직이지 말고 팔 전체를 자기 쪽으로 끌어당기는 기분으로 작업을 해야만 안전하다.

(2) 가위(Scissors)
1) 잎이나 가지 및 줄기를 자르고 다듬는데 사용하는 도구이다.
2) 오래 사용하여 날이 둔화된 가위를 사용하면 자른 부위가 부서져 흡수력이 약화된다.
3) 용도에 따라 꽃가위, 리본가위, 철사가위, 핑킹가위 등으로 나눌 수 있다.

(3) 가시제거기(Thorn strippers)
1) 장미 줄기 등에 있는 가시와 잎을 제거할 때에 사용하며 로즈 가시제거기라고도 불린다.
2) 대량으로 가시 제거를 할 때는 가시 제거 기계를 이용하기도 한다.
3) 줄기에 상처를 내지 않는 것이 중요하다.

(4) 니퍼 및 펜치(Nipper, Pincher)
1) 절단하거나 단단하게 고정할 때 사용한다.
   ① 니퍼(nipper) : 철망이나 철사를 자를 때 사용한다.
   ② 펜치(pincher) : 철사를 자르거나 구부릴 때 사용한다.

(5) 분무기(Spray)

1) 완성된 작품에 물기를 뿌려 주어 수분을 공급하는 도구로 소재에 생동감을 주거나 작품의 수명을 연장시켜 줄 수 있다.
2) 꽃이나 관엽식물에 물을 뿌리거나 약제 살포용으로도 사용한다.

칼 가위 가시제거기

니퍼, 펜치 분무기

기출문제 I
2005~2007 6회 수록

1. 다음 중 화훼에 대한 설명으로 가장 거리가 먼 것은?

① 채소나 과일은 화훼재료로 부적합하다.
② 화훼식물을 이용하여 우리 생활환경을 보다 아름답고 쾌적하게 조성할 수 있다.
③ 감상이나 가꾸는 것 외에 원예치료의 효과도 거둘수 있다.
④ 생활환경을 아름답게 하기 위해 절화류, 분화류, 관엽식물 및 건조화 등의 이용이 폭 넓다.

해설 화훼는 꽃, 줄기, 잎, 열매에 관상가치가 있는 모든 초본과 목본식물을 의미하며 관상식물이라고도 한다.

2. 다음 중 화훼의 설명으로 가장 거리가 먼 것은?

① 관상가치가 있는 초본류, 목본류 등 모두를 포함한다.
② 기호성이 강하여, 고품질로 생산해야 한다.
③ 노동, 자본, 기술 집약성이 높고 고수익성이다.
④ 국제성이 없고 지역, 국가 간의 특징이 약하다.

해설 화훼는 국제성이 높은 작물이다.

3. 화훼의 특징에 대한 설명으로 옳지 않은 것은?

① 문화와 후생적인 사명을 가지고 있다.
② 결실연령이 길어 투자의 회수가 느리다.
③ 대상되는 종류와 품종수가 대단히 많다.
④ 경영상 집약성이 높고 재배기술이 고도화 되어있다.

해설 과수는 결실연령이 길어 투자의 회수가 느리다.

01 ①   02 ④   03 ②

4. 다음 중 화훼의 특징 중 잘못 설명된 것은?

① 높은 재배기술이 필요한 작물이다.
② 국제성이 상당히 높은 작물이다.
③ 대표적인 분산작물이다.
④ 종과 품종이 많고 다양하다.

해설 화훼는 대표적 집약작물이다.

5. 화훼류의 일반적 특성에 대한 설명으로 옳지 않은 것은?

① 다른 농작물에 비하여 대표적인 집약작물이다.
② 정서와 문화의 작물이다.
③ 종과 품종이 많은 작물이다.
④ 다른 농작물에 비하여 국내성이 높은 작물이다.

해설 화훼는 국제성이 높은 작물이다.

6. 다음 중 화훼의 특성이 아닌 것은?

① 시설을 이용하여 연중 집약재배가 이루어지고 있다.
② 시대와 국민성에 따라 취향이 다르기 때문에 새로운 품종이 육성되지 않는다.
③ 같은 종류의 생산품이라도 품질에 따라 그 가치가 크게 달라진다.
④ 문화가 발달됨에 따라 화훼는 민감하게 반영된다.

해설 화훼는 시대와 국민성에 따라 취향이 다르기 때문에 새로운 품종이 계속 육성되어야 한다.

7. 다음 중 화훼원예의 주요 특징으로 가장 거리가 먼 것은?

① 종류와 품종수가 극히 적은 편이다.
② 고도의 생산기술을 요구한다.
③ 문화 생활수준의 향상과 더불어 발전한다.
④ 경영상 시설을 이용한 연중 집약재배를 실시한다.

해설 화훼는 종과 품종이 많은 작물이다.

8. 다음 중 화훼의 정의에 대한 설명으로 가장 적합한 것은?

① 관상을 위한 관엽류만을 화훼라 한다.
② 화단을 장식하는 초화류만을 화훼라 한다.
③ 관상을 목적으로 장식하거나 기르는 식물을 총칭하여 화훼라 한다.
④ 꽃과 가지를 적절히 배열하여 미적 가치를 재창조하는 것을 화훼라 한다.

해설 화훼는 꽃, 줄기, 잎, 열매에 관상가치가 있는 모든 초본과 목본식물을 의미하며 관상식물이라고도 한다.

04 ③　05 ④　06 ②　07 ①　08 ③

9. 다음 수선화과의 문주란의 학명표기법 중 'asiaticum'가 나타내는 것은?

> 보기 *Crinum asiaticum* L. var. *japonicum* Baker

① 종명
② 속명
③ 명명자
④ 변종명

해설 학명은 속명과 종명을 연이어 쓰고 속명의 첫 글자는 대문자로, 종명은 소문자로 쓴다.

10. 다음 중 식물을 보통명으로 사용 시 단점으로 보기 어려운 것은?
① 학명에 비해 부적합한 것이 많다.
② 보통명은 전 세계 사람이 통용어로 사용할 수 없다.
③ 학술용어로 사용 시 과학적이다.
④ 같은 식물을 다른 이름으로 부르거나 다른 식물을 같은 이름으로 부르는 사례가 있어 혼돈을 가져온다.

해설 학술적 용어는 학명이며 보통명은 학술용으로 사용하기에는 비과학적이다.

11. 다음 장미의 계통 분류 중 틀리는 것은?
① 하이브리드티(Hybrid Tea)
② 플로리반더(Floribunda)
③ 미니에튜어(Miniature)
④ 히비스커스(Hibiscus)

해설 히비스커스(Hibiscus)는 아욱과 식물(Malvaceae)로 무궁화, 접시꽃 등이 이에 속하며 장미의 계통분류와는 관련이 없다.

12. 다음 식물 중 학명이 틀린 것은?
① 장미 : *Rosa hybrida* Hort.
② 스타티스 : *Pinus densiflora* S. et Z.
③ 안개꽃 : *Gypsophila elegans* Bied.
④ 국화 : *Dendranthema grandiflorum* (Ram.) Kitamura

해설 스타티스의 학명은 *Limoniun hybridum*이다.

13. 다음 식물 중 난과 식물로 짝지워지지 않은 것은?
① 덴파레 – 심비디움
② 팔레놉시스 – 카틀레야
③ 반다 – 시프리페디움
④ 덴드로비움 – 필로덴드론

해설 필로덴드론(*Philodendron selloum*)은 천남성과 식물로 잎을 관상하는 관엽식물이다.

14. "미선나무"의 분류학상 해당되는 과(科)명은?
① 천남성과　　　　　　　　② 물푸레나무과
③ 장미과　　　　　　　　　④ 차나무과

해설　미선나무(*Abeliophyllum distichum*)는 물푸레나무과의 낙엽성 관목이다.

15. 다음 중 다육식물의 "꽃기린"이 속하는 과(科)명은?
① 석류풀과　　　　　　　　② 대극과
③ 박주가리과　　　　　　　④ 돌나물과

해설　대극과 : 꽃기린*Euphorbia milii* 포인세티아*Euphorbia pulcherrima* 청자목*Excoecaria cochinchinensis* 설악초*Euphorbia marginata* 크로톤*Codiaeum variegatum* 유포르비아트리고나*Euphorbia trigona*

16. "*Lonicera japoinica* Thunb"이라는 학명을 가지고 있는 것은?
① 으름덩굴　　　　　　　　② 인동덩굴
③ 용담　　　　　　　　　　④ 금잔화

해설　금잔화*Calendula officinalis* 용담*Gentiana scabra* 으름덩굴*Akebia quinata* Decne.

17. 다음 중 아스파라거스(Asparagus)속이 아닌 식물의 종(種)명은?
① 미리오클라더스(myriocladus)
② 스프렝게리(sprenger)
③ 메이리(meyerii)
④ 코모숨(comosum)

해설　아스파라거스(Asparagus)속
・아스파라거스 미리오클라더스*Asparagus myriocladus*
・아스파라거스 스프렝게리*Asparagus sprengeri*
・아스파라거스 메이리*Asparagus densiflorus meyerii*
・아스파라거스 플루모수스*Asparagus pulumosus*
・코모숨*comosum*은 접란*Chlorophytum comosum*의 종명이며 아스파라거스, 접란은 백합과 식물이다.

18. 화훼의 식물학적 분류에 대한 설명으로 옳지 않은 것은?
① 식물학적 분류란 유연관계가 있는 공통적인 특색을 가진 종들을 같은 속으로 포함시킨다.
② 학명의 표기는 각 나라의 고유 언어로 표기한다.
③ 속명, 종명, 변종명은 이탤릭체로 쓴다.
④ 속명의 첫 글자는 이탤릭체 대문자로 쓴다.

해설　학명은 세계 공통적으로 사용하는 학술적 이름으로 각 나라의 고유어로 표기할 수 없다.

14 ②　15 ②　16 ②　17 ④　18 ②

19. 다음 중 식물의 표찰표기법에서 표찰의 표기 내용에 해당되지 않는 것은?

① 학명 ② 보통명
③ 번식법 ④ 원산지

해설 표찰에는 학명, 원산지, 보통명을 주로 표기하고, 번식법을 표기하는 경우는 매우 드물다.

20. 분류상 칸나(Canna)가 속하는 과(科)명은?

① 분꽃과 ② 홍초과
③ 백합과 ④ 십자화과

해설 칸나(*Canna generalis*)는 홍초과에 속한다.
땅속에 있는 줄기에 양분이 저장되면서 비대해진 것으로 줄기형태를 그대로 가지고 있으며 지하경이라고도 하고 괴경보다 비대 정도가 적은 구근류(근경,뿌리줄기)이다.

21. 클로로피텀(Chlorophytum)은 외국에서는 런너 형태를 보고 거미식물(Spider plant)이라고 부르며, 우리나라에서는 접란으로 불리우고 있다. 이러한 것을 보통명이라고 하는데 다음중 보통명에 대한 설명으로 틀린 것은?

① 보통명은 전 세계 사람이 통용어로 사용할 수 없다.
② 식물학자들은 보통명을 자주 사용한다.
③ 학술용어로 사용하기에는 비과학적이다.
④ 학명에 비해 부적합한 것이 많다.

해설 보통명
- 식물학적인 의미의 한 '종', 하나의 '속' 내에 있는 모든 종을 말한다.
- 언어귄이 같은 사람들에게 통용되는 식물명으로서 지방 명, 상업 명, 통용 명으로 통칭하여 말하며 전 세계적으로 통용하기는 곤란하다.
- 학술용으로 사용하기에는 비과학적이다.
- 학명에 비해 부적합한 것이 많다.

22. 다음 중 분류의 가장 하위 단위는?

① 종 ② 속
③ 과 ④ 목

해설 계〉문〉강〉목〉과〉속〉종으로 단위가 이루어지며 가장 상위 단위는 계이고, 가장 하위 단위는 종이다.

19 ③   20 ②   21 ②   22 ①

23. 다음 중 학명이 바르게 표시된 것은?

① 카네이션 : *Dianthus chinensis* L.
② 국화 : *Callistephus chinensis* Mees.
③ 장미 : *Rosa multiflora* Hort.
④ 나팔나리 : *Lilium longiflorum* Thunb.

[해설] 국화 *Dendranthema grandiflora*, 장미 *Rosa* spp. 카네이션 *Dianthus caryophyllus*

24. 다음 중 분류학상 백합과에 속하지 않는 식물은?

① 작약
② 은방울꽃
③ 엽란
④ 참나리

[해설] 마나리아재비과에 속하는 식물로
작약 *Paeonia lactiflora*   아네모네 *Anemone coronaria*
서양매발톱꽃 *Aquilegia* spp.   클레마티스 *Clematis* spp.
델피니움 *Delphinium hybridum*   모란 *Paeonia suffruticosa*
할미꽃 *Pulsatilla koreana*   복수초 *Adonis amurensis*
라넌큘러스 *Ranunculus asiaticus* 등이 있다.

25. 다음 중 난과식물의 일종인 호접란이 속하는 속(屬)은?

① 심비디움
② 덴드로비움
③ 온시디움
④ 팔레놉시스

[해설] 호접란 *Phalaenopsis* spp. 로 팔레놉시스 속에 속한다.

26. 다음 중 화단 및 정원용 식물로 가장 적합한 목본화훼로 짝지워진 것은?

① 동백 – 스타티스
② 아이비 – 아네모네
③ 철쭉 – 수국
④ 시네나리아 – 용담

[해설] 철쭉이나 수국은 화단이나 정원용 식물로 적합하며 목본식물이다. 스타티스, 아네모네, 시네라리아 등은 화단 식재에 적합하나 초본성 식물이다.

23 ④   24 ①   25 ④   26 ③

27. 다음 중 초화류의 분류 중 구근류가 아닌 것은?

① 나리 ② 칼랑코에
③ 크로커스 ④ 아네모네

해설) 구근류는 줄기 또는 뿌리의 일부분이나 배축 등이 비대해져서 알뿌리 모양으로 변형된 것을 말하며 나리*Lilium longiflorum*는 무피인경, 크로커스*Crocus sativus*는 구경, 아네모네*Anemone coronaria*는 괴경, 칼란코에*Kalanchoe* spp.는 잎 또는 줄기 속에 저수 조직이 발달하여 다육화한 다육식물이다.

28. 다음 중 숙근 초화류에 대한 설명으로 가장 적당한 것은?

① 사막이나 건조 지방에서 잘 자라며 잎이 가시로 변한 식물을 말한다.
② 영양번식으로 번식 되므로 품종의 특성이 장기간 유지 될 수 없다.
③ 파종 후 여러 해 동안 식물체의 전부 또는 일부가 살아남아 개화 결실하는 종류를 말한다.
④ 봄에 씨를 뿌려 당년에 꽃을 피우며, 고사하는 화훼를 말한다.

해설) 종자를 파종한 후 발아되어 뿌리나 줄기가 여러 해 동안 살아남아서 매년 꽃을 피우며 열매를 맺는 종류를 말하는데 흔히 다년생 초화류, 숙근초라고 부른다.

29. 다음 중 '다육식물'에 대한 설명으로 가장 거리가 먼 것은?

① 건조 지방에서 잘 자란다.
② 사막이나 태양광선이 강한 곳에서 잘 자란다.
③ 식물체가 연약하므로 잦은 관수를 통해 유지해야 한다.
④ 주로 분화용으로 많이 이용하며 분주, 삽목 등의 영양 번식을 주로 한다.

해설) 잎 또는 줄기 속에 저수 조직이 발달하여 다육화한 다육식물은 건조지나 염분이 많은 땅에 나며 표피에는 큐티클층이 발달하여 내건성이 강하므로 잦은 관수가 필요하지 않다.

30. 다음 중 봄 화단용으로 사용되는 초화류로 알맞지 않은 것은?

① 금잔화 ② 데이지
③ 튤립 ④ 루드베키아

해설) 시네라리아*Senecio cruentus* 프리뮬라*Primula x polyantha* 데이지*Bellis perennis* 팬지*Viola tricolor* 등의 추파일년초와 유피인경인 튤립 등은 봄화단용으로 사용되며 루드베키아*Rudbeckia hirta*는 여름화단에 알맞은 여러해살이 초화이다.

27 ② 28 ③ 29 ③ 30 ④

31. 다음중 화목류의 설명으로 옳지 않은 것은?

① 주로 꽃을 감상하고 그 밖에 잎이나 과실을 감상할 수 있는 목본식물을 말한다.
② 온대성 화목류의 화아(꽃눈)는 보통 개화 전년에 형성된다.
③ 화목류의 개화는 보통 일장에 의해 주로 지배되고, 온도와는 별로 관계가 없다.
④ 온대성화목류는 휴면기간이 비교적 길고, 대체로 단일이 되면 생장이 중지된다.

해설 화목류의 개화는 일장, 온도, 호르몬, 식물체의 영양상태 등 다양한 영향을 받는다.

32. 다음 중 관엽식물에 속하지 않는 것은?

① 야자류　　　　　　　　　② 드라세나
③ 시네라리아　　　　　　　④ 필로덴드론

해설
- 관화화목(꽃관상) : 개나리, 능소화, 수수꽃다리, 무궁화, 모란, 장미, 조팝나무, 진달래, 철쭉 등
- 관엽화목(잎관상) : 단풍나무, 칠엽수, 은행나무, 대나무, 사철나무, 주목, 편백나무, 향나무 등
- 관실화목(열매관상) : 노박덩굴, 모과나무, 백량금, 자금우, 피라칸사, 화살나무, 모과나무 등
- 시네라리아(Senecio cruentus)는 가을에 파종하여 이듬해 봄에 꽃을 피우는 추파 1년초이다.

33. 다음 중 착생난에 속하는 것은?

① 춘란　　　　　　　　　　② 풍란
③ 한란　　　　　　　　　　④ 소심란

해설
- 착생란은 식물체를 지탱하기 위해 나무 위나 바위에 붙어서 고착 생활을 하는 것을 말하며 지생란은 땅속에 뿌리를 내리고 살아가는 것을 말한다.
- 한란(*Cymbidium kanran*)은 지생란에 속한다.

34. 다음 중 일년초 식물로 재배가 가능한 것은?

① 벌개미취　　　　　　　　② 금어초
③ 꽃창포　　　　　　　　　④ 노루귀

해설 금어초(*Antirrhinum majus*)는 추파 1년초이며, 꽃창포, 노루귀, 벌개미취는 종자를 파종한 후 발아되어 뿌리나 줄기가 여러 해 동안 살아남아서 매년 꽃을 피우는 다년생 초화류로 숙근초이다.

35. 다음 "나팔꽃"의 특성에 대한 설명으로 옳지 않은 것은?

① 한해살이 화초이다.
② 가을에 파종하는 화초이다.
③ 보통 종자로 번식한다.
④ 대체로 단일조건하에서 개화가 촉진된다.

해설 나팔꽃(*Pharbitis nil*)은 봄에 파종하여 가을이나 그 이전에 꽃을 피우고 열매를 맺는 춘파 1년초이다.

31 ③　32 ③　33 ②　34 ②　35 ②

36. 다음 중 관엽식물이 아닌 것은?

① 벤자민고무나무(*Ficus benijamina* L.)
② 박쥐란(*Platycerium bifurcatum* C. Chr.)
③ 알스트로에메리아(*Alstroemeria* cv.)
④ 엽란(*Aspidistra elatior* Blume)

[해설] 알스트로에메리아(*Alstroemeria aurantiaca*)는 줄기 또는 뿌리의 일부분이나 배축 등이 비대해져서 알뿌리 모양으로 변형된 구근류이다.

37. 다음 중 가을에 씨를 뿌리는 1년 초화류는?

① 시네라리아
② 메리골드
③ 미모사
④ 백일초

[해설] 가을에 파종하여 이듬해 봄에 꽃을 피우는 식물을 추파 1년초라 하며 시네라리아*Senecio cruentus* 프리뮬라*Primula x polyantha* 데이지*Bellis perennis* 팬지*Viola tricolor* 등이 있다.

38. 다음 화목류 중 주로 잎을 관상하는 종류들로 바르게 묶은 것은?

① 단풍나무, 은행나무, 향나무
② 단풍나무, 좀작살나무, 은행나무
③ 은행나무, 구상나무, 산딸나무
④ 주목, 수수꽃다리, 모과나무

39. 다음 중 괴근(塊根, 덩이뿌리)에 해당하는 구근류(알뿌리)는?

① 수선화
② 글라디올러스
③ 칼라
④ 달리아

[해설] 괴근(덩이뿌리)은 뿌리가 비대해져서 구가 된 형태로 다알리아*Dahlia hybrida* 라넌큘러스*Ranunculus asiaticus*, 글로리오사*Gloriosa superba* 등이 있다.

40. 추식구근으로 무피인경에 속하는 식물은?

① 수선
② 아마릴리스
③ 무스카리
④ 나리(백합)

[해설] 나리의 구근은 외부 인편이 없고 서로 떨어져 있는 무피인경으로 가을에 심어 겨울 동안 저온처리를 받은 후에 휴면이 타파되어 꽃을 피우는 추식구근이다.

36 ③　37 ①　38 ①　39 ④　40 ④

41. 난과식물 중 지생란에 속하는 것은?
① 카틀레야　　　　　　② 온대난초
③ 풍란　　　　　　　　④ 석곡

[해설] 지생란은 땅속에 뿌리를 내리고 살아가는 난의 종류로 한란, 춘란, 소심란, 보춘, 새우란, 온대난초 등이 있다.

42. 다알리아에 대한 설명으로 올바른 것은?
① 추식구근이다.
② 내한성이 강한 편이다.
③ 줄기가 비대해져 알뿌리 모양으로 된 것이다.
④ 구근류의 분류상 괴근에 속한다.

[해설] 다알리아(*Dahlia hybrida*)는 식물의 뿌리가 비대해진 괴근에 속하며 춘식구근으로 내한성이 약한 편이다.

43. 다음 중 다육식물이 아닌 것은?
① 용설란　　　　　　　② 유카
③ 칼랑코에　　　　　　④ 맥문동

[해설] 다육식물은 잎 또는 줄기 속에 저수 조직이 발달하여 다육화한 식물로 건조지방, 사막이나 태양광선이 강한 곳에서 잘 자라며 용설란, 유카, 칼랑코에, 돌나물, 꽃기린 등이 있다.

44. 다음 중 숙근류에 관한 설명으로 틀린 것은?
① 파종해서 여러 해 동안 식물체가 살아남아 매년 개화 결실하는 것을 말한다.
② 국내 자생식물은 숙근류가 상대적으로 많다.
③ 거베라와 카네이션은 숙근류에 포함된다.
④ 가을에 파종하여 겨울을 난 후 봄에 꽃이 핀 다음 죽는 것도 숙근류로 볼 수 있다.

[해설] 종자를 파종한 후 발아되어 뿌리나 줄기가 여러 해 동안 살아남아서 매년 꽃을 피우며 열매를 맺는 식물을 숙근류라고 하며, 가을에 파종하여 이듬해 봄에 꽃을 피우는 식물을 추파 1년초라 한다.

45. 다음 중 추파 일년초에 해당하지 않는 것은?
① 팬지　　　　　　　　② 살비아(샐비어)
③ 데이지　　　　　　　④ 시네라리아

[해설] 가을에 파종하여 이듬해 봄에 꽃을 피우는 추파 1년초에는 팬지, 데이지, 시네라리아, 금어초 등이 있으며 샐비어는 봄에 파종하여 가을이나 그 이전에 꽃을 피우고 열매를 맺는 춘파 1년초에 속한다.

41 ②　　42 ④　　43 ④　　44 ④　　45 ②

46. 리아트리스(*Liatris* spp.)의 생육, 개화, 형태적 특성 및 용도에 대한 설명으로 옳은 것은?
① 백합과의 1년생 초화로 작은 꽃들이 피며, 종자번식이 어려워 주로 삽목번식을 한다.
② 다년생 초화로 추위에 약하며, 온실 절화용이다.
③ 다년생 초화로 작은 꽃들이 위에서 아래로 피어 내려간다.
④ 관상화목으로 꽃은 대형화이며, 주로 삽목 및 분주번식에 의한다.

해설 리아트리스는(다수의 두상화서가 긴 화경의 축에 수상으로 핌) 국화과의 숙근초로 뿌리가 굵고 꽃은 위에서 아래로 피어 내려간다.

47. 우리나라에서 화환의 뒷배경용으로 자주 사용되는 사르레피나무에 관한 설명으로 틀린 것은?
① 상록성 식물이다.
② 제주도와 남부지방에 자생한다.
③ 꽃이 피는 관목식물이다.
④ 중북부지방에 자생하는 교목성 식물이다.

해설 사스레피나무는 차나무과의 상록성 활엽 관목이며 남부지방에 자생한다.

48. 실내식물로 이용되는 관엽식물의 일반적 특성이 아닌 것은?
① 변온에 강하다.
② 생장이 빠르다.
③ 내음성이 강하다.
④ 꽃보다는 잎의 아름다움이 우수하다.

해설 관엽식물은 열대 및 아열대 원산으로 고온다습한 환경을 좋아하나 낮은 온도에 약하다.

49. 다음 중 열매를 관상하는 가장 대표적인 화목은?
① 목련
② 수국
③ 파라칸사
④ 조팝나무

해설 관화화목 : 목련, 수국, 조팝나무, 진달래, 철쭉 등, 관엽화목 : 단풍나무, 은행나무, 사철나무 등, 관실화목 : 피라칸사, 백량금, 자금우 등

50. 다음 화훼식물의 분류 중 옳지 않은 것은?
① 군자란은 난과식물이다.
② 팔손이 나무는 관엽식물이다.
③ 아이리스, 크로커스는 구근류에 속한다.
④ 숙근류는 다년생으로 자라는 것을 말한다.

해설 군자란(*Clivia miniata*)은 종자를 파종한 후 발아되어 뿌리나 줄기가 여러 해 동안 살아남아서 매년 꽃을 피우며 열매를 맺는 다년생 초화류, 숙근초이다.

46 ③ 47 ④ 48 ① 49 ③ 50 ①

51. 다음 구근류 중 구경(corn)으로만 묶인 것은?

① 튤립, 칼라, 글라디올러스
② 나리, 원추리, 산마늘
③ 글라디올러스, 프리지아, 크로커스
④ 꽃생강, 칼라, 수선화

[해설] 구경은 줄기가 변형되어 구를 형성한 것으로 익시아 *Ixia hybrida* 크로커스 *Crocus sativus* 글라디올러스 *Gladiolus granavensis* 프리지어 *Freesia hybrida* 콜치쿰 *Colchicum autumnale* 등이 있다.

52. 다음 관엽식물 중 한국 자생식물은?

① 광나무
② 행운목
③ 아나나스
④ 소철

[해설] 소철은 동남아시아, 인도 등지에서 자생하며 행운목(드라세나)은 열대지방에서 자생하는 백합과 식물이며 아나나스는 남아메리카 원산에 파인애플과 식물이다.

53. 다음 중 저온에 가장 강한 초화류는?

① 해바라기
② 프리뮬라
③ 샐비어
④ 나팔꽃

[해설] 프리뮬라 *Primula x polyantha* 는 가을에 파종하여 겨울을 지고 이듬해 봄에 꽃을 피우는 추파일년초로 춘파일년초에 비해 저온에 비교적 강하다.

54. 다음 중 가을에 씨를 뿌려 봄 화단에 이용하는 한해살이 화초가 아닌 것은?

① 팬지
② 매리골드
③ 데이지
④ 프리뮬라

[해설] 매리골드는 봄에 파종하여 가을에 꽃을 피우는 춘파 1년초이다.

55. 다음 중 주로 매년 종자 파종에 의해서 번식하는 것으로 가장 적합한 것은?

① 관엽식물
② 구근류
③ 일년초화류
④ 숙근초화류

[해설] 일년초란 종자를 파종한 후 1년 이내에 꽃을 피우며 열매를 맺고 고사하는 생활사를 가진 한해살이식물로 매년 종자 파종에 의해 번식을 한다.

51 ③   52 ①   53 ②   54 ②   55 ③

56. 라벤다, 로즈마리, 레몬밤 등의 식물에 관한 설명으로 옳은 것은?

① 꽃이 아름다운 꽃나무 종류들이다.
② 잎을 주로 감상하는 초본성 화훼이다.
③ 향기가 좋은 방향성 식물이다.
④ 벌레잡이를 하는 식충식물이다.

해설 잎이나 줄기가 식용과 약용으로 쓰이고 향기가 좋은 방향성 허브 식물로 라벤더*Lavandula angustifolia* 로즈마리 *Rosmarinus officinalis* 레몬밤*Melissa officinalis* 백리향(타임)*Thymus* spp. 민트류 등이 있다.

57. 다음 중 봄화단용으로 사용되는 초화류로 알맞지 않은 것은?

① 금잔화　　　　　　　　　② 데이지
③ 튤립　　　　　　　　　　④ 루드베키아

해설 루드베키아, 꽃창포는 숙근초이며 석죽과의 패랭이꽃은 2년 초화류, 카네이션은 숙근초이다.

58. 다음 중 구근초화류에 속하는 화훼로만 연결된 것은?

① 수선 – 나리 – 루드베키아
② 꽃창포 – 튤립 – 프리지아
③ 칸나 – 글라디올러스 – 석죽
④ 라넌큘러스 – 아네모네 – 시클라멘

해설 꽃창포 *Iris ensata*, 튤립*Tulipa gesneriana* , 프리지어*Freesia hybrida* 구근초화류이다.

59. 녹색(green)으로 이용되는 관엽식물(觀葉植物)이 아닌 것은?

① 보스톤 고사리(*Nephrolepis exaltata* Schott. var. *bostoniensis* Daverport)
② 드라세나 골든킹(*Dracaena dermensis* N. E. br.'Glden King')
③ 필로덴드론 셀로움(*Philodendron selloum* C. Koch.)
④ 델피늄(*Delphinium* spp.)

해설 델피늄은 미나리아재비과에 속하는 꽃을 관상하는 관화식물로 주로 절화로 이용되는 여러해살이 초화이다.

60. 다음 중 난과 식물이 아닌 것은?

① 카틀레야　　　　　　　　② 칼라데아
③ 덴파레　　　　　　　　　④ 온시디움

해설 칼라데아는 마란타과에 속하는 잎을 관상하는 관엽식물이다.

56 ③　　57 ④　　58 ②　　59 ④　　60 ②

61. 다음 중 포인세티아에 관한 설명으로 틀린 것은?

① 멕시코 원산의 대극과 식물이다.
② 학명은 *Euphorbia pulcherrima* Wild.이다.
③ 내한성이 약하다.
④ 상업적 생산을 위해서는 종자번식을 한다.

해설 포인세티아는 열대 및 아열대 원산으로 내한성이 약하며 삽목번식을 한다.

62. 다음 중 줄기를 잘랐을 때 하얀색 유액이 나오는 식물 소재는?

① 장미
② 다알리아
③ 포인세티아
④ 국화

해설 줄기를 잘랐을 때 유액이 나오는 식물은 포인세티아, 설악초 등이 있다.

63. 절지용으로 많이 사용되는 "사스레피나무"에 관한 설명 중 옳지 않은 것은?

① 상록성 식물이다.
② 관목성 식물이다.
③ 우리나라의 남부지방에 자생한다.
④ 교목성 식물이다.

해설 사스레피나무는 차나무과의 상록성 활엽 관목이며 남부지방에 자생한다.

64. 실외 창가장식에 많이 이용되는 것으로 적합하지 않은 것은?

① 제라늄
② 아이비제라늄
③ 말채나무
④ 아이비

해설 실외 창가장식용 식물은 늘어지거나 키가 작고 시야를 가리지 않는 것이 좋다. 말채나무는 키가 크고 곧게 뻗어 자라므로 적합하지 않다.

65. 다음 중 주로 절화용으로 사용되는 화훼류가 아닌 것은?

① 숙근안개초
② 극락조화
③ 칼랑코에
④ 오리엔탈나리

해설 칼랑코에는 돌나물과에 속하는 분화용으로 적합한 다육식물이다.

61 ④ 62 ③ 63 ④ 64 ③ 65 ③

66. 절화를 선택할 때 틀린 것은?

① 각 묶음은 정확한 본수(本數)이어야 한다.
② 꽃이나 잎줄기에 상처와 병충해가 없어야 한다.
③ 개화정도는 화훼종류와 용도에 상관없이 단단한 봉오리가 좋다.
④ 꽃은 화색이 선명하고, 잎은 농약의 잔재가 없으며, 줄기는 곧고 강한 것으로 한다.

[해설] 다알리아는 봉오리 상태의 것을 선택하면 개화하지 않고 시들기 쉬우나 아이리스는 쉽게 피는 편으로 절화 선택 시 꽃의 종류에 따라 개화정도를 달리하여 선택하는 것이 좋다.

67. 다음 중 절엽용 식물로만 묶인 것은?

① 사스레피나무, 무늬둥굴레, 옥잠화
② 작살나무, 층꽃나무, 라일락
③ 층꽃나무, 소철, 용담
④ 피라칸사, 양치류, 소철

[해설] 잎을 잘라서 쓰는 절엽용 식물은 주로 관엽식물로 절화 장식의 배경이 되는 녹색 잎이 사용되며 사스레피나무, 몬스테라, 무늬둥글레, 아이비, 크로톤, 옥잠화 등이 있다.

68. 표토를 차폐하기 위한 피복용 식물로 가장 거리가 먼 것은?

① 스파티필름 왈리시   ② 이끼류
③ 꽃잔디   ④ 톱

69. 다음 절지류와 관련된 설명 중 틀린 것은?

① 절지류는 절화를 주소재로 만든 디자인에서 변화와 마무리, 배경표현을 위해 이용한다.
② 절화 장식물의 소재 이용률은 절엽류와 절지류에 비해 절화류가 많다.
③ 전통적인 한국꽃꽂이에서는 꽃가지나 나뭇가지를 주소재로 사용한다.
④ 절지류는 산야에서 채취하여 판매하는 경우가 많아 자생식물이 대부분이다.

[해설] 절지용 식물은 가지를 잘라서 쓰는 것으로 버드나무, 삼지닥나무, 청미래덩굴, 화살나무 등이 있다.

70. 다음 중 혼합눈에 관한 설명으로 가장 적당한 것은?

① 잎눈과 꽃눈이 동시에 있는 눈이다.
② 잎눈이 퇴화한 것이다.
③ 꽃눈이 퇴화한 것이다.
④ 환경에 따라 잎이 되거나 꽃눈이 될 수 있다.

[해설] 눈이 분열하고 생장하여 잎으로 발달하는 것은 잎눈, 꽃으로 발달하는 것은 꽃눈이라고 하며 잎눈과 꽃눈이 함께 있는 것은 혼합눈이라고 한다.

66 ③   67 ①   68 ④   69 ①   70 ①

71. 다음 중 유한화서에 속하는 것은?

① 베고니아　　　　　　　　② 글라디올러스
③ 금어초　　　　　　　　　④ 거베라

> [해설]
> • 유한화서는 화축의 정아가 꽃이 되어 가장 먼저 피기 때문에 화축의 생장은 정아의 개화와 더불어 중단되며 위에서 아래쪽을 향해 꽃이 핀다.
> • 글라디올러스, 금어초(수상화서), 거베라(두상화서) 등은 무한화서에 속하며 화축의 정아가 계속 생장하여 꽃을 피우며 아래쪽에서 위를 향해 개화한다.

72. 다음 중 잎의 착생양식이 대생하는 식물이 아닌 것은?

① 개나리　　　　　　　　　② 숙근안개초
③ 거베라　　　　　　　　　④ 용담

> [해설] 대생은 한 마디에 잎이 2개씩 마주 붙는 것을 말하며, 개나리, 숙근안개초, 용담, 소철, 마가목, 주목, 회양목 등이 있다.

73. 다음 중 일반적인 식물체의 줄기 기능으로 가장 거리가 먼 것은?

① 식물체를 지지하는 기능
② 향기의 기능
③ 물질의 통로기능
④ 양분 저장 기능

> [해설] 줄기의 기능은 물질의 통로기능, 식물체를 지지하는 기능, 양분을 저장하는 기능 등이 있으며 향기는 꽃의 기능에 해당된다.

74. 다음 중 잎의 착생양식이 대생하는 식물이 아닌 것은?

① 개나리　　　　　　　　　② 거베라
③ 숙근안개초　　　　　　　④ 용담

75. 다음 중 꽃이 줄기에 착생하는 형태가 다른 하나는?

① 금어초　　　　　　　　　② 수선
③ 튤립　　　　　　　　　　④ 칼라

> [해설] 유한화서는 화축의 정아가 꽃이 되어 가장 먼저 피기 때문에 화축의 생장은 정아의 개화와 더불어 중단되며 위에서 아래쪽을 향해 꽃이 핀다. 수선, 튤립, 칼라는 유한화서로 화서축의 선단에 1개의 꽃을 피우는 단정화서에 속한다.

71 ①　　72 ③　　73 ②　　74 ②　　75 ①

76. 다음 중 꽃받침이 화판과 같이 발달하여 화색을 갖는 식물은?
① 수국　　　　　　　　　② 포인세티아
③ 부겐베리아　　　　　　 ④ 프리뮬라

해설 꽃받침이 화판과 같이 발달하고 화색을 갖는 것은 수국, 서향 등이 있고 포가 발달하여 착색된 것은 포인세티아, 부겐빌리아 등이 있다.

77. 다음 중 주축의 정부에 화탁(花托)이 있고, 그 위에 설상화와 관상화가 착생하는 식물은?
① 알리움　　　　　　　　② 국화
③ 프리뮬라　　　　　　　④ 루피너스

해설 주축의 가장 윗부분에 화탁이 있고 그 위로 설상화, 관상화가 착생하는 두상화서의 대표적인 식물은 국화과 식물이다.

78. 다음 중 잎이 먼저 자란 후 꽃이 피는 선엽후화(先葉後花)가 아닌 것은?
① 조팝나무　　　　　　　② 후박나무
③ 만병초　　　　　　　　④ 병꽃나무

해설 잎이 먼저 자란 후 꽃이 피는 식물(선엽후화)은 후박나무, 병꽃나무, 만병초, 철쭉 등이 있고 잎보다 꽃이 먼저 피는 식물은 개나리, 진달래, 벚꽃, 목련, 복숭아나무, 산수유, 조팝나무 등이 있다.

79. 다음 중 암술이 꽃잎화한 것은?
① 아이리스　　　　　　　② 나리
③ 글라디올러스　　　　　④ 포인세티아

80. 다음 중 잎 표면의 특색과 특징을 가지고 분류 시 형태에 따른 연결이 바르지 않은 것은?
① 엽선(葉先) - 예두(銳頭)
② 엽저(葉底) - 의저
③ 엽연(葉緣) - 원형
④ 엽형 - 타원형

해설 엽연은 잎 가장자리의 형태를 말하며 반곡, 전연, 파상, 둔거치, 예거치, 중렬, 전열 등으로 구분한다. 원형은 잎 전체의 형태를 말한다.

76 ①　　77 ②　　78 ①　　79 ①　　80 ③

81. 다음 중 기형화의 주요 식물과 구성상의 설명이 옳지 않은 것은?

① 팬지는 보통의 꽃으로 바깥쪽부터 꽃받침, 꽃잎, 수술, 암술의 순으로 배치된다.
② 백합은 꽃받침편이 꽃잎화하여 꽃잎과 공존하면서 꽃을 형성한다.
③ 안수리움은 꽃잎은 소형화 또는 정상이지만 포엽이 꽃잎화하여 눈에 띈다.
④ 튤립은 꽃잎은 소형화하고 꽃받침이 꽃잎화하여 눈에 띈다.

해설 ① 스위트피, 무궁화, 팬지, 철쭉 등 대부분의 화훼류
② 백합과, 붓꽃과, 수선화과, 난초과 등
③ 안스리움, 스파티필럼, 칼라 등의 천남성과, 부겐빌레아, 포인세티아 등
④ 크레마티스, 수국 등

82. 하나의 꽃에 암술과 수술이 모두 있는 꽃은?

① 단성화 ② 양성화
③ 완비화 ④ 불완전화

해설 한 꽃에 암술과 수술이 모두 들어있는 꽃을 양성화, 암술이나 수술 중 어느 하나만 가지고 있는 것을 단성화라고 한다.

83. 국화꽃의 형태인 설상화(舌狀花)와 관상화(管狀花)에 대한 설명으로 옳은 것은?

① 설상화는 1개의 꽃잎이 갈라져서 여러 개의 꽃잎으로 된 것을 말한다.
② 설상화는 다른 말로 통상화라 한다.
③ 관상화는 꽃부리의 형태가 가늘고 긴 관상형태인 것을 말한다.
④ 관상화는 다른 말로 혀꽃이라 한다.

해설 설상화는 혀꽃이라고 하며 꽃잎이 합쳐져서 1개의 꽃잎처럼 된 꽃이다. 국화, 민들레 등은 가장 자리가 많은 설상화가 있다. 관상화는 통상화라고도 하며 화관의 형태가 가늘고 긴 관모양이다.

84. 잎의 구조와 형태에 대한 설명으로 틀린 것은?

① 잎은 광합성작용을 하는 주된 기관이다.
② 잎의 관다발과 이것을 둘러싼 부분을 잎맥이라고 하는데, 잎맥은 잎 속의 물질이 이동하는 부분이다.
③ 잎맥은 보통 주맥, 곁맥, 가는맥으로 구분한다.
④ 여러 개의 엽신이 깃털모양으로 배열된 잎을 장상 복엽이라 한다.

해설 우상복엽은 새의 깃털처럼 잎맥이 배열된 것으로 수국, 왕벚나무, 목련, 란타나 등이 있고 장상복엽은 소엽이 엽병에 방사상으로 붙어 있는 것으로 단풍나무, 델피늄, 쉐플레라 등이 있다.

81 ④ 82 ② 83 ③ 84 ④

85. 식물의 영양기관 중에서 줄기의 기능에 관한 설명으로 옳지 않은 것은?

① 줄기는 양분과 수분을 저장한다.
② 체관은 주로 수분의 이동기관이다.
③ 식물을 지탱(지지)하게 해 준다.
④ 식물의 잎, 꽃, 눈 등을 착생한다.

해설 체관은 주로 잎에서 동화한 유기 양분의 이동통로가 되며 물관은 뿌리에서 흡수한 물과 무기양분의 이동통로가 된다.

86. 다음 중 화훼장식 소재로 줄기 또는 잎을 주로 사용하는 소재가 아닌 것은?

① 접란
② 시네라리아
③ 아이비
④ 아스파라거스

해설 시네라리아는 가을에 파종하여 이듬해 봄에 꽃을 피우는 추파 1년초이다.

87. 다음 중 붉은 줄기를 소재(素材)로 이용하는 식물로 가장 적당한 것은?

① 서양미역취
② 흰말채나무
③ 글라디올러스
④ 스토크

해설 층층나무과의 흰말채나무는 흰꽃이 피며 줄기는 붉은 색이다.

88. 다음 중 암수가 딴 그루인 자웅이주 식물은?

① 왕벚나무
② 호랑가시나무
③ 장미
④ 국화

해설
- 암꽃과 수꽃이 한 그루에 있거나 양성화가 피는 식물을 자웅동주(암수한그루) : 벚나무, 장미, 국화 등
- 각각 다른 그루에서 피는 식물을 자웅이주(암수딴그루) : 은행나무, 삼나무, 호랑가시나무 등

89. 국화, 장미, 동백과 같은 겹꽃에 관한 설명으로 틀린 것은?

① 수술이 변해서 꽃잎처럼 되었다.
② 꽃받침이 변해서 꽃잎처럼 되었다.
③ 작은 꽃(소화)들이 뭉쳐서 피기 때문에 겹꽃처럼 보인다.
④ 작은 줄기나 잎이 모여서 꽃잎처럼 되었다.

해설 겹꽃발생의 원인은 화판의 분열, 기관의 중복, 생식기관의 일부나 전부의 화판화 및 개화 중에 중심이나 꽃 사이로부터 다시 꽃이 나오는 관생(prolification)등에 의해 발생한다.

85 ② 86 ② 87 ② 88 ② 89 ④

90. 종교의식을 위한 화훼장식에서 우선적으로 고려되어야 할 것은?
① 대상 종교의 특성과 의식, 전례에 관한 이해
② 대상 종교의식의 집전 건물의 규모
③ 대상 종교의식의 집전 공간의 색채
④ 대상 종교의식의 집전 공관 마감 재료의 특성

91. 다음 중 장례용 화훼장식에 속하지 않는 것은?
① 캐스켓 스프레이
② 이젤 스프레이
③ 이젤 엠블렘
④ 케이크 테이블

해설
- 캐스켓 스프레이(casket spray): 관 위에 올려놓는 장식으로 관 전체가 열리거나 반만 열리는 형태이기 때문에 열리는 정도에 따라 디자인의 좌우 길이가 달라진다.
- 이젤 스프레이(easel spray): 관 옆쪽이나 장례식 입구에 놓이는 스탠드 형 장식으로 장례행사에서 가장 많이 사용되며 이젤에 플로랄 폼을 고정시켜 디자인하는 것을 말한다.
- 이외에도 리스를 이용하기도 하고 하트, 십자가, 성경책 모양으로 다양하게 장식한다.

92. 장례의식에서 화훼장식에 대한 설명으로 틀린 것은?
① 외국에서는 묘지 앞에 꽃을 심거나 장식하는 일이 많다.
② 서양의 풍습에선 관 속에 화훼장식을 하지 않았다.
③ 한국의 장례식에 사용되는 꽃의 색상은 대부분 흰색과 노랑색이 주를 이룬다.
④ 외국에서의 장례식용 화환은 리스나 십자가, 별, 하트 등의 형태가 선호된다.

93. 신부화를 만들 때 일반적으로는 철사처리를 하게 된다. 식물을 철사처리한 후 마감으로 손잡이 부분의 미끄러짐을 방지하고 접착력을 주기 위해 사용되는 재료는?
① 색 철사
② 플로랄 테이프
③ 라피아
④ 접착제

해설 플로랄 테이프(floral tape)는 접착제 성분이 있어 잡아당기면 달라붙으며 철사와 이루는 각도는 20~30° 정도가 되도록 감으며 코사지나 신부부케를 만들 때 꽃의 줄기 대신이나 잎에 철사를 연결할 때 쓰이며 녹색, 흰색, 갈색 등의 색상이 주로 사용되고 있다.

90 ①　　91 ④　　92 ②　　93 ②

94. 용기의 질감에 대한 느낌을 설명한 것으로 가장 적당한 것은?

① 플라스틱: 매끈한 질감으로 무겁게 느껴진다.
② 유리: 단순하고 우아하며 탁한 느낌을 준다.
③ 금속도자기: 매끈한 질감으로 현대적이며, 빈약해보인다.
④ 나무 바구니: 거친 질감으로 서민적이고 자연적인 느낌을 준다.

[해설] 등나무, 대나무, 플라스틱 등의 다양한 재질로 비교적 값이 저렴한 편이며 꽃, 과일, 화초용 바구니 등으로 다양하게 이용된다.

95. 플로랄폼(floral form)에 대한 설명 중 가장 적당한 것은?

① 물에 띄워 스스로 물을 흡수하여 가라앉도록 한다.
② 한번 꽂았던 자리에 다시 꽂을 수 있다.
③ 꽂히는 길이는 10cm 이상으로 깊게 꽂는다.
④ 플로랄 폼은 한번 사용한 것은 자연 건조시켜 재활용이 가능하다.

[해설]
• 오아시스(Oasis)는 플로랄 폼의 상품명으로 1953년에 출시되어 다양하고 풍부한 디자인을 가능하게 했다.
• 발포성 재료를 혼합하여 제조한 화학제품으로 물을 흡수하여 오랫동안 지닐 수 있다.
• 직사각형 외에 원통형의 실린더, 하트, 십자형, 부착형, 손잡이형, 부케홀더 등 다양한 종류가 있다.
• 위에서 누르거나 물을 부어주는 것은 좋지 않으며 물 위에 띄워놓은 채 서서히 흡수시켜 사용한다.
• 한번 구멍이 난 곳은 원상복귀가 안되고 재활용해서 사용할 수 없다.

96. 다음 중 플로럴 폼(floral form)에 대한 설명으로 틀린 것은?

① 물을 빠르게 흡수시킬 때는 손으로 눌러 가라앉도록 한다.
② 물을 흡수했다가 말린 것을 새사용하는 것은 바람직 하지 않다.
③ 플로럴 폼(floral form)은 경도가 다른 제품들이 있다.
④ 플로럴 폼(floral form)은 다양한 모양으로 생산되어 나온다.

97. 플로럴 폼을 사용할 때 좋은 방법이 아닌 것은?

① 사용하기 전에 절화보존제를 탄 물에 담근다.
② 깊은 물속에 넣고 단시간에 위에서 누르면서 담근다.
③ 플로럴 폼이 수면위로 0.6cm 정도 떠 있으면 충분히 젖은 것으로 본다.
④ 한번 꽂은 구멍은 메워지지 않으므로 정확한 위치에 많은 양을 꽂는다.

94 ④   95 ①   96 ①   97 ②

98. 화훼장식에 사용되는 도구 중에서 플로랄 폼에 대한 설명으로 가장 거리가 먼 것은?
① 항상 재사용이 가능하다.
② 물에 띄워두고 자연스럽게 흡수되도록 한다.
③ 고정시킬 때는 원칙적으로 접착테이프를 사용해야 한다.
④ 꽃꽂이를 위해서 특별히 제작된 물질이다.

99. 황갈색의 가벼운 종려 섬유질로 꽃들을 받쳐주기 위하여 매거나 또는 보를 만들어 단순한 뜻으로 장식하거나, 부케를 둘러싼 종이를 보호하기 위해 사용되는 것은?
① 색 철사
② 플로랄 테이프
③ 라피아
④ 접착제

[해설] 야자 잎으로 만든 끈으로 작품 디자인에 장식적으로 사용하거나 소재를 단단히 묶거나 고정시킬 경우에 사용한다.

100. 다음 중 꽃꽂이에 이용되는 '철사'에 관한 설명 중에서 거리가 먼 것은?
① 굵기는 홀수 번호로 표시된다.
② 번호 숫자가 클수록 가늘다
③ 철사는 꽃의 줄기를 대신하는 용도로 이용되기도 한다.
④ 번호가 없지만 장식용이나 고정용으로 이용되는 카파와이어, 늘림 와이어 등도 사용된다.

[해설] 와이어 게이지 번호는 짝수번호로 표시되며 높은 수일수록 가늘며, 가장 굵은 16번에서 가장 가는 32번까지의 게이지로 되어 있다.

101. 철사(wire)에 대한 설명으로 옳지 않은 것은?
① 꽃의 줄기를 대신하거나 뼈대, 고정용으로 이용한다.
② 철사의 굵기는 짝수 번호로 표시된다.
③ 높은 숫자일수록 철사의 굵기가 굵어진다.
④ 녹색이나 백색의 종이가 감겨있는 것과 에나멜로 가공한 것, 롤드와이어, 알루미늄 와이어 등이 있다.

[해설] 무거운 꽃이나 약한 줄기를 지탱하거나 굽은 줄기를 똑바르게 펼 때, 곡선으로 구부릴 때, 줄기 길이를 길게 하기 위하여 사용되며 장식물의 뼈대 등의 재료를 묶거나 고정할 때 이용된다.

98 ①   99 ③   100 ①   101 ③

102. 절화줄기를 고정하는 방법 중 디자인의 형태를 고려해 표현할 경우 가장 제약이 많이 따르는 것은?

① 철망
② 격자
③ 침봉
④ 플로랄 폼

해설 침봉(frog, pinholder)
- 동양식 꽃꽂이에서는 매우 중요한 도구이다.
- 쇠로 된 작은 판에 식물소재를 고정시킬 수 있는 짧은 핀이 촘촘히 박혀 있는 것으로 녹이 슬지 않도록 코팅된 것을 사용한다.
- 핀과 핀 사이는 깨끗하게 관리를 해주어야 한다.
- 원형, 반원형, 타원형, 정사각형, 직사각형 등의 침봉이 있다.

103. 다음 화훼장식의 도구에 관한 설명 중 옳지 않은 것은?

① 절단면이 깨끗하게 잘릴 수 있는 잘 드는 칼을 사용해야 한다.
② 글루건(Glue Gun)은 90℃ 정도의 온도에서 접착제로 접착할 수 있는 접착제이다.
③ 가위는 용도에 따라 꽃가위, 철사가위, 리본가위 등으로 나누며 용도에 맞게 사용해야 한다.
④ 절화 잎이나 가시를 제거하기 위해서는 잎 제거기와 가시 제거기 등의 도구를 사용해야 한다.

해설 글루건은 전기의 열로서 접착제 막대를 녹여서 이용하는 기구로 낮은 온도에서는 쉽게 굳어 빠르게 이용해야 한다.

104. 화훼장식을 위한 용기 중 원래 서구에서 식탁용으로 과일 등을 담던 굽 달린 접시를 가르키는 것으로서 다리(굽)나 받침대가 달린 형태에 해당되는 것은?

① 항아리
② 화병
③ 수반
④ 콤포트

해설 절화 장식에 많이 이용되는 용기
- 병 : 입구가 좁고 키기 큰 그릇으로서 위아래의 폭 차이가 나지 않으며 높이가 20~40cm의 것이 사용하기 편리하다.
- 수반 : 높이가 낮고 넓은 그릇으로 둥근형, 직사각형, 정사각형, 삼각형, 접시형, 반달형 등 여러 형태가 있다.
- 콤포트 : 수반과 같이 폭이 넓고 길이가 짧은 용기에 다리나 받침대가 달린 형태의 화기를 말한다.
- 항아리 : 병에 비해 입구가 넓고 배가 부른 그릇을 말한다.

102 ③   103 ②   104 ④

105. 리본에 대한 설명으로 틀린 것은?

① 소재의 줄기가 모이는 부분에 달아주는 것이 무난하다.
② 작품의 크기와 리본의 폭이 적절해야 한다.
③ 리본 색의 선정은 전체 작품의 색과 전혀 관계가 없다.
④ 사용한 리본의 부피만큼 꽃의 사용을 줄일 수 있다. 크기에 맞는 사이즈로 보우를 제작해야 한다.

해설
- 디자인을 깔끔하게 끝맺음하기 위해 디자인의 가치를 높이기 위해 사용된다.
- 리본은 색상과 재질이 풍부하여 색, 짜임새, 모양 등 많은 종류가 있으며 사용 목적에 맞추어 실용적 쓰임 외에 장식용으로도 사용한다.
- 리본은 질감도 중요하며 리본의 크기는 디자인의 크기와 어울려야 한다.

106. 화훼장식용 기구 및 자재에 대한 설명으로 틀린 것은?

① 라피아 – 야자과 식물의 잎을 말려 만든 것이다.
② 글루 건 – 전기의 열로서 글루 스틱을 녹이는 것으로 접착제로 널리 이용된다.
③ 철사 – 고정, 보강, 묶음재 등 다양한 목적으로 사용되며, 표준치수의 수치가 클수록 굵다.
④ 접착테이프 – 플로랄 폼이나 철망을 용기에 고정 할 때 사용한다.

해설 철사 번호는 짝수번호로 표시되며 높은 수일수록 가늘며, 가장 굵은 16번에서 가장 가는 32번까지의 수로 되어 있다.

107. 다음 중 꽃꽂이에서 전체적인 작품의 크기는 주로 무엇을 기준으로 결정하는가?

① 침봉
② 화기
③ 플로랄 폼
④ 꽃의 모양

108. 꽃다발 등을 만들 때 철사 대신에 묶는 용도로 이용하거나 장식용으로 쓰이는 자연소재는?

① 다래덩굴
② 라피아
③ 플로랄 테이프
④ 방수 테이프

109. 다음 중 초본성 절화의 줄기를 으깨지 않고 깨끗하게 자르는 도구로 가장 좋은 것은?

① 가위
② 철사절단기
③ 칼
④ 톱

해설 가위로 자르면 절단 부분이 부스러지거나 도관이 막혀 물올림이 좋지 않기 때문에 칼을 사용한다.

110. 화훼장식용 용기에 대한 설명으로 틀린 것은?

① 이동, 운반이 쉽고 재질이 견고해야 한다.
② 사용 목적에 따라 크기, 형태, 색상 등을 고려한다.
③ 곡선적이며 원추형의 작품에는 콤포트 용기가 어울린다.
④ 용기 중 도자기는 토분에 비하여 내구성과 방수성은 낮으나 통기성이 좋다.

해설
- 도자기 : 다양한 형태의 외양과 질감을 표현할 수 있어 주로 동양식 꽃 장식에서 많이 이용되며 점토로 만든 용기에 유약을 바르고 구워내 내구성과 방수성이 우수하나 무겁고 파손될 위험이 있다.
- 토분 : 진흙을 구워서 만든 다공성 용기로 통기성이 좋고 수분증발이 잘 되어 토양 환경에 좋은 용기이나 깨지기 쉽고 다른 재질의 화분보다 무겁고 관수를 더 자주 해주어야 한다.

II. 화훼장식 제작 및 유지관리

1. 화훼의 장식 식물재료의 관리
2. 화훼장식 종류와 특성
3. 화훼식물의 조형
4. 화훼장식 표현기법

1. 화훼장식 식물 재료의 관리

1. 절화의 관리

(1) 절화의 생리

절화의 품질은 시장이나 사회에 따라서 매우 주관적이며 또한 다양하다.

1) 절화의 품질

① 외적 품질
- 꽃 : 꽃의 모양, 크기, 꽃수, 화색, 향기, 개화정도, 신선도, 병충해 등으로 구분하여 볼 수 있다.
- 줄기 : 굵기, 강도, 곧음, 길이 등이 중요하며 줄기는 휘어지지 않고 너무 굵거나 가늘지 않아야 한다.
- 잎 : 잎의 황화, 병충해, 농약의 잔류 등에 의한 오염, 물리적 상처, 위조 등은 품질 저하의 원인이 된다. 국화, 나리, 알스트로메리아 등은 꽃이 노화 보다 잎의 황화가 먼저 일어나기도 한다.

② 내적 품질
- 절화 수명이 가장 중요한 내적 품질이며 꽃의 종류와 품종에 따라 다르다.

2) 절화의 수확

① 수확적기
- 하루 중 수확 적기는 식물체 내 수분이 가장 많은 아침이나 양분이 가장 많은 저녁이 적당하다.

화훼식물	수확 적기
금어초	5~6송이의 소화가 피었을 때
스톡	7~8송이의 소화가 피었을 때
국화	중형국은 7할, 대형국은 8~9할, 소형국은 3~4송이 피었을 때
카네이션	겨울 6할, 봄·가을 5할 개화, 스프레이는 2~3송이 피었을 때
안개초	80~90% 피었을 때
거베라	꽃 외측 2열의 화분방출시인 개화 2일 후
나리	첫째 꽃이 피기 전날
글라디올러스	첫 번째 소화가 개화 직전
프리지어	2~3송이 피었을 때
구근아이리스	봉오리가 충분히 물들었을 때
튤립	꽃이 충분히 착색한 다음 날
장미	봉오리가 착색한 개화 직전

② 수확 후 처리
- 예냉 : 수확 직후에 가능하면 빨리 온도를 낮추는 것이 호흡에 의한 품질손실을 줄일 수 있다. 수확 후 저장 및 수송기간 동안 0~5℃ 정도의 온도로 예냉을 실시하는 것이 호흡량을 줄이고 물올림을 좋게 한다.
- 전처리 : 수확 후 소비자에게 이르기까지 절화의 품질을 유지하기 위하여 절화를 보존용액에 담가 놓는 작업을 전처리라고 하며 이는 수명과 품질이 향상된다.

③ 절화의 저장과 수송
- 보관 중의 상대습도는 80%가 적당하다.
- 금어초나 글라디올러스와 같이 항굴지성이 있는 절화는 눕히지 말고 세워서 저장·수송해야 한다.
- 저장 중의 호흡량을 줄이고자 할 때에는 CA저장을 하기도 하고 저장 중 발생하는 에틸렌을 줄이고자 할 때에는 감압저장을 시키기도 한다.
- 절화를 물속에 담그기 전에 꽃줄기 내의 기포방지를 위해서 기부로부터 비스듬하게 수중절단 하는 것이 좋다.

작물명	저장온도(℃)	저장기간(일)	작물명	저장온도(℃)	저장기간(일)
과꽃	4.5	7~10	스위트피	4.4	3~4
구근아이리스	0.6	7	스톡	4.4	3~6
국화	1.7	14	장미	1.7~4.4	7
글라디올러스	1.7	14	카네이션(만개)	0.6~4.4	7~10
금어초	4.4	7~14	카네이션(봉오리)	0.6~4.4	10~15
금잔화	4.4	3~6	칼라	0.6~2.2	10
나팔나리	1.7	30	튤립	4.4	7~14
난류	7.2~10	7	포인세티아	10	3~4
달리아	4.4	7~10	프리지어	0.6~2.2	7~14
수선	0.6~2.2	7~14			

(2) 절화보존제

1) 절화보존제

   ① 절화의 노화를 지연시키고 수명을 연장시키는 약제를 절화보존제, 선도유지제, 수명연장제라고 한다.
   ② 절화보존제는 처리시기 및 목적에 따라 그 구성 성분과 농도 및 처리 방법이 달라진다.

전처리제	후처리제
• 생산자가 수확 후 출하 전에 단시간 처리하는 용액을 전처리제라고 한다. • 에틸렌억제제인 STS, AOA, 계면활성제, 지베렐린, 염소계 및 제4암모니움계 살균제 등이 종류에 따라 이용되고 있다.	• 출하 후, 판매 또는 관상기간 동안 절화의 침지용액으로 이용되는 것을 후처리제 또는 보존용액이라고 한다. • 당, 살균제, 에틸렌 억제제와 BA, GA 등이 첨가된다. • Cornell solution, 8-HQC, AgNO3이 후처리제로 이용 되어왔다.

2) 절화보존제의 구성성분

   ① 일반적으로 절화보존제는 흡수촉진과 증산억제에 의하여 수분균형의 개선, 미생물 발생의 억제, 호흡기질의 공급, 에틸렌발생의 억제, 노화지연 등의 역할을 하여 절화의 수명을 연장시킨다.

구 분	특 징	종 류
당	• 에너지원으로 이용된다.. • 당은 기공을 닫히게 하여 증산속도를 낮추고 생체중과 건물중을 증가시킨다.	자당(Sucrose) 포도당(Glucose) 과당(Fructose)
살균제	• 절화의 침지용액과 줄기 내의 세균, 곰팡이 등 미생물의 증식을 억제한다. • 일반적으로 사용되는 살균제는 HQS와 HQC이다. • HQS는 세균의 발육을 저지하여 도관이 막히는 것을 방지하며 용액이 pH를 낮추어 미생물의 증식을 억제한다. • 당과 혼용하여 사용하나 농도가 높으면 잎의 피해, 줄기갈변, 꽃의 황변 등이 나타나므로 주의해야 한다.	HQS(8-Hydroxyquinoline sulfate) HQC(8-Hydroxyquinoline citrate) STS(Silver thiosulfate) AgNO3(Silver nitrate)
에틸렌 생성 및 작용 억제제	• AOA(에틸렌 생합성 억제제), STS(에틸렌 작용 억제제)는 전처리제로 주로 이용된다 • AOA는 외생 에틸렌에는 효과가 없으나 STS는 효과가 있다. • STS의 구성성분이 질산은은 증류수에 녹여 사용해야 하고 금속용기를 사용해서는 안된다.	STS(Silver thiosulfate) AOA(Aminooxyacetic acid) AVG(Aminoethoxyvinyl glycine)
식물생장 조절물질	BA, kinetin 등 사이토카이닌은 장미, 국화등의 노화를 지연시키고 잎의 황화를 억제한다. 지베렐린(GA)은 나리, 알스트로메리아 등의 노화를 억제한다.	BA(6-benzylamino purine) GA(Gibbrellic acid) ABA

(3) 절화 수명에 영향을 미치는 환경요인

1) 수확 전 재배 조건
   ① 광도가 높은 곳에서 재배된 꽃이 광합성에 의한 양분의 축적이 많아서 수명이 길다.
   ② 질소비료의 과용은 절화의 수명을 단축시키고 병 발생을 증가시킨다.

2) 온도
   ① 대부분의 절화는 4~5℃의 낮은 온도에서 저장하면 오랫동안 신선도를 유지할 수 있다.
   ② 열대 원산의 절화인 안스리움, 헬리코니아 등은 저온에 두면 꽃잎이 퇴색되고 봉오리가 개화되지 않는 등 저온장해를 받으므로 8~15℃에 보관해야 한다.
   ③ 고온에서는 호흡작용이 활발하여 양분의 소모로 인한 노화를 촉진하고 저온은 호흡과 탄수화물의 소비를 감소시킨다.
   ④ 저온에서는 꽃의 에틸렌 생성도 적어지므로 수확 후에는 저온 저장실로 옮겨주는 것이 좋다.

3) 습도
   ① 공기 중의 습도가 낮아지면 절화가 쉽게 시들고 상대습도를 높여주면 절화의 수분 손실은 늦어지나 병해 발생이 많아지므로 저장 및 운송기간 동안 상대습도를 70~80%로 유지하는 것이 품질저하를 막을 수 있다.

4) 수분
   ① 절화의 수명에 큰 영향을 주는 요인으로 수분의 공급을 들 수 있으며 장미와 같이 수분흡수가 감소하면 꽃목굽음(bent neck) 현상이 발생하여 품질을 손상시킨다.
   ② 절화는 줄기의 절단면에서 물을 빨아들여 세포 팽압을 유지하고 꽃의 선도를 유지한다.
   ③ 절화의 흡수를 저해하는 유관속 폐쇄의 원인은 다음과 같다.
      • 절단 후 도관 중에 기포 발생
      • 미생물 증식으로 인한 도관부 폐쇄
      • 절단면에 유액에 의한 절구 굳음 현상
      • 도관부에 점착 물질이 쌓여 폐쇄되는 것
   ④ 수확 후 증산이 흡수보다 많아지면 절화가 시든다.

※ 절화의 물리적 수명연장법
① 재 수화
   • 수송시나 저장고 안에서 수분 스트레스를 받은 절화에 물올림을 촉진하여 회복시키는 것이다
   • 서늘한 장소에서 38~40℃의 따뜻한 물에 수 시간에서 24시간 온수 침지한다.
   • 물의 pH는 3.5정도가 바람직하다.
② 열탕처리
   • 절화줄기의 기부 10cm 정도를 80~100℃의 물에 수 초간 담갔다가 꺼내어 찬물에서 물올림 하는 방법이다.
   • 식물체 내의 수분은 증기상태로 팽창하게 되고 그 장력으로 수분을 끌어 올린다.
   • 열탕처리시 잎이나 꽃이 뜨거운 증기에 쏘이지 않도록 주의해야 한다.
   • 숙근 안개초, 국화, 스톡, 금어초, 부바르디아 등 식물에 이용된다.

③ 줄기 두드림
- 줄기의 끝부분을 망치로 두들겨 짓이겨서 물의 흡수 면을 넓혀 주는 방법이다.
- 작약, 버들 등에 이용된다.

④ 탄화처리
- 줄기 절단면의 1~2cm 정도를 불에 태운 다음 찬물에 넣는 방법이다.
- 상사화, 아마릴리스, 칼라 등의 절화에서 줄기 끝의 갈라짐 현상을 방지한다.
- 수국, 장미, 포인세티아 등에도 이용된다.

⑤ 펌프에 의한 처리
- 수분흡수가 좋지 않은 절화에 소형펌프를 이용하여 절단부위에 물을 주입시킨다.
- 수련이나 연 등에 이용된다.

⑥ 수중 재 절단
- 줄기 끝의 잘린 부분을 물에 꽂기 전에 물속에서 재 절단하는 것을 말한다.
- 공기 중에서 절화의 기부를 자를 경우 공기가 들어가서 물이 잘 올라가지 못하기 때문에 수중절단을 하는 것이 좋다.
- 장미, 튤립, 거베라 등의 꽃 목 굽음이나 줄기 굽음 현상이 나타날 경우에 많이 이용된다.

⑦ 약제 침지법 : HQC 등 살균제가 함유된 용액에 절화를 담그면 미생물 억제 효과가 있다.

5) 광
① 광은 절화수명에 그다지 중요한 영향을 미치지 않지만 장기간 저장 중에 광이 부족하면 잎의 황화가 가속화된다.
② 직사광을 받지 않은 밝은 실내 또는 인공조명 하에 절화를 두는 것이 좋다.

6) 물리적 손상
① 식물에 물리적 손상이 있으면 병균의 침입이 쉽고 에틸렌 발생에 의한 노화가 촉진될 수 있다.

7) 에틸렌
① 에틸렌은 식물의 성숙과 노화를 촉진하는 식물 호르몬으로 에틸렌 가스에 접촉하면 수명이 급격히 감소한다.
② 카네이션은 높은 농도의 에틸렌에서 꽃잎이 쉽게 시들고 수명이 단축되는 에틸렌 접촉 피해 증상을 sleepiness 현상이라고 한다.
③ 물질로 절화의 수확 후 관리 중에는 에틸렌 발생을 줄이도록 에틸렌 생성 억제제인 질산은이나 STS(Silver thiosulfate)를 보존용액에 첨가하기도 한다.

에틸렌에 민감한 꽃	에틸렌에 비교적 둔감한 꽃
알스트로메리아, 카네이션, 델피니움, 유포르비아, 프리지어, 구근아이리스, 나리, 수선, 난, 페튜니아, 금어초, 스위트피	안스리움, 아스파라거스, 거베라, 튤립

8) 당
① 당은 노화를 지연시키고 관상기간을 연장시키는 역할을 한다.
② 당이 꽃으로 이동하면 침투압이 높아져 물의 흡수력이 높아지며 기공을 폐쇄하여 증산에

의한 수분 손실량을 적게 하고 호흡기질로 사용되어 노화를 지연시킨다.
③ 당의 최적 농도는 화훼류의 종류와 사용 목적에 따라 차이가 있다.

(4) 에틸렌 발생(작용) 억제
- 에틸렌은 식물의 노화를 촉진하는 가장 간단한 구조의 식물호르몬이다.
- 카네이션은 실온에서 어느 정도의 에틸렌 가스에 접촉되면 수명이 급격히 짧아진다.
- 에틸렌은 절화의 노화를 촉진하여 수명을 짧게 하는 역할을 하므로 절화 보존 시에는 주위에 에틸렌을 발생하는 물질이 없도록 유의하여야 한다.
- 또한 겨울철 절화재배 시 난방연료의 불완전 연소로 인한 에틸렌 가스의 발생이 일어나 이로 인한 피해가 예상되므로 난방방법의 개선과 환기 등을 통하여 에틸렌 가스의 피해를 경감해야 한다.

1) 환경조절
① 온도를 낮추거나 필름포장을 통해 호흡을 감소시키면 대사가 억제되어 에틸렌 생성이 적어진다.
② 저장고 내의 대기조성을 저 산소 농도와 고이산화탄소 농도로 조절함으로써 호흡률, 에틸렌 생성률, 물질대사를 줄일 수 있다.

2) 에틸렌 생성억제
① AOA와 AVG는 에틸렌 합성 억제제로서 ACC 합성효소의 작용을 억제시키며 현재 상업적 절화보존용액에 첨가 사용되고 있다.
② 절화노화시 발생되는 내생적 에틸렌의 합성을 억제시킨다.

3) 에틸렌 작용억제
① STS는 에틸렌의 효과를 억제하는 가장 효과적인 물질로 인정되어 주로 절화에 많이 이용되나 환경문제를 야기하고 있어 사용이 금지될 전망이다.
② 질산은은 살균제로서 절화줄기 내에서 이동성이 낮지만 황산나트륨과 결합하여 티오황산은으로 전환되었을 때는 줄기에서 꽃과 잎으로 이동이 용이해질 뿐 만 아니라 에틸렌 작용억제제로 효과를 나타낸다.
③ 2,5-norbornadiene(NBD)도 효과적인 에틸렌 작용억제제이지만 상온에서 휘발성이 강하며 암유발물질이므로 실험실에서만 한정적으로 사용되고 있다.

4) 1-MCP이용
식물체의 에틸렌 수용체에 결합하여 수용체의 작용을 저해하며 에틸렌 작용억제제 역할과 더불어 내생 에틸렌 생성도 억제하는 것으로 알려져 있다.

※ 생장조절 물질
- 옥신(IAA, IBA, NAA) : 세포 조절 촉진, 굴광성, 발근 촉진
- 지베렐린(GA) : 생장 촉진, 휴면 타파, 개화 촉진
- 사이토카인(BA) : 분지 촉진(가지를 여러 개 만드는 것)
- 에틸렌 : 노화 촉진, 숙기 촉진(숙성)
- 아브시스산(ABA) : 낙엽, 휴면 촉진
- 왜화제 : B-9(국화), CCC(포인세티아)

2. 분식물의 관리

(1) 배양토의 종류와 특성
1) 토양의 기능과 구성
   ① 식물체를 지지해 준다.
   ② 뿌리를 통하여 수분과 양분을 공급시켜 준다.
   ③ 토양 속의 미생물들은 식물체가 이용할 수 있도록 양분을 분해한다.
   ④ 토양은 고상, 액상, 기상의 3상으로 구성되어 있다.
   ⑤ 고상은 토양입자나 유기물과 같은 고체, 액상은 고상 사이의 공간에 채워져 있는 수분, 그리고 기상은 공간에 채워져 있는 공기를 말한다.
   ⑥ 작물생육에 알맞은 토양 3상의 비율은 고상이 약 50%(무기물45%와 유기물5%), 액상 및 기상이 각각 25%정도이다.
2) 바람직한 토양의 특성
   ① 배수와 통기성이 좋아야 한다.
   ② 보수력과 보비력이 좋아야 한다.
   ③ 토양산도(pH)가 작물별로 적합해야 한다.
   ④ 잡초 종자나 병충해가 없어야 한다.
3) 토양수분
   ① 흡착력 및 수분이 위치하는 공간에 따라 분류할 수 있다.

흡착수	모세관수	중력수
토양입자에 흡착되어 있는 물로 식물이 이용 불가능하다.	토양간의 모관인력에 의하여 흡수되어 있는 물로 식물에 가장 유용하게 이용 가능하다.	중력에 의하여 토양 사이를 자유로이 내려가는 물로 식물 이용이 제한된다.

   ② 토양수분이 과다할 경우 토양 속의 공기 함량이 감소하여 통기불량으로 뿌리가 썩기 쉽다.
   ③ 토양 미생물의 활동을 억제하여 유기물의 분해가 느려진다.
4) 토양 반응(pH)
   ① 토양 산도는 pH로 표시하며 화훼작물의 적합한 산도는 pH 5.5~7.0으로 약산성이나, 식물의 종류에 따라 차이가 있다.
   ② 배양토가 산성으로 되면 토양으로부터의 칼슘(Ca)과 마그네슘(Mg) 등의 양분 용탈이 커지고 식물 생육에 있어서 알루미늄(Al)과 망간(Mn)의 과다현상이 발생될 수 있다.
   ③ 알칼리성이 되면 철(Fe), 망간(Mn), 아연(Zn) 등의 양분이 불용화 되어 흡수가 나빠지고 생육이 저하된다.
   ④ 화훼류의 생육에 적합한 pH범위는 다음과 같다.

산도 (pH)	화훼 식물
강산성(pH 5 이하)	철쭉류, 아나나스류, 낙엽송, 조릿대, 클레마티스, 아디안텀, 은방울꽃, 소나무 등
약산성(pH 6.5 이하)	국화, 난류, 장미, 후크시아, 심비디움, 스토크, 꽃창포, 튤립, 나리, 포인세티아, 시클라멘, 금어초 등
중성(pH 6.5~7.5)	개나리, 거베라, 과꽃, 매리골드, 백일홍, 베고니아, 시네라리아, 심비디움, 팬지, 카네이션 등
알칼리성(pH 7.5 이상)	선인장, 시네라리아, 제라니움, 독일붓꽃, 거베라, 금잔화 등

5) 배양토의 종류

① 화훼용 토양은 노지재배용, 시설재배용, 화분재배용으로 나눌 수 있다.
- 노지재배용 : 노지에서 주로 재배되는 화훼류는 일이년초, 숙근초, 구근류가 보통이다. 매년 이용한 양 만큼의 양분 보충을 위해 석회나 유기물과 같은 토양개량제의 사용을 병행하는 것이 좋다.
- 시설재배용 : 시설 화훼 토양은 정기적인 토양진단으로 시비량을 조절하고 유기물, 석회 시용, 객토나 환토 등을 실시하는 것이 좋다. 온실과 같은 시설 내에서 식물을 재배하면 외부 환경의 영향은 적게 받으나 토양 내에 염분이 집적되는 문제를 일으킬 수 있다.
- 화분재배용 : 한정된 용토에서 식물을 재배하기 때문에 일반 토양에서 재배할 때와 달리 양·수분의 용량에 제한이 있다. 따라서 완충력이 떨어지므로 흙, 모래, 부엽토, 토양개량제를 식물에 따라 잘 배합해서 사용해야 한다.

② 배양토의 종류 및 특성은 다음과 같다.

모래	노지에서나 시설 내에서 모래는 특수성을 높이는 소재로서 중요한 역할을 담당한다. 강모래는 특히 입자가 비슷하고 투수성이 우수하여 화분용토는 물론 삽목용토로도 많이 이용된다.
양토	양토는 모래와 점토가 비슷한 양으로 섞여 있는 것으로 배수성, 보수성, 보비성이 모두 우수하므로 식물재배에 가장 적당하다.
점토	점토는 보비력과 보수력은 크나 배수와 통기가 불량하며 매우 무겁다.
하이드로볼 (hydroball)	점토와 물을 혼합해 1,200℃의 고온에서 구워 부풀린 것으로 가벼우며 통기성, 보습성이 크다.
펄라이트 (perlite)	진주암을 1,000℃ 정도의 고열로 가열하여 부풀린 것으로 무균상태이지만 입자 내 공극이 거의 없어 염기치환용량은 낮다. 매우 가볍고 약알칼리성이므로 산성인 피트모스와 혼합하여 분화용으로 많이 이용된다.
버미큘라이트 (vermiculite)	운모를 1,000℃ 정도로 가열하여 입자내 공극을 팽창시킨 것이다. 약산성에서 약알칼리성으로 pH 7을 나타내고 염기치환용량이 높다. 보비력과 보수력이 우수하며 무균상태이다. 버미큘라이트 단독으로 이용 가능하지만 피트모스와 혼합하여 삽목, 파종 용토로 사용하고 있다.

암면	현무암 등의 암석을 약 1,500℃에서 녹여 섬유상으로 가공한 것으로 약알칼리성이다. 공극이 크고 수분, 공기를 잘 함유하며 양액재배 시 좋은 배지로 평가되고 있다.
경석	점토를 800℃에서 구운 것으로 무균상태이고 통기성과 배수성이 우수하다. 공극이 크고 보수성이 높으므로 난재배에 많이 이용된다.
부엽	낙엽이 쌓여 부식된 것으로 공극이 커서 배수성과 통기성이 좋다. 교질성 물질이 풍부하여 보비력과 보수력이 좋고 가볍다.
피트모스 (peat moss)	초본성 식물이 습지에 퇴적되어 완전히 분해되지 않고 탄화된 것이다. 온도가 낮고 유기물의 분해가 느린 아한대, 한대에 넓게 분포한다. 보수, 보비력이 좋고 공극이 크며 염기치환용량이 높다. pH는 3.0~6.2인 산성이며 pH의 보전을 위해 중성 또는 알칼리성 재료를 혼합하여 이용하는 것이 좋다.
훈탄	왕겨를 숯과 같이 탄화시킨 것으로 무균상태의 재료이다. 미세공극이 많고 염기치환용량이 높다. 테라리움 등 용기재배 시 배수층에 넣어 토양 내에서 발생할 수 있는 유해물질 등을 흡착시켜준다.
수태	물이끼라고도 하며 배수와 보수력이 양호하여 착생란 재배에 많이 이용한다.
바크	소나무나 참나무 껍질 등을 잘라 입자크기를 작게 한 후 다른 소재와 혼합하여 이용한다. 다공성이며 보수력과 보비력이 우수하다.
오스만다	양치류 식물의 뿌리를 말려서 만든 것으로 배수성과 통기성이 좋다. 이끼와 함께 착생란 재배에 이용된다.

> ※ 토양 염기(염기치환용량)
> - 토양 중에 존재하는 수소를 제외한 염기성 양이온을 뜻한다. 양이온의 종류로는 칼슘, 마그네슘, 칼륨, 나트륨 이온 등이 있다.
> - 중성내지 약알칼리성 밭 토양에는 염기치환용량(CEC)의 대부분을 칼슘, 마그네슘, 칼륨 및 나트륨이 차지하고 있다.

(2) 관수

1) 관수량
   ① 큰 잎을 가진 식물은 작은 잎을 가진 식물보다 증산량이 많아 더 많은 물을 필요로 한다.
   ② 식물의 생장과 발육이 빠른 시기는 휴면기에 비해 더 많은 물을 필요로 한다.
   ③ 개화하거나 어린식물은 더 많은 물을 필요로 한다.
   ④ 온도가 높고 건조한 경우에는 관수량을 늘려야 한다.
   ⑤ 피트모스와 부식을 함유한 토양은 수분 보유력이 크므로 관수 빈도를 줄일 수 있다.
   ⑥ 초본류는 목본류보다 충분한 관수를 요한다.

2) 관수법
   ① 관수용수로는 연수(빗물, 수돗물, 시냇물)가 경수(샘물, 지하수)보다 알맞다.
   ② 수온은 토양이나 기온과 비슷한 것이 바람직하다.
   ③ 관수는 화분흙이 마를 때 실시하는 것이 좋으며 배양토가 충분히 골고루 흡수되도록 한다.

3) 관수법의 종류
① 점적관수(Drip irrigation)
- 급수관에 달린 마이크로 플라스틱 튜브 끝에서 물방울이 똑똑 떨어지거나 천천히 흘러나오도록 하여 관수하는 방법이다.
- 부분적으로 필요한 부위에 제한적으로 관수하거나 소량의 물을 지속적으로 공급하는 목적 이외에도 비료성분을 효과적으로 혼합하여 시비를 겸할 수 있다.
- 지하에 설치된 급수관에서 물을 공급하는 지중관수와 고랑에 물이 흐르게 하거나 일정량을 급수하여 고이게 한 후 서서히 공급하는 고랑관수가 있다.
- 저면관수는 온실이나 하우스의 벤치에서 재배되는 포트 등에 보편적으로 사용되며 포트 밑의 배수공을 통해 물이 모세혈관으로 스며 올라가도록 하는 방법이다.

② 미스트관수(Mist irrigation)
- 모터와 높은 수압의 노즐을 이용하여 수분을 안개 상태로 사방으로 분산시켜서 관수하는 방법이다.
- 삽목상의 관수와 하절기 온실의 온도강하를 위해 사용한다.

③ 스프링쿨러 관수
- 노즐을 사용하여 관수하는 방법이다.
- 굵은 파이프 등에 부착된 노즐이 회전하면서 수평방향으로 물을 분사하여 관수한다.

(3) 환경조절

1) 광
① 광은 식물의 탄소동화작용(광합성)과 생육에 필수적인 환경요소이다.
② 식물생육에 가장 큰 영향을 미치고 있는 광은 가시광선이다.
③ 광도가 너무 높으면 잎이 타게 되고 너무 낮으면 줄기가 도장하게 되므로 장기간 생육이 어렵다.
④ 식물은 약한 광선에서 양호한 생육을 하는 것을 음생식물이라고 하며 대부분의 열대산 관엽식물이 이에 속한다.
⑤ 강광 하에서 잘 생육하는 것을 양생식물 이라고 하며 잎이 비교적 두껍고 좁으며 많고 꽃을 관상하는 온대성 식물이 이에 속한다.

음생식물	양생식물
야자류, 드라세나, 디펜바키아 등의 천남성과 식물, 산세베리아, 마란타, 헤데라, 아스파라거스, 베고니아, 글록시니아 등	국화, 맨드라미, 색비름, 백일홍, 아마릴리스, 튤립, 칸나, 다알리아, 나팔꽃, 코스모스, 팬지, 카네이션, 거베라, 장미, 아게라텀, 채송화, 소나무 등

⑥ 2000~3000lux의 범위에서 하루 12~14시간 조명을 유지하며 적색광과 청색광을 혼합하여 조명하면 효과가 좋다.
⑦ 음지식물이나 열대산 관엽식물은 대부분 형광등 하에서 재배가 가능하여 실내에서 관상할 수 있다.

⑧ 광주기성 : 화훼류의 개화는 낮의 길이에 따라 촉진되기도 하고 억제되기도 한다. 밤의 길이에 반대되는 낮의 길이를 기준으로 이것을 일장효과 또는 광주기성이라고 한다.
⑨ 한계일장 : 화훼류는 식물체마다 개화하는데 필요한 일장이 있는데 이것을 한계일장이라고 한다.
⑩ 대부분의 식물들은 일장(낮의 길이)에 따라 개화반응을 달리하며 한계일장보다 일장이 긴 상태(봄부터 여름에 걸쳐)에서 꽃이 피는 식물을 장일성식물, 한계일장보다 일장이 짧은 상태에서 꽃이 피는 식물을 단일성식물, 일장과는 관계없이 꽃을 피우는 식물을 중일성식물이라고 한다.

장일식물	스톡, 수레국화, 아이리스, 페튜니아, 데이지, 금어초, 과꽃, 금잔화, 플록스, 카네이션, 철쭉 등
단일식물	국화, 달리아, 샐비어, 칼랑코에, 시네라리아, 포인세티아, 맨드라미, 코스모스, 나팔꽃 등
중성식물	팬지, 베고니아, 튤립, 장미, 시클라멘, 제라니움, 수국, 조팝나무 등

⑪ 일장을 이용한 차광재배(촉성재배)
 • 차광재배는 자연일장이 긴 계절에 식물을 암막으로 덮어서 암기의 길이를 길게 하는 방법으로 단일성 식물의 꽃눈을 형성시켜 개화를 촉진시킬 때 사용한다.
 • 국화, 포인세티아, 칼랑코에 등의 차광재배를 통해 촉성재배 시킬 수 있다.
 • 가을 국화를 7~8월에 개화시키고자 할 때 이용하는 방법이다.
⑫ 일장을 이용한 전조재배
 • 일장이 짧은 가을에서 겨울에 단일성 식물의 개화를 억제시키거나 장일성 식물의 개화를 촉진시키기 위해서 자연일장에 보광을 하여 사용하는 방법이다.
 • 국화와 같은 단일성 식물의 경우에 전조재배를 하면 개화시기를 늦추는 억제재배가 될 수 있다.
 • 금어초와 같은 장일성 식물의 경우에는 개화시기를 앞당기는 촉성재배가 될 수 있다.
⑬ 식물의 일장 반응에 있어 야간 동안에 광을 쬐어주면 긴 밤의 효과가 없어진다. 이때 야간 동안에 광처리를 해주는 것을 광중단이라고 하며 단일식물에 있어 광중단의 효과가 있다.

2) 온도
① 대부분의 식물은 생육이 가능한 온도 범위에서는 온도가 높을수록 생육이 빨라진다.
② 식물의 생육 적온은 대체로 원산지의 기온과 관련이 있어 온대 및 한대지방을 원산으로 하는 식물은 서늘한 기후를 좋아하고 열대나 아열대성 원산의 식물은 고온의 조건에서 잘 자란다.
③ 열대 및 아열대성 관엽식물은 16~21℃에서 관리한다.
④ 밤의 온도가 너무 높으면 호흡 속도가 빨라져 양분이 과다 소모되므로 낮과 밤의 온도차를 5~10℃로 해주는 것이 좋다.
⑤ 생육의 초기에는 온도를 높게 유지하여 영양생장을 촉진하고 후기에는 온도를 비교적 낮게 관리하여 화아 분화 및 개화, 결실 등의 생식생장을 촉진시켜 주는 것이 좋다.

3) 습도
　① 열대지역 원산의 식물은 공기 중의 높은 습도를 요구하고 선인장과 다육식물, 담쟁이덩굴 등은 건조한 공기조건에서 잘 자란다.
　② 대부분의 분화류는 50~60%의 상대습도 하에서 유지할 수 있다.
　③ 공기 중의 상대습도는 일정 공간 내에 존재하는 식물의 수에 비례하여 증가한다.
4) 수분
　① 수생식물
　　• 연못 같은 곳에서 자라는 식물로 뿌리가 수중 토양으로 뻗어 있고 산소나 이산화탄소 등 생장에 필요한 기체의 교환을 위해 엽병과 뿌리에 통기조직이 발달하였다.
　　• 부레옥잠, 연꽃, 수련, 워터레터스 등이 있다.
　② 습생식물
　　• 줄기에 통기조직이 발달되어 있어 비교적 습한 조건에서 잘 자라며, 물가, 습지에서 생육하는 식물이다.
　　• 천남성과 식물, 실내 잎보기 식물, 꽃창포, 억새 등이 있다.
　③ 중생식물
　　• 뿌리가 잘 발달되어 있어 수분의 흡수 능력이 뛰어나며 대부분의 원예식물을 말한다.
　④ 건생식물
　　• 사막이나 건조한 토양에서 잘 자라는 식물이다.
　　• 체내에 저수조식이 잘 발달되어 건조에 잘 견딘다.
　　• 용설란, 알로에, 유카, 꽃 기린 등의 다육식물이 속한다.
　　• 부채선인장, 고슴도치선인장, 기둥선인장, 공작선인장 등이 속한다.
5) 비료
　① 식물의 종류에 따라서 비료를 요구하는 양과 성분이 다르다.
　② 광도나 온도가 높을 때에는 낮을 때보다 많은 비료 성분을 흡수한다.
　③ 비료 성분을 비교적 많이 요구하는 식물을 다비성 식물, 그와 반대 되는 식물을 저비성 식물이라고 한다.

저비성 식물	아잘레아, 카틀레아, 프리뮬러, 아스파라거스 플루모서스, 동백, 글라디올러스 등
다비성 식물	수국, 카네이션, 국화, 라넌큘러스, 아스파라거스 스프링겔리 등

　④ 식물의 생육에 없어서는 안 될 16가지 필수원소(Essential element)중 탄소(C), 수소(H), 산소(O)는 물과 공기 중에서 무한히 공급받을 수 있으므로 비료의 성분에 포함하지 않는다.
　⑤ 비료의 3대 요소로 질소(N), 인산(P), 칼리(K)가 있으며 칼슘(Ca), 황(S), 마그네슘(Mg)은 다량원소(Macroelement)라고 한다.
　　• 질소(N)
　　　- 잎의 비료라고도 하며 잎이 자라는데 많이 이용된다.
　　　- 식물체의 주요물질인 아미노산 핵산 엽록체 효소 등의 구성 성분이다.

- 세포분열, 세포증대에 중요한 성분으로 잎의 색을 진하게, 줄기나 잎을 무성하게하고 광합성도 활발하게 한다.
• 인산(P)
- 꽃, 열매, 종자의 비료이며 탄수화물과 화합물을 형성하여 다른 물질로 쉽게 변화되는 데 이용된다.
- 줄기 선단부 유관속의 형성층에 많으며, 세포핵에 있는 핵산, 꽃, 과실, 종자의 저장물 질인 인지질, 인단백질의 형태로 존재한다.
- 장미와 카네이션 등의 절화류에서 많이 이용된다.
• 칼륨(K)
- 줄기의 비료이며 식물체내의 탄수화물, 단백질의 합성, 축적시키는데 영향을 미친다.
- 결실을 촉진시키거나 줄기, 가지를 튼튼하게 하고 저항력을 높여주는 역할을 한다.
• 칼슘(Ca)
- 세포막을 튼튼하게 하고 해로운 물질의 침투를 막아주는 역할을 한다.
- 흙의 산성화 등을 막아주는 토질 개선제로 사용되기도 한다.
• 마그네슘(Mg)
- 엽록소의 중요성분이며 효소를 활성화하고 식물체내의 물질 이동에도 영향을 미친다.

• 비료의 3대요소 : 질소(N), 인산(P), 칼륨(K) • 비료의 4요소 : 질소(N), 인산(P), 칼륨(K), 칼슘(Ca)
• 비료의 5대요소 : 질소(N), 인산(P), 칼륨(K), 칼슘(Ca), 마그네슘(Mg)

⑥ 식물 생육에 필요하면서도 적은 양의 성분이 필요한 원소를 필수 미량원소(Microelement) 라 하며 염소(Cl), 철(Fe), 붕소(B), 망간(Mn), 아연(Zn), 구리(Cu), 몰리브덴(Mo)이 있다.
⑦ 토양의 pH가 5.5~7.0인 상태에서 가장 많은 종류의 양분들이 흡수 된다.
⑧ 화학비료라고도 부르는 무기질 비료와 동식물의 잔해물을 부숙시킨 것으로 만든 유기질 비료가 있다.
  • 무기질비료
    - 요소, 석회질소를 제외한 대부분의 화학비료를 의미하며 단기간 내에 효과가 나타나므 로 속효성비료이다.
    - 장기간 사용하면 토양에 염류가 과다하게 축적되어 장애, 토양산성화를 유발할 수 있다.
  • 유기질비료
    - 장기간 지속적인 효과를 주어 지효성비료라고도 하며 주로 식물체를 썩힌 식물성비료 와 어패류나 동물의 분뇨를 썩힌 동물성비료를 말한다.
    - 깻묵이나 계분 등의 좋지 않은 냄새가 많이 난다.
⑨ 엽면시비
  • 토양에 시비하지 않고 농도의 수용액을 잎에 직접 분무하는 것을 말한다.
  • 토양의 조건이 불량하거나 뿌리가 장해를 받았을 경우에 조기에 세력을 회복시키거나 생육을 촉진시키고자 하는 경우에 실시한다.
  • 미량원소의 결핍증이 나타나는 경우에 시비하면 **빠른 효과**를 볼 수 있다.

2. 화훼장식의 종류와 특성

1. 화훼장식의 종류 및 특징

(1) 꽃꽂이(Flower arrangement)

1) 동양 꽃꽂이
   ① 기원전 5세기 불교의 공화로 인도가 발생지이며 중국을 거쳐 한국을 통해 일본에서 발전하여 세계에 알려 졌다.
   ② 선과 여백을 중요시하고 정서 함양과 수양의 수단이면서 정적이고 순수 예술적 특성을 지녔다.
   ③ 천(天)·지(地)·인(人)의 삼재사상을 중심으로 세 골격을 주지로 하여 작품의 높이, 넓이, 깊이가 결정되고 나머지 공간은 부주지, 종지로 처리한다.
   ④ 주지는 길이에 따라 가장 긴 것을 1주지, 중간 것을 2주지, 가장 짧은 것을 3주지로 한다.
   ⑤ 세 주지의 표기방법, 역할, 길이정하기는 다음과 같다.

1주지	○	높이(작품의 크기)	화기높이+넓이의 1.5배~2배
2주지	□	균형(작품의 부피와 넓이)	1주지의 3/4 (2/3)
3주지	△	조화(작품의 마무리)	2주지의 3/4 (2/3)

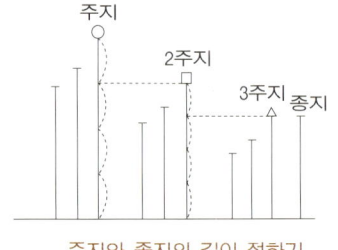 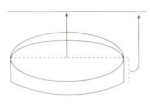  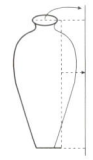 

주지와 종지의 길이 정하기   　　　　수반의 치수 재는법

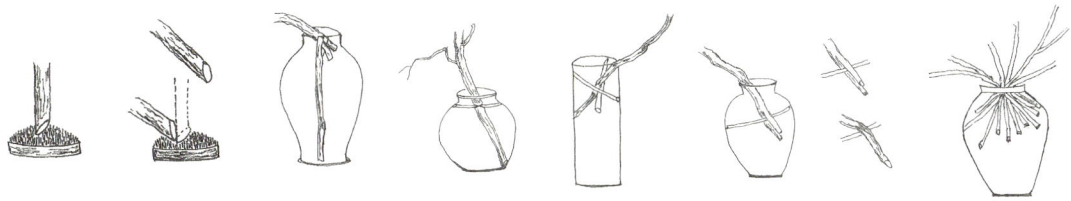

침봉 및 병꽂이 고정법

⑥ 1주지의 꽂는 위치 및 그 경사각도에 따라 몇 가지 형으로 구분된다.

직립형	1주지를 0~15° 범위 내에서 수직에 가깝게 서 있는 형태이다.
경사형	1주지가 왼쪽이나 오른쪽으로 약 45°로 기울여져 있는 형태이다.
수평형	1주지가 수평형태에 가깝게 기울여져 있는 형태이다.
하수형	1주지를 밑으로 늘어뜨려 꽂는 형태이다.

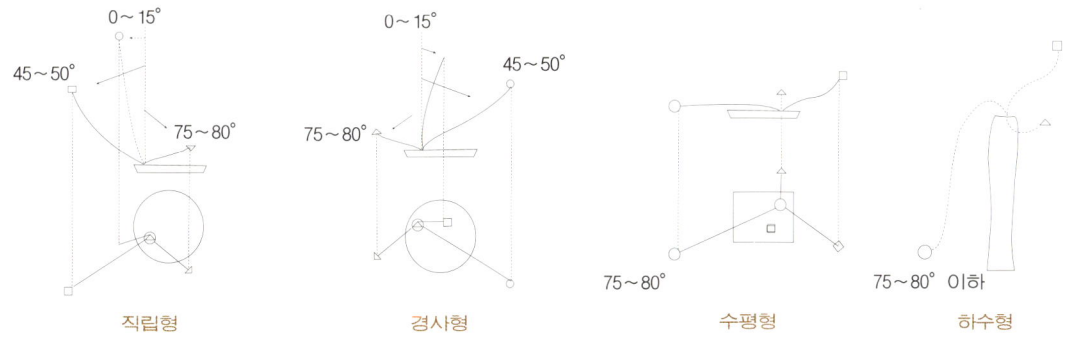

직립형　　경사형　　수평형　　하수형

⑦ 자연현상을 모방한 기본형
- 방사형 : 중심축을 중심으로 사방으로 균일하게 꽂는 형이다.
- 분리형 : 한 개의 수반 또는 두 개의 수반에 세 주지 중 한 주지가 분리된 형이다.
- 부화형 : 수반에 물을 채우고 수생식물을 띄우는 형이다.
- 형상형 : 여러 가지 공작물, 동물의 형상을 모방하여 그 형상대로 꽂는 형이다.
- 복합형 : 두 개 이상의 수반을 복합적으로 배치하여 꽂는 형이다.
- 정면화형 : 한 쪽 측면에서만 관상할 수 있도록 꽂는 형이다.

2) 서양 꽃꽂이
- 서양식 꽃꽂이는 유럽이 기원이지만 오늘날에는 유럽 각국과 미국 등지에서 계속해서 디자인을 개발, 발전시키고 있어 각 종류를 명확하게 구분 짓기는 어렵다.
- 기하학적 형태(geometric form)로 전체적인 형태를 중요시하며 화려하고 다양한 색으로 풍성한 느낌을 강조한다.
- 직업적 생활 수단, 소득 증대의 기능을 바탕으로 한 동적이며 장식화 된 생활 예술의 특성을 지녔다.
- 1950년대 이후 이론적으로 체계화시킨 클래식 스타일과 기존의 기법을 종합하거나 새로

운 것을 이론적으로 정립 중에 있는 모던 스타일로 나눌 수 있다.

> ※ 클래식 스타일
> - 유럽에서 발달한 것을 1950년대 이후 미국에서 실용적으로 체계화시킨 것으로 서양식(Western style)이라고도 한다.
> - 균형, 율동, 강조, 조화 등의 미적 표현요소 등을 감안하여 꽃을 꽂으며 주요한 골격은 직선, 매스, 곡선, 입체구성으로 이루어진다.

① 수직형(Vertical)
- 한 개의 수직선 형태로 꽃을 꽂은 형이다.
- 가장 기본적인 화형의 하나로 모든 꽃꽂이의 기초가 된다.
- 강하게 상승하는 운동감을 볼 수 있으며 위쪽으로 확장된 선을 가지고 있는 형이다.
- 넓이(가로)보다는 높이(세로)를 강조한 형이다.
- 소량의 꽃 소재로서 효과적인 표현이 가능하며 강력함과 남성적인 미감을 나타낼 수 있다.
- 대칭형 균형이 효과적이며 좁거나 천장이 높은 공간 장식에 좋다.
- 디자인 폭이 화기에서 크게 벗어나지 않도록 하는 것이 안정적이며, 좌우의 폭이 지나치게 넓어지면 마치 삼각형처럼 보여 질 수도 있다.
- 화기가 낮을 때는 촛불과 같은 등심(燈心)형과 이등변 삼각형, 화기가 높을 때는 앞 끝이 뾰족한 창끝형태로 장식하는 것이 좋다.

② 수평형(Horizontal)
- 옆으로 펼치는 형으로 중앙부분을 볼륨 있게 하고 양끝으로 가면서 작은 꽃을 사용해서 여유 있게 구성한다.
- 수직보다 수평적인 선이 강조되는 길고 나지막한 화형을 이루며 대칭형이나 비대칭형 모두 가능하다.
- 입체적인 사방화로 센터피스 장식이 많으며 원형, 타원형, 다이아몬드형의 형태가 이용되고 있다.
- 테이블의 꽃으로 구성할 때는 의자에 앉아서 상대방의 얼굴이 보이도록 낮게 꽂아준다.
- 수직(높이)과 수평(넓이)의 길이가 1:4의 비율이 적당하다.
- 시각적인 중량감에 있어 균형이 이루어져야 한다.
- 낮은 화기에 사용하는 경우에는 좌우의 선이 90°정도로 사용하지만 화기가 약간 높은 경우에는 100~120도 정도로 눕혀 꽂는 것도 좋다.

수직형

수평형

③ L자형(L-shape)
- 알파벳의 L자처럼 구성된 비대칭적인 형으로 비대칭 삼각형의 변형이라 할 수 있다.
- 장식공간에 따라서는 반대 측으로 펼쳐지는 역 L 자 스타일도 있다.
- 비교적 소량의 꽃 소재로 단조롭고 예리한 선의 표현과 강한 인상을 표현할 수 있는 것이 특징이다.
- 수직선과 수평선이 강조되어야 하지만 두선이 교차되는 부분에 볼륨이 너무 강조되지 않도록 주의해야 한다.
- 세로와 가로의 길이 비율은 4:3이나 2:1정도가 적당하며 수직보다 수평라인의 부분은 가볍게 구성하는 것이 좋다.

④ 역 T자형(Inverted - T)
- 알파벳 T를 거꾸로 뒤집어 세워 놓은 것 같은 구성으로 균형이 잘 잡힌 좌우대칭적인 형태이다.
- 가늘고 예리한 선과 단조롭고 세련된 느낌의 강한 인상을 표현할 수 있다.
- 가로와 세로의 교차하는 위치에 볼륨이 커지면 삼각형처럼 보이기 때문에 날씬한 모양으로 디자인하는 것이 좋다.

L자형

역T자형

⑤ 대각선형(Diagonal)
- 대각선형은 능형(diamond)과는 달리 면보다는 선을 강조한 형태이다.
- 전체각도와 경사에 변화를 주기 때문에 움직임과 변화가 있어 예리한 느낌을 준다.
- 수직형 두 개를 중심점에서 마름모꼴로 모아 사선으로 구성하는 형태로 대칭형과 비대칭형이 모두 가능하다.
- 마름모꼴 형태의 외곽선을 구성한 후 공간을 채워가며 대각선으로 구성한다.

대각선형

⑥ 삼각형(Triangular)
- 좌우 대칭적이고 형식적인 것으로 정삼각형과 이등변 삼각형 등으로 구성할 수 있다.

- 생동감을 나타내기 위하여 모든 꽃을 초점으로부터 방사상으로 꽂는 것이 좋다.
- 호화롭고 눈에 잘 띄기 때문에 교회나 파티장소 뿐만 아니라 어느 곳에서나 잘 어울리는 형태이다.
- 삼각형의 윤곽을 띠며 중심축을 기준으로 좌우의 거리 및 형태와 시각적 무게 비중이 같은 대칭적 균형을 이룬다.
- 중심축의 양쪽에 꼭 동일한 소재을 배치 할 필요는 없으나 양쪽의 소재들의 시각적 비중이 같아야 한다.
- 부동의 느낌, 엄숙하고 정돈된 느낌을 주며, 아름다움과 안정감을 간결하게 표현한 실용적인 느낌의 질서 있고 맵시 있는 디자인이다.
- 낮은 용기와 높은 용기 모두 잘 어울린다.
- 무게 중심축이 삼각형의 한 가운데 위치한다.

⑦ 비대칭 삼각형 (Asymmetrical Triangle)
- 대칭형과 같이 외곽선은 명확해야 하나 세 변의 길이가(3:5:8의 비율) 각각 다른 삼각형의 형태를 말한다.
- 시각상의 무게 중심이 수직축에서 벗어나 있으므로 물리적, 시각적 균형이 맞지 않으면 한쪽으로 쏟아지는 듯한 느낌을 줄 수도 있기 때문에 주의해야 한다.
- 비대칭적이고 비형식적인 것으로 부등변 삼각형이 있다.
- 부등변 삼각형은 사선에 의해 더욱 동적인 이미지가 강하며 삼각형의 각도에 따라 다양함을 표현할 수 있다.
- 동양꽃꽂이 형태에서도 많이 볼 수 있는 형태이다.
- 대칭에 비해 훨씬 부드럽고 자유로우며 자연스러운 느낌으로 색상이나 질감으로 비대칭적 균형을 표현할 수 있다.

대칭삼각형   비대칭삼각형

⑧ 원형(Round)
- 원형은 초점을 중심으로 상하좌우의 반지름이 똑같으며 서클(circle)이라고도 부른다.
- 원형(round)은 앞에서만 보는 일방화이며 입체적으로 구성한 것이 구형(ball), 구형을 반분하여 위쪽만 구성한 것이 반구형(dome)이다.
- 자칫하면 평면적이 되기 쉬우므로 중심부(focal area)를 약간 부풀려 올라오게 구성하는 것이 좋다

- 화기를 중심에 두고 앞뒤 균형에 주의해야 하며 플로랄 폼은 높게 고정시키는 것이 좋다.

⑨ 반구형(Dome)
- 대칭형 디자인이며 위에서는 원 모양, 옆면은 반구형이 되어야 한다.
- 초점은 수직축에 위치하며 모든 줄기는 초점을 향해야 한다.
- 구형(ball)을 상하로 자른 형으로 높이와 반지름의 길이가 같아야 하나 높이를 반지름보다도 약간 길게 하는 것이 시각적으로 아름답게 보이게 한다.
- 테이블 센터피스에 많이 이용되는데, 식탁장식용 꽃은 꽃잎이 떨어지기 쉬운 것이나 향기가 강한 것은 피하는 것이 좋다.
- 형태가 단순하므로 대비를 이룰 수 있는 소재나 색상으로 변화를 주는 것이 좋다.
- 화기를 이용한 디자인, 핸드타이드 부케, 신부부케 등 많은 분야에서 이용되고 있다.

⑩ 구형(Ball)
- 공중걸이 등 입체적인 디자인과 상업공간에서 많이 사용되는 디자인이다.
- 용기 대신 둥근 공 모양의 플로랄 폼에 꽃을 꽂아 이용하는 경우가 많다.
- 중심축을 기준으로 좌우 대칭의 균형을 이루며 모든 줄기는 하나의 초점으로부터 방사형으로 뻗어 나온다.
- 끊임없는 순환과 회전의 운동감을 느끼게 하며 사방으로 확산되는 방사적인 힘에 의해 완전함의 이미지도 지닌다.
- 상황에 따라서 흐르는 소재로 악센트를 주기도 하며 플로랄 폼을 스프레이 하여 적시면 매달았을 경우 물이 흐르지 않아서 좋다.

반구형　　　　　　　구형

⑪ 부채형(Fan shape)
- 모든 줄기는 하나의 초점으로부터 방사형으로 크게 뻗어가는 스케일이 큰 구성이다.
- 라인플라워로 펼쳐놓은 부채형의 골격을 이루도록 구성하고 비교적 소량의 꽃으로 화려한 느낌을 나타낼 수 있다.
- 밑변의 반지름과 높이가 같은 반원이 아니고 시각적으로 높이를 약간 길게 하는 것이 좋다(반지름과 높이의 비율 1:1.4).
- 중심부에는 어두운색의 큰 꽃이 가장자리에는 밝은 색의 작은 꽃을 사용하면 안정적으로 보여 지며 넓은 공간을 장식할 때 잘 어울리는 형이다.

부채형

- 좌우 대칭형 구성이 대부분이며 삼면 디자인이 많이 사용되며 전체의 라인은 규칙적으로 반복된다.
- 평면으로 보이기 쉬우므로 입체감을 나타내도록 하고 각도는 약간 뒤로 기우는 것이 좋다.

⑫ 초승달형(Crescent)
- 원형에서 변형된 디자인으로 달이 기울어 4분의 1만 남아있는 형태와 비슷하며 알파벳 C 모양과도 비슷하다.
- 세련된 곡선적 구성으로 신비적인 미감과 힘을 나타내는 것이 특징이다.
- 바로크시대에 많이 이용되었던 형태로 화려하면서 부드러운 느낌을 준다.
- 자연스러운 디자인을 위해서는 소재들도 부드러운 곡선을 가진 것들을 사용하는 것이 좋다.
- 대부분 비대칭 구성으로 3:5:8의 황금 비율을 사용하면 아름다운 형태를 만들 수 있다.
- 초승달이 거꾸로 된 모양을 만들 수 있으므로 화기 선택에 유의해야 한다.

⑬ S자형 (S-shape, S-Curve, Hogarth style)
- 바로크 시대에 유행하던 형태로 초승달의 포인트로부터 밑 부분을 역으로 꽂으며 우아한 분위기를 나타내는 디자인이다.
- 18세기 화가 William Hogarth(1697~1776)가 자연의 선중에서 S자에 현혹되어 많은 작품 속에 삽입시킨 것으로 호가스 라인(Hogarth line)이라고도 한다.
- 아름답고 세련된 느낌의 부드러운 곡선을 살린 것이 특징이며 곡선미와 율동감을 나타내기 위해 부드럽고 유연성이 좋은 소재가 효과적이다.
- 중심에서 가장 자리로 갈수록 부드럽고 가벼운 소재를 사용하는 것이 자연스러운 S자형을 만드는 방법이다.
- 플로랄 폼을 높게 구성하고 용기는 높은 것을 사용하는 것이 좋다.
- 중심축을 기준으로 양쪽의 길이가 다르게 구성되는 경우가 많다.
- 초점은 디자인의 중심부에 있으며 모든 줄기는 초점으로부터 방사형으로 뻗어 나와야 한다.
- S자형에는 비스듬히 눕힌 형과 비스듬히 세운 형, 곧바로 세운 형이 있다.
- 평면적인 S형이 테이블 장식에 이용되기도 한다.

초승달형

S자형

⑭ 타원형(Oval)
- 계란형(egg shape) 또는 오벌 라운드(oval round)라고도 하며 원형의 변형이라 할 수 있다.
- 장대하고 웅장하며 화려하고 무게 있는 느낌을 주는 것이 특징이다.
- 타원형은 상하로 길게, 초점을 중심으로 상하좌우가 대칭을 이루어야 하나 플라워 디자인에서는 하부가 비대한 계란형으로 구성한다.
- 대칭구성이며 원형에 비해 좀 더 세련된 이미지를 얻을 수 있다.
- 꽃의 종류가 많으면 많을수록 변화가 있어 보이는 형으로 꽃의 화려한 집단미를 나타낼 때 많이 꽂는 형이다.
- 전체의 중심에서 약간 아래 지점에 포컬 포인트가 위치하는 것이 좋다.
- 플로랄 폼은 높게 고정해야 하며 화기는 높은 것을 사용해야 아래쪽 형태를 표현하기 편리하다.

⑮ 사각형(Square)
- 직선으로 둘러싸인 4개의 각을 가진 사각 형태로서 직사각형, 정사각형, 옆으로 긴 사각형, 마름모, 다이아몬드 등 다양하다.
- 선보다는 면을 강조한 고전적 형태로 중후한 느낌과 안정감을 준다.
- 포컬 포인트는 네 선이 만나는 지점이지만 보는 이의 눈높이나 놓이는 곳에 따라 조금씩 변할 수 있다.
- 세우는 직사각 형태는 수직형으로 혼동되기 쉬우므로 네 점과 외곽선을 명확히 한다.

타원형

사각형

⑯ 원추형(Cone)
- 비잔틴시대의 건축양식에서 고안된 것으로 전통적이고 웅장한 느낌과 넓은 공간을 장식할 경우 분위기를 압도하는 강한 이미지를 가지고 있다.
- 비잔틴 콘(byzantine cone), 아이스크림 콘(ice cream cone)이라고도 부른다.
- 원추형은 반구형의 중심 끝 부분을 위로 높게 끌어 올린 입체적 올 라운드형이므로 어느 방향에서 보나 정면이 되며 끝선은 예리하여야 한다.
- 좌우의 시각적 비중이 같은 대칭적 균형을 이룬다.
- 중량감이 있기 때문에 장엄한 분위기, 교회장식 등 큰 공간에 적당한 형이다.
- 수평은 높이의 1/4정도가 안정적이며 어느 정도 높이를 강조하는 것이 더욱 아름답다.

⑰ 삼각추형(Pyramid)
- 삼각형을 입체감 있게 구성한 형태이며 원추형에 가까운 형이다.
- 삼각추형의 윤곽이 날씬하고 세련된 느낌을 주는 것이 특징이며 삼각추형의 외곽선 밖으로 꽃이 나오지 않도록 구성하여야 한다.
- 세 개의 L자형이 등을 맞대고 조합된 형태로 삼면이 모두 삼각추형이 되도록 높이와 넓이가 같아야 한다.
- 폭은 높이의 1/3정도의 길이가 좋으며 수평선은 화기 입구보다 아래로 떨어지게 구성한다.
- 포컬 포인트는 각 면마다 배치하여 3개가 되며 플로랄 폼은 높게 고정하는 것이 좋다.

원추형

삼각추형

⑱ 자연줄기형(Spray)
- 선물용 꽃다발을 화기 위에다 올려놓은 것 같이 자연 줄기를 살려서 구성한 형태이다.
- 꽃과 줄기를 분리하여 따로 꽂되 모든 꽃과 줄기가 같은 기점에서 나온 것처럼 기구상의 초점(mechanical point)이 연속되게 구성한 것이 특징이다.
- 일반적으로 낮은 화기에는 입체적 구성을, 높은 화기일 경우에는 대칭적인 3각형 형태의 평면적 구성이 좋다.

자연줄기형

⑲ 프리디자인(Free design)
- 기본형을 응용한 것으로 디자이너의 독자적인 디자인으로 구성되는 것이며 플라워 디자인의 가능성을 실험함과 동시에 디자이너가 구상하는 독창적인 방법에 이용되기도 한다.

※ 모던스타일
- 유럽을 중심으로 식물은 자연 속에 있는 그대로의 모습으로 장식되어야 한다는 주장들이 제기되어 자연에 충실한 베지터티브(vegetative)라는 양식이 탄생되어 인기를 얻고 있다.
- 꽃으로 추구할 수 있는 조형적 가능성에 대한 도전으로 새로운 형태의 장식법이 개발되고 있다.
- 대표적인 것에는 유럽에서 전통적으로 행해져 왔거나 최근에 개발된 유러피언 스타일과 미국에서 개발된 실험적 디자인 양식이 있는데, 대부분 완전한 이론 정립은 되어 있지 않은 상태이다.
- 모던 스타일은 크게 전통적인 디자인, 자연적인 디자인, 선형 디자인 양식으로 나눌 수 있다.

① 전통적인 디자인양식
- 비더마이어(Biedermeier)
    - 1815~1848년 독일과 오스트리아 전통주의와 낭만적 풍요로움의 시기에 시작된 로맨틱한 형태이다.
    - 모든 소재를 빈 공간 없이 빽빽하게 구성하며 반구형과 원추형으로 만들 수 있다.
    - 끝점에서 동심원형이나 나선형으로 내려오면서 같은 종류의 꽃을 모아 배열 하는 치밀한 양식이다.
    - 열매나 과일을 함께 사용하기도 하고 질감을 달리하여 이용하면 더욱 돋보인다.
    - 선적인 소재보다는 둥근 형태나 작은 꽃 종류, 과일 등을 촘촘하게 사용하는 것이 효과적이다.
- 밀레 드 플레르(Mille de fleur)
    - 19C 중반 낭만주의를 대표하며 '수천송이의 꽃'이라는 의미를 가진 것으로 다양한 종류와 다양한 색의 꽃들을 사용해 풍성한 느낌을 준다.
    - 꽃의 크기보다는 여러 가지 각기 다른 꽃들의 형태와 재질, 색의 특성을 나타내는 스타일이다.
    - 모양은 둥근형이 일반적이지만 삼각, 사각, 부채, 타원형도 있다.

비더마이어   밀레드플레르

- 워터 폴(Water fall)
    - 폭포가 쏟아지는 형태의 디자인으로 모든 소재들이 화기의 뒤쪽에서 흘러나온 것처럼 구성한다.
    - 다양한 소재들을 겹겹이 얹어 부피감을 만들며 가벼운 소재, 곡선의 형태를 지닌 소재

- 를 사용하는 것이 좋다.
  - 화기는 폭이 좁고 높은 것이 좋으며 플로랄 폼은 매우 높게 그리고 단단히 고정한다.
  - 전체의 길이와 부피의 비율은 원형 지름의 3배 이상이 안정적으로 보인다.
  - 무게중심이 맞지 않으면 앞으로 기우는 현상이 나타나므로 화기의 뒷부분에 무게를 줄 수 있게 구성한다.
- 플레미시(Flemish)
  - 다양한 꽃과 잎, 과일이나 채소를 밀집되게 장식한 형태이다.
  - 17세기 네덜란드와 벨기에 화가들의 그림에서 보이는 양식으로 수많은 종류의 꽃들을 하나의 화기에 사용한 것이다.
  - 재료의 통일성이나 식물의 생태성을 완전히 무시하고 꽃 이외에 구근식물과 과일 등을 같이 사용하며 액세서리도 섞어 꽂는다.
- 피닉스(Phoenix)
  - 이집트 사막의 신화적인 불사조라는 새의 이름을 따서 만들어진 디자인이다.
  - 영생과 부활의 희망을 상징하고 있으며 돌출부는 불사조가 부활하여 살아 오름을 형상화하는 것이다.
  - 꽃들을 플로랄 베이스에 원형으로 빽빽이 꽂은 다음 중앙에 분수가 솟는 것처럼 꽂은 모양이다.
  - 먼저 수직적인 소재를 배치한 후 거의 공간이 없게 원형을 구성한다.

폭포형

피닉스형

② 자연적인 디자인 양식

- 보태니컬(Botanical)
  - 식물이 생장하는 과정과 구조 및 개체에 대한 관찰을 묘사한 것으로 식물 생명주기의 각 부분들을 위주로 하여 봉오리와 꽃망울, 줄기와 잎, 뿌리, 낙화 등의 식물 일대기를 표현하는 디자인이다.
  - 식생적인 구성의 디자인으로 계절의 특징을 잘 나타낼 수 있다.
  - 플로랄 폼은 화기보다 낮게 고정하고 이끼나 돌, 모래, 작은 나뭇가지를 이용하여 베이싱처리하는 것이 효과적이다.
- 래디얼 베지터티브(Radial vegetative)
  - 곧게 자란 꽃들은 곧게 사용하고 무리를 이룬 꽃들은 무리를 지어 장식하되, 전체적으

로는 방사형의 양식으로 꽃과 식물 소재들이 자연에서 우연히 발견된 것처럼 표현하는 것이다.
- 비대칭형이며 하나의 생장점으로부터 나오게 디자인한다.
- 패러렐 베지터티브(Parallel vegetative)
  - 자연 상태에서 자라고 있는 꽃이나 식물의 모습을 병렬형으로 표현하는 양식이다.
  - 대부분 비대칭적이며 복수의 생장점을 가지고 있어야 하고 그룹과 그룹 사이 공간의 높낮이가 자연스럽게 이루어지도록 한다.
- 랜드 스케이프(Landscape)
  - 정원을 축소한 듯이 자연과 가깝게 정원의 전경을 보듯 구성하는 양식이다.
  - 나무가 서있는 듯한 모습(병행 구성), 모여 있는 모습(그루핑)을 많이 이용한다.
  - 색과 형태의 조화를 고려하여 그루핑 하는 것이 좋다.
  - 돌, 나무껍질 그 밖의 자연 소재들을 이용하여 자연에서 발견된 것처럼 표현하는 것도 좋다.

보태니컬   베지터티브   랜드스케이프

③ 선형의 디자인 양식
- 웨스턴 라인(Western line)
  웨스턴 라인양식은 안락한 L자형 디자인이다.
- 패러렐 시스템(Parallel system)
  - 같은 소재를 간격을 두면서 수직으로 장식하는 양식이다.
  - 사선을 포함하여 수직과 수평의 형태가 있으며 음성적 공간을 가지고 있는 2개 이상의 병행 디자인으로 유지하여야 한다.
- 새로운 양식(New convention)
  - 뉴 컨벤션은 L자형에 기초를 둔 형으로 직각이나 수직을 결합한 양식이다.
  - 식생적 병행구성의 변형된 형태로 한 작품에서 수직선과 수평선이 동시에 강조 된 디자인으로 수직적인 그룹이 더욱 강조되는 것이 좋다.
  - 수직 그룹과 수평 그룹은 직각이 되도록 구성하며 같은 그룹 내의 소재들도 높낮이를 다르게 구성한다.
  - 수직적 그룹과 수평적인 그룹 사이에 음성적 공간이 있어야 한다.
- 포멀 리니어 (Formal linear)

- 수직, 수평, 곡선을 모두 이용하며 디자인의 중심은 명확한 선들로 강조되어야 한다.
- 비대칭적인 균형을 이루도록 한 디자인이다.
- 본질적인 음성적 공간을 필수적으로 하며 선과 형이 우세하게 표현되어야 한다.
- 형, 비율, 율동감도 선형적 디자인에서 없어서는 안 될 원칙들이다.
- 형태와 선, 색상과 질감의 대조를 위해 비슷한 소재는 그룹핑하고 인접한 소재는 대조가 되도록 한다.

패럴렐 – 장식적 　　패럴렐 – 식생적 　　뉴컨벤션 　　선형적

④ 실험적인 디자인 양식

　실험적인 디자인 양식은 비교적 최근에 시도되고 있는 것으로 대부분 완전한 이론 정립은 되어 있지 않다.

- 필로잉(Pillowing)
  - 언덕이나 계곡 풍경을 표현한 것으로 작은 꽃들을 무리지어 꽂아 언덕이나 구름 또는 베개와 같은 모양이 되도록 한 것이다.
  - 각각의 작은 덩어리를 서로 다른 점에서 시작한다.
- 뉴 웨이브(New wave)
  - 소재 사용의 비제약성, 탈 양식화 등 자유분방한 양식을 추구하는 디자인으로 특히 소재의 자연적인 요소를 반영하지 않는 것이 큰 특징이다.
  - 1960년경에 시작된 프랑스 영화계의 새로운 경향의 호칭으로 소재의 변경이나 새로운 개발, 예기치 않는 방법 등으로 제작하는 새롭고 실험적인 경향이나 움직임 등을 말한다.
  - 화훼장식에서는 잎들을 이상한 색상으로 칠하거나 접착제를 사용하거나 다른 방법으로 처리하여 꽃, 잎 여러 가지 소재를 독특하고 색다른 구성으로 표현한다.
  - 서로 충돌하고 대립되는 선이나 색상 그리고 기하학적인 모양을 함께 혼합시킨다.
  - 균형은 개방적인 균형에 속한다.
- 업스트랙트(Abstract)
  - 자유형으로 색과 모양 그리고 질감을 강조하는 것으로 틀에 얽매이지 않으면서 진보적이고 기계적인 기법에 초점을 맞춘 디자인이다.
  - 비사실적이고 추상적이며 색상, 질감 등을 강조하고 작가의 상상력과 의도가 확실하게 나타난다.

- 금속이나, 유리, 거울 등 식물 외의 물질을 사용하기도 한다.
- 파베(Pave)
  - 프랑스어에서 유래된 것으로 보석장식에서 흔하게 사용되는 디자인 방법으로 작은 보석들을 빈 공간이 없도록 촘촘히 위치해 놓은 것을 말한다.
  - 꽃, 잎, 이끼, 옥수수 등의 소재들을 이용해 장식의 베이스(화기 또는 플로랄 폼)가 완전히 감추어지도록 빽빽하게 모아 구성하는 양식이다.
  - 같은 소재끼리 모아서 사용하며 종류별로 높이가 다르게 구성하는 것이 좋다.

추상적

파베

3) 독일 · 유러피언 꽃꽂이
  ① 과거의 전통적인 형태로부터 벗어나고자 하는 독일의 플리리스트들의 생각과 제작과정에서 1950년대부터 발생한 스타일이다.
  ② 인위적인 기하학적 방법과는 달리 자연적인 꽃의 개성이나 표정, 특징 등을 살려서 구성하는 것이 특징이다.
  ③ 꽃 소재의 분류방법으로부터 구성방법 등이 미국을 중심으로 한 전통적인 웨스턴 스타일과는 여러모로 다르다.
  ④ 유러피언스타일의 구성방법에는 장식적 구성, 구조적구성, 식생적 구성, 형태적 · 선적구성, 병행적 구성, 오브제적 구성, 결합적 구성, 실험적 구성이 있다.

(2) 꽃바구니(Flower basket)

1) 꽃을 바구니에 꽂아 이용한 것은 고대시대부터이다.
2) 종교적인 목적으로 사용하는 것이 일반적이었으며 과일이나 건조화를 함께 이용했었다.
3) 1953년 흡수성 플로랄 폼의 상품화로 생화를 장식하는 화기로서 활성화되었다.
4) 주로 선물용으로 이동이 용이하며 상업성이 높다.
5) 축하용, 애도용, 과일바구니 등 여러 행사에 사용된다.
6) 바구니의 크기, 형태, 색 등을 장식 목적에 맞추어 선택해야 한다.
7) 바구니 속에 플로랄 폼의 물이 새지 않도록 주의해야 한다.
8) 꽃바구니의 이동시 너무 무겁지 않게 무게를 조절해야 한다.
9) 바구니가 깊을 때는 신문지 등으로 깊이를 조절해 주는 것이 좋다.
10) 플로랄 폼이 바구니 안에서 움직이지 않도록 철사나 방수테이프 등을 이용해서 고정한다.

꽃바구니의 종류

(3) 꽃다발(Bouquet)

1) 꽃다발(bouquet)은 프랑스어로 '꽃이나 향이 있는 풀들의 묶음'을 의미하며 독일어로는 슈트라우스(strauss)라고 하는데 '가득 차 넘친다'는 뜻이다.
2) 이집트왕조의 무덤에서부터 흔적을 발견할 수 있으며 영국 조지안 시대에는 장식적 역할보다는 기능적인 역할이 더 컸다.
3) 사람들이 몸에서 나는 악취를 막고 질병이나 액운을 막아 줄 것이라는 생각에 꽃다발을 들기 시작했다.
4) 19세기 말 빅토리안 시대에는 질병 방지라는 단순한 의미 외에 청혼의 메시지로 발전하여 사용되었으며 결혼식 신부부케로 발전되었다.
5) 그 외에도 장례나 결혼식 등 각종 행사에도 꽃다발을 사용하였으며 최근에는 상업적으로 가장 보편적인 꽃장식의 형태이기도 하다.
6) 꽃다발을 만드는 기술에 따라 다음과 같이 나눌 수 있다.

  ① 번치부케(Bunch bouquet)
  - 생산자들이 시장에 꽃을 출하하기 위해 몇 본의 줄기를 정리하여 함께 묶어 놓은 것을 말한다.
  - 만들기가 간단하고 장식 기술이 필요하지 않고 모양도 단순하다.

  ② 캐주얼 부케(Casual bouquet)
  - 번치 부케에 몇 종류의 꽃이 더 포함되고 절엽과 절지도 첨가한 꽃다발이다.
  - 증정용 부케라고도 하며 한쪽 방향에서만 감상할 수 있고 일반적으로 삼각형의 형태가 많다.
  - 재료를 긴 것부터 단계적으로 아래로 쌓으며 형태를 만든다.

  ③ 핸드타이드 부케(Handtied bouquet)
  - 꽃의 자연 줄기 그대로를 사용하여 묶는다.
  - 다양한 소재를 배열한 뒤 줄기 부분을 묶고 꽃 부분과 줄기 끝 부분이 펼쳐지는 형태이다.
  - 꽃다발을 한 손으로 편하게 잡을 수 있도록 묶여져 있다고 해서 붙여진 이름이다.
  - 각각의 꽃과 소재 들이 입체적인 공간을 차지하여 아름다움을 나타내고 사방에서 관상할 수 있으며 소재의 양도 조절할 수 있다.

※ 핸드타이드 부케의 줄기 배열방법
- 나선형(spiral)
  - 모든 줄기는 나선형(spiral)으로 움직여야 한다.
  - 한 방향으로 사선이 되도록 계속 끝까지 돌려가며 제작하는 방법이다.
  - 대부분 바인딩 포인트가 하나이며 묶는 점 아래에는 잎이나 불순물이 붙어 있어서는 안 된다.
  - 바인딩 포인트는 단단히 묶어서 꽃이 움직이지 않도록 하되 줄기가 상하지 않도록 주의한다.
  - 줄기의 끝부분은 반드시 사선으로 잘라져 있어야 한다.
  - 줄기의 끝부분은 물속에 잠길 수 있도록 길이가 어느 정도는 일정해야 한다.
- 병행(parallel)
  - 기본적인 조건은 나선형 꽃다발과 같으며 바인딩 포인트가 1개 이상인 경우도 있다.
  - 모든 줄기를 수직이 되도록 직선으로 구성하는 방법으로 이집트 스타일의 부케가 대표적이다.
  - 바인딩 포인트가 장식적인 경우가 많기 때문에 그 부분이 보이는 화기를 선택하는 것이 좋다.
  - 바인딩 포인트가 여러 개로 바인딩의 소재의 색상, 간격, 굵기 등을 디자인 할 수 있다.
  - 디자인 원칙의 규칙적, 불규칙적 리듬을 적용할 수 있다.

7) 꽃다발의 디자인 형태
  ① 장식적(Decorative)
  - 대부분 대칭으로 구성되지만 비대칭형도 가능하다.
  - 풍만하고 풍부한 느낌과 화려함이 대표적 특징이다.
  - 소재들은 크기와 운동성이 다른 것을 높낮이를 주어 깊이감 있게 배치한다.
  - 많은 꽃을 배열하더라도 하나의 식물이 필요로 하는 기본 공간은 확보되어야 한다.
  - 선의 고유한 특징을 잘 조화시키고 가장자리는 늘어지거나 굽어진 식물을 배치한다.
  - 전체높이가 8, 묶는 점에서 윗부분을 5, 아래부분을 3으로 8:5:3의 균형이 안정적이다.
  - 다양한 종류의 꽃과 색상이 필요하다.
  ② 구조적(Structure)
  - 대칭, 비대칭 구성이 모두 가능하다.
  - 구조물은 만들고자 하는 꽃다발과 형태상의 통일성이 있어야 한다.
  - 구조물 밖으로 소재가 너무 많이 나오거나 구조물의 운동성을 방해해서는 안 된다.
  - 구조물이 대칭으로 만들어져도 소재는 비대칭으로 들어갈 수 있다.
  - 충분한 공간을 주어 투명 감을 주는 것도 좋다.
  - Structure란 선, 면, 표면의 질감 등의 구조를 대조적으로 보여주는 것이다.
  - 소재의 구성은 높낮이의 차이가 있는 것이 좋다.
  - 표면구조를 돋보이게 하는데 색이 사용되는 것이 좋고 색이 집중되거나 균형이 깨지지 않도록 조심해야한다.
  ③ 비더마이어(Biedermeier)
  - 형태는 반구형, 원추형으로 제작할 수 있다.
  - 빽빽한 구성으로 공간이 전혀 없고 꽃의 얼굴이 밀집되도록 한다.

- 대칭으로 구성하는 것이 일반적이며 포컬 포인트는 가장 중심에 위치하게 된다.
- 같은 종류의 소재로 띠처럼 사용하기도 하고 여러 가지 소재를 혼합해서 사용하기도 한다.
- 소재의 질감과 형태, 색을 분류하여 구성하면 더욱 돋보인다.

④ 선- 형적 (Formal-liner)
- 선과 형을 강조한 비대칭적 꽃다발 형태이다.
- 비대칭으로 작업되어도 시각적 균형을 깨뜨려서는 안 된다.
- 소재의 선택이 중요하며 평범한 소재 보다는 특수한 형태를 가진 소재가 좋다.
- 적은 양의 소재로 구성되기 때문에 최대의 효과를 만들어 내야 한다.
- 음화적인 공간(negative space)으로 꽃들의 개성이 더욱 돋보이게 한다.
- 소재의 고유한 운동성과 방향성을 고려해서 선과 형을 잘 나타내야 한다.

⑤ 증정용(Presentation)
- 자연 줄기를 그대로 길게 처리해 사용하는 디자인이다.
- 신부가 사용하는 암 부케(arm bouquet)이외에도 선물용이나 행사용으로도 많이 사용된다.
- 뒷면은 평면으로 처리하며 줄기에 가시가 있거나 날카로운 것 등, 팔에 상처를 줄 수 있는 것은 사용을 자재한다.
- 줄기의 배열은 나선형, 병렬형 모두 가능하다.
- 꽃다발 전체의 1/3 ~ 1/4 의 부분을 리본이나 장식용 재료로 묶어 사용한다.

⑥ 병행(Parallel)
- 수평, 사선, 수직형 모두 제작 가능하다.
- 바인딩 포인트는 하나 또는 여러 개 일 수 있다.
- 바인딩 포인트가 장식적인 경우가 많기 때문에 특성을 살려줄 수 있는 화기를 선택하는 것이 좋다.

| 장식적 | 구조적 | 비더마이어 | 선형적 | 증정용 |

꽃다발의 종류

(4) 신부부케(Bridal bouquet)

1) 웨딩부케(wedding bouquet)로 결혼식 때 신부가 드는 꽃다발이다.
2) 그리스의 신부들은 영원한 사랑의 약속으로 아이비를, 로마의 신부들은 순종의 의미로 풀을 들었다.
3) 우리나라는 1890년경 선교사들에 의해 주관된 신식 결혼식에서 사용된 것으로 추정된다.

4) 들꽃이나 국화 등을 이용한 캐주얼 부케 형태로 만들어져 이용되어오다 1960년대 이후 본격적으로 발전하여 현재와 같은 웨딩 부케가 이용되고 있다.

> ※ **신부부케 제작 시 주의사항**
> - 신부의 개성과 특징, 드레스의 색상과 스타일, 취향, 계절적 감각을 고려하는 것이 좋다.
> - 시간, 장소, 사용 목적을 정확히 파악하고 꽃 소재를 선정하는 것이 좋다.
> - 예식이 끝날 때 까지 신선하고 흐트러짐이 없어야 한다.
> - 제작은 가능한 단시간에 구성하는 것이 좋다.
> - 드레스를 더럽히거나 신체에 손상을 입히면 안 된다.
> - 손잡이는 신부가 잡기 편해야 하며 깨끗하고 안전하게 마무리한다.
> - 가능한 한 견고하면서 아름답게, 들기 쉽고 가볍게 처리하는 것이 좋다.
> - 손에 들었을 때 전후좌우 무게의 균형이 잘 맞아야 한다.

5) 사용 목적에 따른 분류
   ① 브라이들 부케(Bridal bouquet) : 결혼식장에 들고 들어가는 부케
   ② 브라이즈 메이드 부케(Brides maid's bouquet) : 신부 들러리용 부케
   ③ 플라워 걸스(Flower girls bouquet) : 꽃을 뿌리는 소녀용 부케
   ④ 쇼 부케(Show bouquet) : 피로연용 부케
   ⑤ 고잉 어웨이 부케(Going away bouquet) : 신혼여행용 부케
6) 제작기법에 따른 분류
   ① 내츄럴 스템(Natural stem)
      - 자연줄기를 그대로 묶어서 다발 형태로 줄기의 배치는 병행, 나선형 모두 가능하다.
      - 자연줄기를 보여주기는 하지만 보이지 않는 선에서 부목이나 줄기 속 철사처리 등을 할 수 있다.
      - 꽃이 붙어 있는 줄기를 그대로 사용하여 이등변삼각형이나 계란형(oval round), 원형(round)으로 구성한 증정용의 꽃다발의 총칭이다.
   ② 와이어링 기법(Wiring technique)
      - 꽃, 잎, 꽃받침 등을 잘라 각각 종류에 맞는 와이어링 기법으로 처리 한 후 후로랄 테이프를 이용해서 테이핑 하는 것이다.
   ③ 홀더 기법(Holder technique)
      - 부케 홀더에 꽃을 꽂아 수분을 유지시키는 방법이다.
      - 제작 방법이 간단하고 짧은 시간이 소요된다는 장점이 있다.
      - 수분을 함유하기 때문에 다소 무거워질 수 있다.
   ④ 글루 기법(Glue technique)
      - 생화용 접착제, 스프레이 접착제를 사용해서 꽃, 잎 등을 붙여 만드는 방법이다.
      - 기본에서는 벗어나지만 디자인의 범위를 넓힐 수 있다.

7) 모양에 따른 구분

> ※ 유럽에선 부케의 명칭을 classical bouquet 와 modern bouquet, new fashion bouquet의 3가지 명칭으로 부르고 있다. 미국으로 건너가 상품화되면서 모양에 따라 구분하기 시작하였다.

① 원형(Round)부케

꽃을 원형으로 구성한 것으로 모든 부케의 중심부분을 구성하는 기본형이다.

> - 클러스터(cluster) : 같은 종류의 큰 꽃으로 초점의 꽃 주위에 배치하여 원형으로 구성한 것으로 원형보다 꽃이 적게 사용되며 청초한 느낌을 준다.
> - 터지머지(tuzzy muzzy) : 여러 가지 색깔의 꽃을 사용하여 동심원 모양으로 배치하여 원형으로 구성한다.
> - 노즈게이(nosegay) : 향기 나는 여러 종류의 꽃을 동심원적으로 배치하여 원형으로 구성한다.
> - 빅토리언(victorian) : 짙은 색의 여러 가지 색깔의 꽃을 모아 다양한 분위기의 색조를 동심원적으로 배열하여 원형으로 구성한다.
> - 포지(posy) : 자잘한 꽃을 자연 줄기로 사용하여 꽃의 간격을 조밀하고 양감 있게 배치하여 원형으로 구성한다.

② 콜로니얼(Colonial)
- 미국 식민지(colonial)시대에 유행하던 형태로 여러 종류의 꽃으로 동심원적으로 배치하여 양감 있게 원형으로 구성한 후 태양의 코로나(corona)에 해당하는 부케의 가장자리에 레이스, 리본, 틀, 그린 등을 사용해 받침을 만들어 준다.

③ 캐스캐이드(Cascade)
- 작은 폭포(cascade)라는 의미를 가지고 있다.
- 원형의 중심부분 밑에 갈런드를 연결하여 폭포수가 흘러내리는 것 같은 모양으로 구성한 것이다.

④ 폭포형(Water fall)
- 캐스캐이드보다 흐르는 선이 많은 디자인으로 폭포수가 떨어지는 모습에서 착안된 형태이다.
- 선이 유연하고 부드러운 소재를 사용하는 것이 좋다.

⑤ 초승달형(Crescent)
- 원형의 중심부분의 아래 위에 2개의 갈런드를 연결하여 초승달 모양으로 구성한다.
- 황금비율을 적용하여 비대칭적인 구성을 하는 것이 아름답다.

⑥ 삼각형(Triangular)
- 원형의 중심부분에 3개의 갈런드를 연결하여 삼각형으로 구성한다.
- 비대칭적인 부등변삼각형의 형태가 많이 이용된다.

⑦ S자형 (Hogarth)
- 원형의 중심 부분의 아래 위에 2개의 곡선적인 갈런드를 연결하여 S자형으로 구성한 것이다.

⑧ 구형(Flower ball)
- 2가지 이상의 색깔 있는 소재를 사용해서 공 모양의 입체적인 구성을 한 것이다.
- 스노우 볼(snow ball)은 흰색 꽃으로만 구성한 것으로 흰색의 눈뭉치처럼 생겨 얻은 이름이다.
- 철사처리한 후 둥글게 디자인하거나 둥근 오아시스에 꽃을 꽂아 볼의 형태를 완성시킨다.

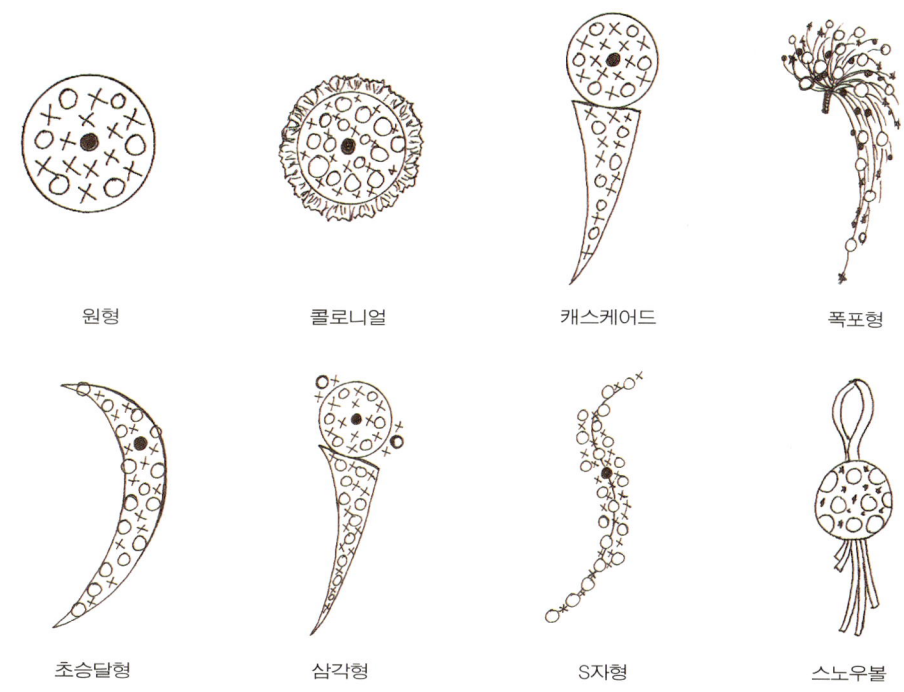

부케별 형태그림

⑨ 게더링 플라워 부케(Gathering flower)
카멜리아(camellia-겹 동백)에서 유래되어 한 송이의 꽃 또는 봉오리를 중심으로 같은 종류의 꽃잎 또는 그린종류를 겹쳐서 한 송이의 큰 꽃으로 구성한 부케의 총칭이다.
- 빅토리안 로즈(Victorian rose) : 장미로 구성한 모음 꽃
- 더치스 튤립(Duchess tulip) : 튤립으로 구성한 모음 꽃
- 글라 멜리어(Glamellia) : 글라디올러스로 구성한 모음 꽃
- 릴리 멜리어(Lilimellia) : 백합으로 구성한 모음 꽃
- 그린로즈(Green rose) : 각종 관엽식물이나 그린 잎으로 구성한 모음 꽃

⑩ 엠파이어(Empire)
- 미국의 엠파이어스테이트 빌딩의 설계도에 착안하여 만들어진 부케이다.
- 세 개의 둥근 꽃다발을 조립해 한 개의 가지에 여러 송이의 꽃이 핀 것처럼 디자인 하거나 새 개의 라운드 부케를 연결한 것 같은 디자인을 하기도 한다.

- 3단 이상 더 많은 송이가 있는 부케로 응용해 만들기도 한다.

⑪ 바스켓(Basket)
- 작은 바구니에 꽃이 담겨 있는 듯한 분위기를 말한다.
- 작은 바구니에 꽃을 담거나 자연줄기나 리본 등으로 부케 주변에 둘러 꽃바구니처럼 보여 지게 만들기도 한다.
- 자유로운 분위기의 부케이며 야외결혼이나 파티, 피로연장에 많이 사용되는 형태로 화동이 들어도 좋다.

⑫ 파라솔(Parasol)
- 파라솔 모양을 한 파운데이션에 꽃을 장식하거나 꽃으로 파라솔의 형태를 만든 디자인이다.
- 파라솔을 펼친 형과 접은 형으로 만들 수 있다.
- 야외 결혼식이나 피로연, 가든파티에 잘 어울린다.

⑬ 암 밴드(Arm band)
- 넓은 벨벳리본에다 꽃을 붙여서 팔에다 걸치도록 디자인 한 것이다.

⑭ 머프(Muff)
- 겨울철에 많이 쓰여 졌던 형태로 손을 따뜻하게 하는 머프 위에다 꽃이 붙여 장식하는 형태이다.
- 코사지의 형태로 만들어서 머프에 붙이기도 하고 틀을 사용해서 머프를 만들어 그 위에 꽃을 꽂거나 고정시키기도 한다.

⑮ 팬(Bridal fan)
- 부채에 장식하기도 하지만 꽃을 붙여 부채모양을 만들어 사용하기도 한다.

⑯ 로자리(Rosary)
- 성당에서 사용하는 묵주의 형식을 꽃으로 표현한 부케이다.
- 일반적으로 작은 크기의 장미를 많이 사용한다.
- 작은 장미나 장미봉오리, 염주 등을 꿰매거나 연결해서 염주 모양으로 구성한 것이다.

⑰ 프레이어 북 부케(Prayer book)
- 성경에 장식하여 부케의 대용으로 사용하는 형태이다.
- 교회, 성당의 결혼식에 좋지만 반드시 성경을 펴 볼 수 있도록 디자인해야 한다.

⑱ 샤워(Shower)
- 작고 아기자기한 꽃들이 봄비나 샤워기의 물줄기처럼 떨어지는 부케이다.
- 리본을 같이 사용하기도 한다.

| 게더링 | 엠파이어 | 바스켓 | 파라솔 | 암밴드 |
| 머프 | 팬 | 로자리 | 프레이어북 | 샤워 |

부케별 형태그림

⑲ 드롭(Drop)
- 갈런드로 조립하지 않고 한 송이 한 송이의 끝이 손잡이에서 완성되는 부케이다.
- 갈런드 부케에 비해 움직임이 많아 자연스럽다.

⑳ 리스(Wreath)
- 결혼식에서 영원히 변치 않는 사랑을 의미하며 잎이나 꽃으로 만든 갈런드를 연결해 리스의 모양으로 구성한 부케이다.

㉑ 팔찌(Bracelet)
- 일반적인 부케의 형태를 벗어나 팔찌를 착용하는 신체에 끼워지는 형태이다.
- 팔목의 양쪽으로 자연스럽게 흘러내리는 디자인이 많지만 응용된 형태로 금속의 링에 세련된 코사지의 모양이 올려 지기도 한다.

㉒ 원통(Bridal roll)
- 긴 원통형의 장식물을 토대로 해서 장식물의 양쪽으로 꽃이 떨어지는 형태의 부케를 말한다

㉓ 기차(Bridal train)
- 꽃다발의 형태에 꽃이 아래로 길게 기찻길처럼 무리 지어 떨어지는 형태의 부케이다.

(5) 코사지(Corsage)

1) 프랑스어의 '꼬르사쥬'에서 유래한 것으로 여인의 허리를 중심으로 상반신이나 의복에 직접 또는 간접적으로 장식하는 작은 꽃묶음을 말한다.
2) 현재는 활용범위가 넓어짐에 따라, 머리를 비롯하여 목, 어깨, 가슴, 허리, 등, 팔, 손목, 발

목 등의 신체 부위 외에도 귀걸이, 목걸이, 모자, 팔찌, 핸드백, 구두 등의 장신구와 증정용 선물에도 사용한다.
3) 제작 모양에 따라 원형, 삼각형, 초승달형을 기본으로 하고 호가스, 부채, 다이아몬드형 등 다양하다.
4) 사용하는 꽃에 따라 single-flower corsage 와 multiple-flower corsage가 있다.
5) 게더링 기법을 이용해서 코사지를 만들 수 있다(빅토리안 로즈, 글라멜리아, 릴리멜리아 등).

| 원형 | 삼각형 | S자형 | 초승달형 |

6) 용도상의 분류는 다음과 같다.
　① 헤어 코사지(Hair corsage)
　　• 머리 장식에 사용한다.
　　• 헤어코사지, 헤어 두(hair do), 헤어 오너먼트(hair ornament)라고도 한다.
　　• 코러니트(coronet)는 여성의 작은 관 모양, 콰퓨어(coiffure)는 작은 모자 형태의 머리장식, 티어러(tiara)는 터번처럼 생긴 머리장식 등의 형태가 있다.
　② 숄더 코사지(Shoulder corsage)
　　어깨를 중심으로 어깨 앞, 뒤에 걸쳐서 장식하며 에포렛(epaulet,어깨장식), 쇼울더 노트(shoulder knot)라고도 한다.
　③ 웨이스트 코사지(Waist corsage)
　　• 허리 부위를 장식하는데 사용한다.
　　• 대형 코사지가 사용되는데 지나치게 무거워 보이는 것은 허리가 두꺼워 보일 수 도 있다.
　④ 바스트 코사지(Bust corsage)
　　• 일반적으로 가슴부위를 장식하는 코사지로 대부분 가슴에 다는 코사지가 여기에 속한다.
　⑤ 백사이드 코사지(Back side corsage)
　　• 등 부위를 장식하는데 사용된다.
　⑥ 리스틀릿 코사지(Wristlet corsage)
　　• 팔이나 손목을 장식하는데 사용하는 팔찌모양으로 브레이스렛(bracelet)이라고도 한다.
　⑦ 앵클릿 코사지(Anklet corsage)
　　• 발목이나 발목 뒤를 장식하는데 사용된다.
　⑧ 러펠코사지(Lapel corsage)

- 양장이나 저고리의 접은 옷섶을 장식하는데 사용된다.
⑨ 부토니어(Boutonniere)
- 신랑 가슴에 다는 꽃으로 상의 단추 구멍(boutton hole)에 꽂는데서 유래하였다.
- 신부부케에 사용된 소재, 색상, 이미지와 맞추어 구성하는 것이 좋다.
- 여성들의 코사지와는 달리 부토니어에는 리본을 달지 않는다.

> ※ 코사지 제작시 주의사항
> - 사용하는 사람과 목적에 적합한 화형과 소재를 선택해야 한다.
> - 계절적인 감각과 색상, 크기, 초점 등을 고려하여 디자인 한다.
> - 무게 균형이 잘 맞아야 하며 전체의 무게는 가볍게 처리하는 것이 좋다.
> - 소재는 충분히 물을 올려 사용하는 것이 좋다.
> - 연약하고 시들기 쉬운 소재보다는 강하고 건조에 강한 소재의 선택이 중요하다.
> - 철사처리나 테이핑 처리가 깨끗하게 마무리되어야 한다.
> - 기구상의 초점은 정확하게 한 점이 되어야 한다.

(6) 리스(Wreath)

1) 둥근 원 형태로 만든 꽃 장식물이며 화환(花環), 리스(wreath), 크란츠(kranz)라고 한다.
2) 처음과 끝이 없는 원을 기본 틀로 하는 것은 태양의 움직임을 나타냄으로서 신의 무한성, 불멸성 즉 영원의 의미를 나타내는 것이다.
3) 고대 그리스 시대부터 충성과 헌신의 상징으로 신에게 바치는 장식물로 디자인 되었다.
4) 황금비율에 따라 1:1.618:1의 비율로 제작한다.
5) 모든 장식 목적에 응용이 가능하며 사계절 이용이 가능하다.
6) 이동성이 높고 선물용으로도 적합하다.
7) 소재는 장식목적에 맞게 고르며 생화, 건조화, 열매, 인형, 리본, 사진, 새, 둥지, 솔방울, 구슬 등 다양한 부 소재를 사용할 수 있다.
8) 크게 장례식용과 축하용 및 크리스마스용의 세 종류로 나눌 수가 있다.

> ※ 리스 제작 시 유의점
> - 목적에 맞게 제작해야 하며 운반성과 보존성 등을 고려해야 한다.
> - 골재에 소재를 고정할 때 단단하고 튼튼하게 한 방향으로 돌려주며 고정해야 한다.
> - 비율에 맞게 제작해야 한다.
> - 상징성과 통일성이 있도록 제작해야 한다.
> - 외부곡선과 내부 곡선이 뚜렷이 나타나야 한다.
> - 기본모양에 따라 시각적으로도 완전한 원이 되도록 구성해야 한다.

리스의 종류

(7) 갈런드(Garland)
1) 고대 이집트와 로마 시대부터 사용되었다.
2) 스웨그(swag)는 늘어뜨리는 형태의 꽃 장식을 말하면서 좁은 플로럴 폼에 소재를 꽂아 제작한다는 뜻이며 훼스툰(festoon)은 두 점 사이를 연결하여 잎이나 꽃을 줄 모양으로 장식한다는 뜻이지만 지금은 모두 갈런드와 같은 의미로 사용하고 있다.
3) 장식용 재료들을 길게 엮어서 만든 것으로 경축용, 행사용에 사용된다.
4) 길고 유연성이 있어서 어깨장식용이나 기둥, 난간, 문 등을 장식할 때 이용하기도 한다.
5) 절지나 절엽, 열매종류 등 다양한 재료를 사용할 수 있다.
6) 플로럴 폼을 이용할 경우 제작이 쉽지만 무겁다는 단점이 있다.
7) 와이어나 끈 등을 이용하여 서로 연결하여 만들 수 있으며 신부부케에도 이용되고 있다.
8) 갈런드의 두께는 일정하게 유지하고 연결된 재료들은 단단히 고정해야 한다.

(8) 형상물(Figure)
1) 어떤 형상을 도안하여 식물이나 다른 재료들을 사용하여 그 모습을 그대로 만드는 것을 말한다.
2) 원하는 디자인을 도안후 플로럴 폼 위에 놓고 폼을 도안에 맞게 잘라 평면적인 형상물을 만든다.
3) 평면적인 형상물에 색 스프레이로 바탕색을 입히고 폼에 물을 분사하여 적신 후 소재를 꽂는다.
4) 소재는 폼에 두께에 따라서 선택하고 너무 짧아서 빠지지 않도록 주의한다.
5) 입체적인 형상은 철망이나 덩굴소재 등을 이용하여 틀을 만들어 제작하기도 한다.
6) 용기에 나무를 전정한 것과 같은 모양으로 구성되는 것을 토피어리라고 한다.
7) 그밖에 플로럴 폼 틀을 이용하는 십자가, 하트, 링 등은 주로 장례용으로 쓰이고 놀이동산에 장식된 대형 동물 형상이나 꽃차 장식도 이러한 형상물 제작방법을 이용한다.

(9) 꼴라주(Collage)
1) 1910년경 피카소, 브라크가 시작한 큐비즘의 한 표현 형식으로 인쇄물이나 신문, 천, 나무조각, 모래 등 서로 이질적인 것을 붙여서 새롭게 구성하는 미술적인 기법을 말한다.
2) 시각 예술의 형태이며 건조화, 조화를 주소재로 하고 천, 금속물, 돌, 나무, 조각 등 입체적

인 소재를 첨가하여 평면으로 나타내는 디자인이다.
3) 비유적, 상징적, 연상적인 효과를 거둘 수 있다.
4) 추상적, 비구상적인 표현이 가능하며 재료의 형태, 질감, 색채 표현이 중요하다.
5) 습기나 먼지 등에 따른 보관이 어려우므로 유리나 아크릴 액자에 넣는 것이 효과적이다.

(10) 테이블장식

1) 좌식 테이블 장식인 경우에는 작품의 높이가 가능한 한 시야를 가리지 못하게 낮게 디자인한다.
2) 입식테이블은 주로 뷔페, 결혼식피로연, 출판기념회 등에 사용하는 것으로 작품이 높다는 것이 특징이고 테이블의 크기에 따라 작품의 크기도 비례한다.
3) 행사의 목적, 장소, 시간 등을 고려해야하며 색상, 음식 메뉴, 전체이미지에 맞게 장식해야 한다.
4) 테이블 용도에 맞춰 용기와 꽃 소재를 선택하고 화형을 정한다.
5) 테이블 장식 시 한 사람에게 배려해야 할 공간은 60~80cm 정도가 적당하다.
6) 테이블 장식 시 주의사항은 다음과 같다.
   ① 향이 좋고 색상이 우아한 꽃을 이용하는 것이 좋으나 음식이 놓여지는 공간이므로 지나친 향의 소재는 피하는 것이 좋다.
   ② 화훼장식물이 지나치게 강조되어 주(음식, 차 등)가 되어야 하는 것의 배치를 방해해서는 안 된다.
   ③ 식욕을 떨어뜨리는 장식용 재료는 사용해서는 안 된다.
   ④ 장소의 특성 및 이용자의 요구상황에 따라 디자인이 달라질 수 있다.
   ⑤ 사용하는 식물, 화기 등이 다른 용도의 테이블 장식보다 특히 청결하여야 한다.
   ⑥ 사방에서 감상 할 수 있도록 꽂는다.
   ⑦ 꽃이나 잎이 잘 떨어지는 소재는 피한다.
   ⑧ 촛불의 사용은 저녁이 좋으며 오찬에는 원칙적으로 사용하지 않는다.

(11) 공간장식

1) 실내·외의 공간에 목적, 의도, 색채, 공간, 질감 이미지에 맞게 분식물이나 절화를 이용하여 공간을 돋보이게 하는 장식을 말한다.
2) 어떤 대상물을 각각의 목적에 따라 주제를 정하고 조명, 색채, 음향, 소도구 등 적절하게 활용하여 장식함으로써 대상인에게 의도나 정보를 전달시키고자 하는 디자인의 한 분야이다.
3) 주제와 목적, 용도에 부합되어야 하며 공간의 특성을 파악해야 한다.
4) 공간의 크기나 장소에 따라 매우 다른 형태를 가진다.
5) 행사장의 경우 행사장의 기술적 설비, 작업시간, 화재, 자재의 조달, 작업 장소, 반입 방법에 따른 제반사항을 고려해야 한다.
6) 참석하는 사람들의 연령층, 직업, 성별, 정확한 비용 등이 산출되어야 한다.
7) 보관 장소, 행사장의 온도, 습도, 철거방법 등을 고려해야 한다.

(12) 분식물 장식

1) 실내외의 구분과 채광의 정도, 온도, 습도 등의 장소의 환경조건을 고려해야 한다.
2) 기본적으로 용기, 토양, 식물 등을 적절한 기능과 장식적, 미적 가치를 가지도록 구성하여 공간에 배치한다.
3) 기간에 따라 지속적, 영구적으로 구분하고 목적에 맞는 식물을 선택하여야 한다.
4) 두 종류 이상의 식물을 심을 때는 생육습성이 비슷한 종류끼리 심는 것이 관리에 용이하다.
5) 착생식물은 토양 없이 나무나 돌에 붙여서 공간장식에 이용될 수 있다.
6) 실내장식의 경우 토양은 악취가 없고 가벼우며 깨끗이 소독된 것이 좋다.
7) 배수구가 없는 경우 자갈 또는 굵은 모래, 숯 등을 깔아 배수 층을 확보해 주는 것이 토양층 내의 부패을 방지해준다.

① 테라리움(Terrarium)

- 라틴어의 terra(흙)+arium(방)의 합성어로 수분이 순환되고 빛이 투과되는 투명 용기 속에 여러 가지 식물을 심고 작은 정원을 연출하여 실내를 꾸미는 방법이다.
- 식물의 잎을 통해 증산된 수분이 용기 벽면에 물방울로 맺혀 있다가 다시 토양으로 내려와 뿌리로 흡수되어 적정습도가 유지되므로 테라리움 안의 식물에는 물을 많이 주지 않아도 된다.
- 알맞은 식물은 키가 작고 생장속도가 느리며 빛이 적어도 잘 살 수 있으며 다습한 조건에 강한 식물이다.
- 필레아, 아디안텀, 접란, 피토니아, 아이비 등이 있다.

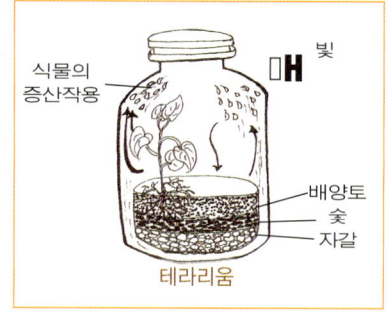

② 비바리움(Vivarium)

- 테라리움에서 변형된 형태로 유리 용기 속에 식물과 도마뱀, 개구리, 거북이 등 작은 동물이 함께 살아가는 축소된 자연의 형태를 만든 것이다.

③ 아쿠아리움(Aquarium)

- 유리 용기 속에 물을 부어 축소된 연못과 같은 환경을 만들어주고 관상용 물고기, 수생식물 등을 함께 키우는 것을 말한다.

④ 접시정원(Dish garden)

- 편평하고 넓은 접시 모양의 용기에 여러 가지 식물을 함께 심어 실내에 축소된 정원으로 실내를 꾸미는 방법이다.
- 관엽식물, 다육식물 등 다양하게 이용할 수 있으나 생육환경이 비슷한 식물을 모아서 심는 것이 관리에 편리하다.
- 생육속도가 느리고 키가 크게 자라지 않으며 뿌리가 깊게 뻗지 않는 식물이 적합하다.
- 테이블야자, 백정화, 아디안텀, 베고니아, 페페로미아, 필레아 등이 알맞다.

⑤ 수경재배(Water culture)

- 뿌리가 물 속에서 썩지 않고 잘 자라는 식물을 물이 담긴 용기에서 가꾸는 방법이다.

- 접란, 싱고니움, 스킨답서스, 테이블야자, 히아신스, 튤립, 수선화, 양파, 고구마 등이 있다.

⑥ 공중걸이 분(Hanging basket)
- 줄기가 아래로 퍼지면서 화분을 감싸는 덩굴성식물을 공중걸이분에 걸어 입체적으로 감상하는 것이다.
- 실내공간, 베란다, 발코니 등의 좁은 공간을 효율적으로 이용하여 장식할 수 있다.
- 잎 모양과 색이 특이한 식물이 좋으며 페튜니아, 제브리나, 아이비, 제라니움 등이 있다.

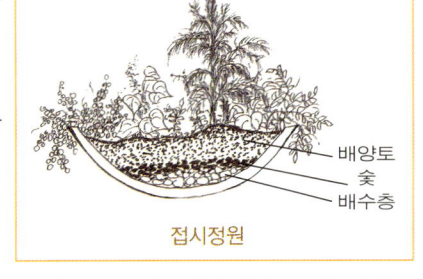

접시정원

⑦ 토피어리(Topiary)
- 식물 본래의 형태를 가지치기하여 동물모양 등의 특별한 형태로 만드는 것을 말한다.
- 철망이나 철사로 나타내고자 하는 형태의 틀을 만들고 이끼 등을 채워서 만드는 것을 말한다.

⑧ 착생식물 붙이기
- 고목이나 바위 돌 등에 식물을 붙여 모양을 만드는 것이다.

3. 화훼장식물의 조형

1. 줄기배열

(1) 방사선(Radial arrangement of lines)
1) 모든 줄기의 선이 한 개의 초점으로부터 여러 방면으로 전개되거나 한 점을 향하여 모여오는 것과 같이 구성되는 줄기배열방법이다.
2) 전통적인 양식의 꽃꽂이와 꽃다발은 방사선 줄기 배열이 대부분이다.
3) 각 식물이 가지고 있는 특징을 살려 움직임에 따라, 밖으로 벌어짐, 세 선으로 갈라짐, 흐르는 선, 낙하, 나선 등의 여러 가지 변형이 가능하다.

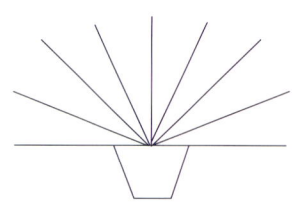 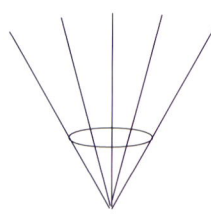

(2) 병행선(Parallel arrangement of lines)
1) 여러 개의 초점으로부터 나온 줄기가 모두 같은 방향으로 병행을 이루며 구성되는 줄기배열방법이다.
2) 수직, 수평, 사선의 어느 방향이나 또는 직선과 곡선 등 어떤 형태로도 가능하며 대칭형 또는 비대칭형으로도 구성할 수 있다.
3) 모든 작품 소재는 고유한 생장점을 갖으며 그룹별 배치와 단짓기가 고려되어야 한다.
4) 시각적으로 선의 가치들이 보일 수 있도록 하며 선의 움직임을 살려 장식한 다음 비율, 운동성, 구조 등을 고려하여 디자인하는 것이 좋다.
5) 병행 장식적, 병행 식생적, 병행 그래픽적 형태로 나눌 수 있다.
   ① 병행 장식적(Parallel-decorative)
   • 소재를 병행으로 구성하면서 장식적인 요소에 주안점을 두고 장식적인 효과에 비중을 두는 장식 형태이다.

- 대부분이 대칭형으로 표현되나 비대칭형도 가능하다.
- 풍성하고 가득찬 느낌이다.
- 음성적 공간이 거의 나타나지 않는 닫힌 윤곽 구성으로 장식적인 효과가 더욱 강하게 나타난다.

② 병행 식생적(Parallel-vegetative)
- 자연을 해석하여 재현하는 구성으로 식물이 실제로 생장하고 있는 것처럼 디자인하는 형태이다.
- 각각의 소재들은 그들의 고유한 생장점을 가지고 있으므로 소재의 가치 효과와 운동성에 특별히 주의 하여 구성하여야 한다.
- 대부분이 주그룹, 대항그룹, 보조그룹이 필요한 비대칭형이다.
- 작품소재는 그들의 자연적인 현상 그대로의 형태로 작업되어야 한다.

③ 병행 그래픽(Paralle-graphic)
- 자연적인 디자인의 반대 개념으로 추상적 작품을 말하며 식물 소재가 갖는 형태, 색채, 질감 등을 변형시켜서 조형하는 것이다.
- 명확하고 구성적 느낌의 현대적 디자인으로 선이 가장 중요한 역할을 하며 형태가 돋보이게도 할 수 있다.
- 인공적 소재를 써서 기하학적 도형을 많이 사용하고 작가의 의도와 개성이 잘 드러나는 것이 보편적이다.
- 대부분 비대칭이나 대칭도 가능하다.

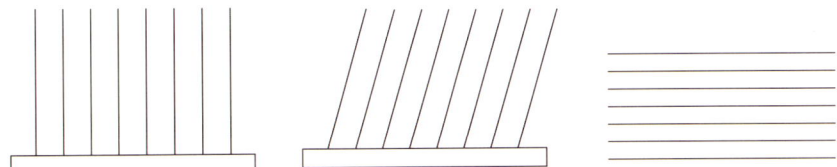

> ※ 생장점
> ① 하나의 생장점
>   - 전통적 장식 형태에서 볼 수 있고 식물의 줄기가 한 방향으로 모여 있는 형태이다.
>   - 방사 형태에서 많이 보이며 선과 운동성은 시각적으로 교차되어서는 안 된다.
> ② 복수 생장점
>   - 여러 개의 생장점을 가진 소재의 줄기나 선이 각각의 꽂힌 위치를 갖고 있다.
>   - 식생적, 장식적, 구조적 작품에서 복수 생장점을 쉽게 찾아 볼 수 있다.
> ③ 무 생장점
>   - 갈런드, 리스 등의 장식적 구성이나 구조적 구성, 오브제적 구성에서 볼 수 있다.
>   - 꽃을 따로따로 흐트러지게 하거나 식물의 일부를 이용하여 만든 것이다.

(3) 교차선(Crossing or overlapping line arrangement)
1) 여러 개의 초점으로부터 나온 줄기의 선이 제각기 여러 각도의 방향으로 뻗어서 서로 교차하는 상태로 줄기가 배열된 것이다.

2) 교차는 병행의 변형으로 다루어졌으나 최근에는 교차선의 아름다움을 강조한 구성이나 이것의 변형, 복합형이 많으므로 병행선에서 분리하여 다루어지고 있다.
3) 구조적 구성에서 교차의 기법을 많이 쓰며 교차에는 직선교차, 사선교차, 수평교차가 있다.
   ① 직선교차
      지루하고 정적인 교차로, 구조물을 짤 때 많이 사용한다.
   ② 사선 교차
      다양한 각도와 역동적인 선을 연출할 수 있으며 긴장감을 표현할 수 있다.
   ③ 수평교차
      중심선 위에 어떤 선도 교차해서는 안 되고 작은 선도 긴 선이 연장된 듯이 보여야 한다.

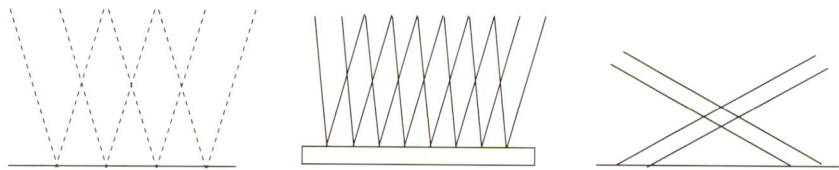

(4) 감는선(Winding line arrangement)
1) 교차선 배열에서 발전된 형으로 서로 구부러져서 휘감기는 유연한 선의 흐름으로 이루어지는 배열이다.
2) 덩굴식물의 긴 줄기를 휘감거나 줄기가 잘 휘는 절화류를 구부려서 만들 때 많이 사용되며 구조적 구성에서도 이용되고 있다.

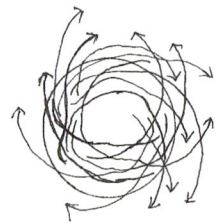

(5) 줄기 배열이 없는 구성(Free line of arrangement)
1) 절화의 줄기가 어떤 일정한 규칙 없이 배열되어 있거나 줄기를 짧게 잘라 꽃송이나 꽃잎만을 사용하여 구성하는 방식이다.
2) 꽃송이나 꽃잎을 목걸이처럼 엮은 것, 플로랄 콜라주(floral collage)와 같이 편편한 물체에 붙인 것 등의 구성이다.

2. 구성 형식

(1) 장식적 구성(Decorative composition)
1) 식물이 자연의 식생에서 보여주고 있는 모습과는 관계없이 작가의 의도로 소재를 자유롭게 인위적으로 구성하여 장식성을 강조한 형태이다.
2) 꽃은 서로 겨루듯이 배열되어 있으나 개개의 꽃의 독자적인 매력보다는 전체적으로 풍성한 부피감과 화려하고 강렬한 효과를 나타내는 구성이다.
3) 형과 색채에 관하여 꽃의 모양은 장미, 국화, 수국, 모란 등의 대칭 형태의 꽃을 사용하는 것이 좋으며 색채는 강렬하고 명확한 색채를 사용하는 것이 좋다.
4) 전형적인 대칭형으로 구성되지만 비대칭형도 가능하며 대부분 명확한 윤곽과 형을 이룬다.
5) 장식적 형태는 형태적으로나 구조적으로 점차 발전해 오고 있어 단짓기, 그루핑 등의 요소가 도입되고 구조적 형태로 바뀌고 있다.
6) 리본 뿐만 아니라 털실, 금속, 유리, 깃털, 철사 등 다양한 물질이 소재로 사용되며 개념의 폭이 넓어 지고 있다.
7) 전체적인 형태를 위하여 균형, 비율, 구조적리듬, 구조 등을 고려하여야 하며 용기의 모양도 살펴야 한다.

(2) 식생적 구성(Vegetative composition)
1) 식물이 자연 상태에서 살아있는 것과 같은 형태로 장식적인 구성과는 달리, 자연의 특성에 최대한 가깝게 표현하는 구성이다.
2) 1950년 경 독일의 플로리스트들이 자연에 눈을 뜨기 시작하면서 오래 전부터 이용되어 온 장식적 구성에 대항하여 생겨난 개념이다.
3) 소재들의 가치, 형태, 운동성, 효과 등을 최대한 고려하여 디자인하는 것을 말한다. 모든 식물이 그 자리에서 살아 있는 것 같은 상태로 구성을 하는 것이다.
4) 일반적으로 비대칭으로 구성하나 대칭형도 가능하다. 주그룹, 역그룹, 부그룹의 세 그룹으로 나뉘어 구성된다. 주그룹은 항상 뚜렷하게 강조되어 지배적인 성격을 갖으며 역그룹은 주그룹과 멀리 대치를 이루어 배치하고, 부그룹은 주그룹에 가깝게 배치한다.
5) 초점(생장점)은 자연을 구성하는 것이므로 그 뿌리 부분, 즉 초점을 화기 속에 설정하거나 화기보다 더 아래쪽에서 자라고 있는 것처럼 설정한다.

(3) 구조적 구성(Structural composition)
1) 장식적 구성이 발전되어 나타난 새로운 현대적 구성이다.
2) 단순히 구조나 조직 등을 말하는 것뿐 아니라 표면의 지질이나 재질감이 드러나는 것을 모두 포함하고 다양한 표면을 가진 개개의 꽃이나 잎이 집합되어 형성된 구조가 두드러져 보이는 구성이다.

3) 특별히 소재가 단단하게 밀집되어 있지 않은 분산된 형태, 흘러내리는 형태, 층을 이룬 형태 등도 구조적 구성에 포함시키는 경우가 있다.
4) 대칭, 비대칭 모두 가능하며 대칭 형태의 경우에도 내부 구성은 비대칭으로 작업할 수 있다.
5) 천, 철사, 털실, 깃털, 유리구슬 등 질감이 명확한 인공소재를 식물소재와 포함시키기도 한다.

(4) 형-선적 구성(Formal-linear composition)
1) 식물의 소재가 가지고 있는 선과 형태와 동적인 특성이 잘 나타나도록 형과 선을 명확히 표현하는 구성이다.
2) 1960년대 중반에 출현하여 1970년대에 성행하였으며 선과 공간 처리에 익숙한 전통적인 한국식 꽃꽂이와 유사한 점을 가지고 있다.
3) 대비의 강한 표현으로 분명하고 엄격한 직선과 불안정하고 아름다운 곡선을 사용하는 것이 좋으며 수직선, 수평선, 사선과 곡선을 모두 이용하여 소재의 형태를 작품에 잘 활용하는 것이 중요하다.
4) 작품 소재의 종류와 양을 최소한으로 축소시켜서 최대의 효과를 얻는 것이 특징이다.
5) 대체로 자유로운 배열이지만 대칭도 가능하며 작품의 윤곽은 명확하지 않으나 선과 형을 강조하여 넓은 공간을 필요로 한다.
6) 화기는 중요한 위치를 차지하므로 선택에 주의해야 한다. 형태적 가치가 있는 것은 좋으나 아름다운 무늬가 있는 것은 피해야 한다.

(5) 오브제적 구성(Objective composition)
1) 식물이나 식물의 일부분을 자연의 형태를 그대로 사용하지 않고 분리, 변형해서 그 형이나 색채, 질감의 대비나 조화 등을 비사실적 기법에 의해 순수한 구성미를 가진 형태로 표현하는 것이다.
2) 반드시 자연적 소재가 강조될 필요는 없으며 대부분 무초점으로 작업된다.
3) 디스플레이나 전시회 작품용으로 많이 이용되는 구성양식이다.

(6) 평면 구성(Plane composition)
1) 다른 꽃 작품과는 달리 대부분 2차원으로 작업되며 약간의 공간이나 높이를 가질 수는 있으나 공간의 평면적 장식, 플라워 스크린과 같이 여러 가지의 형태로 발전되어 왔다.
2) 많이 사용되는 기법은 압화나 꼴라주로 새로운 깊이감, 형태, 질감 등을 만들어 낼 수 있다.

3. 표현양식

- 모든 문화는 환경, 인습, 종교 등에 따라 큰 영향을 받으면서 형성되며 인간의 생활과 밀접한 꽃의 장식은 풍습이나 환경에 따라 독특한 양식의 문화로 정착되고 계승된다.

- 교통과 정보통신의 발달로 절화장식은 여러 나라의 전통적인 양식이 혼합되어 독특한 현대적인 양식으로 발전하고 있으며 국내에서도 실용적인 목적의 장식에서 벗어나 예술적인 차원으로 발전되고 있다.
- 수분을 계속 흡수하여야 하는 생화 차원에서의 절화의 유한성과 규모에 한계가 있기 때문에 규모가 큰 디스플레이용, 전시회 작품용에서는 금속, 목재, 유리 등의 구조물에 절화를 곁들이거나 건조소재를 이용하는 조형물로 표현되는 경우가 많다.
- 절화장식의 표현양식은 시대적인 특성에 따라 전통식(traditional style)과 현대식(contemporary style)으로 나눌 수 있다.
- 절화를 이용한 꽃꽂이는 발생지에 따라서 종교적 의미, 감상용 목적, 화도와 화예로서 심신 수양의 방법으로 이용된 동양식(oriental style)과 종교적 의미로 신전의 헌화와 건축과 미술 양식의 영향을 받아 발달한 서양식(western style)으로 구분할 수 있다.
- 국가별 특성에 따라 한국식, 일본식, 미국식, 유럽식 등으로 나눌 수 있다.

(1) 한국식
1) 사상과 철학이 배경이 되면서 자연성과 인공성의 자연스러운 화합이 주요한 특징이다.
2) 나뭇가지의 선과 여백의 아름다움을 중요하게 생각하며 전체 모양이 단순하다.
3) 곡선이 가지는 움직임과 흐름의 느낌을 강조하여 곡선이 주를 이루는 나뭇가지가 주요 재료를 이루고 있다.
4) 정신적 수양을 강조한다.

(2) 일본식
1) 인공적인 기교미를 강조하는 전반적인 문화 특성에 따라 화예도 매우 인위적인 기술과 격식화된 작업 과정을 중요시 하고 있다.
2) 사상과 철학이 담겨져 있음은 한국, 일본, 중국의 3국이 동일하다.

(3) 미국식
1) 미국이 중심국으로 서양식 스타일을 말하며 생활 장식을 위한 실용적인 점을 강조한다.
2) 시대적, 전통적인 형태 중심으로 발달하여 내려왔다.
3) 기하학적인 모양으로 꽃의 색깔과 모양을 중요하게 생각하며 가득 모아서 만드는 디자인이 발달하였다.
4) 인위적인 기하학적 방법으로 평면적, 입체적 형태로 구성하며 재료는 주로 꽃으로 표현된다.

(4) 유럽식
1) 과거의 형태로부터 벗어나고자 하는 플로리스트들의 생각과 제작과정에서 발생하였다.
2) 식물의 움직임, 자기주장, 질감 등을 표현하기 위한 구성이론을 중심으로 발전되어 왔다.
3) 자연적인 꽃의 개성이나 표정, 특징 등을 살려서 구성하는 것이 특징이다.

4. 화훼장식 표현기법

1. 표현기법

(1) 베이싱(Basing)
화훼장식 디자인에서 토대가 되는 베이스 부분에 소재들을 이용하여 섬세한 마무리 작업으로 장식하는 기법으로 테러싱, 레이어링, 필로잉, 터프팅, 파베, 클러스터링 등이 속한다.

(2) 테라싱(Teracing)
1) 베이싱기법의 하나로 계단식기법이라고 한다.
2) 유사한 소재들을 수평으로 꽂아 계단효과를 내지만 입체감을 위해서 계단 사이에 공간이 있어야 하는 것이 레이어링 기법과의 차이점이다.
3) 일반적으로 납작한 모양의 소재들이 사용되고 있다.

(3) 레이어링(Layering)
1) 베이싱기법의 하나이며 표면을 수평으로 덮는 층만들기 기법으로 각 소재들 사이의 간격을 두지 않거나 최소한의 간격을 두고 빈틈없이 겹쳐서 층을 만든다.
2) 물고기 비늘 같은 느낌의 두꺼운 층으로 보이도록 디자인하기도 한다.

(4) 필로잉(Pillowing)
베이싱기법의 하나로 줄기가 짧은 재료들를 이용하여 둥근 언덕이나 베개의 형상으로 작은 꽃들을 꽂아 평면적인 베이싱을 피해 준다.

(5) 터프팅(Tufting)
질감적 표현을 위해 베이스에 거칠거칠한 것들을 굴곡 있게 꽂아 주는 것이다.

(6) 파베(Pave)
1) 보석 디자인에서 유래된 말로 같은 종류의 색상이나 질감끼리 보석 박듯이 그러나 깊이는 없는 평범한 디자인 기법이다.
2) 베이싱기법의 하나로 소재들을 빽빽하게 꽂아 질감을 강조할 때 많이 사용한다.

테라싱　　　　레이어링　　　　필로잉　　　　파베

(7) 클러스터링(Clustering)
1) 하나의 구성요소로 인식하기에 작은 소재들을 공간 없이 색상, 질감, 형태 단위로 모아 덩어리를 만들어 시각적인 강조효과를 주는 기법이다
2) 하나의 다발을 만들어 꽉 찬 느낌이 든다는 점에서 그루핑과 차이가 있다.

(8) 그루핑(Grouping)
1) 소재들이 다양하게 구성되면서 집단화되고 각 그룹들 사이에 공간을 가지면서 정확한 꽃의 양과 종류, 색을 구별할 수 있도록 해 주는 기법이다.
2) 고전적 그루핑은 소재의 높낮이가 제각기 다르지만 부드럽고 편안한 느낌을 준다.
3) 현대적 그루핑은 세련되고 정돈된 느낌, 일정한 형태와 각도를 갖추면서 그룹을 이루는 소재의 높이를 같게 하거나 점차적으로 낮아지거나 높아지는 형태로 제작된다.
4) 클러스트링과 달리 공간적 여유가 있다.

(9) 조닝(Zoning)
1) 공간이 필요한 넓은 특정지역에 구역 단위로 배치하는 기법으로 명료한 독립을 강조하는 그루핑보다 좀 더 큰 개념으로 생각할 수 있다.
2) 비슷한 성격의 소재들을 일정구역 안에 배치하는 것을 말하며 고급스러운 디자인에 주로 사용된다.

클러스터링　　　　그루핑　　　　조닝

(10) 밴딩(Banding)
1) 특정 부분에 소재들을 함께 묶어 강조하거나 미적으로 보완하기 위한 것으로 기능적인 것이 아니라 장식적인 목적으로 사용한다.
2) 특별히 강조해 주고 싶은 줄기나 가지를 라피아, 리본 컬러 와이어, 끈 등으로 단단히 묶거나 함께 감아서 질감과 색감을 부여해 시각적인 충격을 주기 위한 것이다.

(11) 바인딩(Binding)
1) 끈, 라피아, 리본, 테이프, 와이어 등으로 두 가지 이상 또는 그 이상의 소재들을 함께 기능적으로 단단히 묶는 기법으로 소재들을 물리적으로 함께 합치는 목적이 있다.
2) 밴딩이 장식적이라면 바인딩은 디자인의 강화 또는 안전성을 위해 재료를 함께 묶는 것을 말한다.

(12) 번들링(Bundling)
1) 유사한 재료들을 하나로 모아 묶어 다발을 만들거나 매거나 싸는 방법이다.
2) 밀짚, 옥수수의 다발, 볏 짚단 등을 예로 들 수 있다.

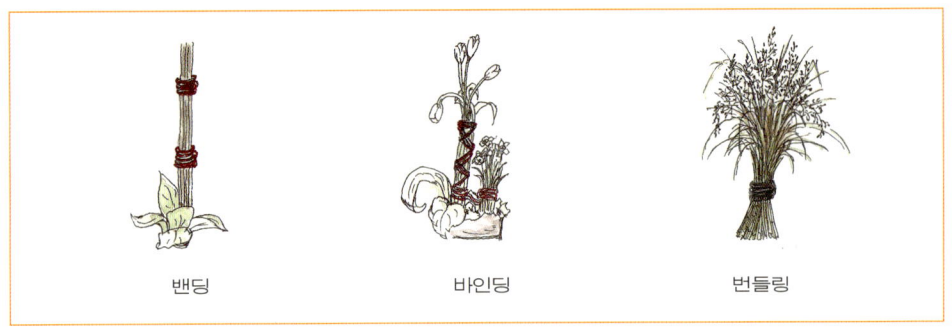

밴딩　　　　　바인딩　　　　　번들링

(13) 프레이밍(Framing)
1) 꽃이나 가지 또는 잎과 같은 단일소재를 이용해 안에 있는 재료를 감싸주거나 돋보이게 하는 기법이다.
2) 특정 부분이나 전체의 시각적 강조를 꾀하기 위해 선이나 면적인 소재로 작품을 에워싸듯 테두리를 만드는 기법이다.

(14) 쉐도잉(Shadowing)
1) 그림자 또는 메아리효과라고도 하며 깊이감이나 입체감을 주기 위해 같거나 유사한 재료를 이용한다.
2) 먼저 꽂은 소재의 가까운 곳이나 뒤쪽, 아래쪽에 똑같은 소재를 그림자처럼 꽂아서 시각적으로 깊이를 더해주고 입체적으로 보이게 하는 기법이다.
3) 이 때 소재간의 간격을 지나치게 멀리 두지 않아야 한다.

(15) 시퀀싱(Sequencing)
1) 소재의 형태, 크기, 색, 질감 등을 점진적으로 배열, 차례차례 순서대로 꽂는 기법이다.
2) 꽃은 봉오리에서 만개한 형태로, 색상은 밝은색에서 어두운 색으로, 낮은 것에서 높은 것으로, 질감이 부드러운 것에서 거친 것으로 변해가는 단계를 통해 시각적인 안정감과 극적인 효과를 제공한다.

(16) 스택킹(Staking)
1) 비슷한 소재들을 차곡차곡 공간을 두지 않고 수직으로 쌓아올리는 기법이다.
2) 모든 소재는 서로 밀접하게 닿아있고 상하로 층을 이루게 된다.
3) 시각적인 흥미를 확장하거나 작품을 더 멀리 바라보는 독특한 패턴을 만든다.

(17) 랩핑(Wrapping)
1) 리본, 철사, 라피아, 직물 등의 소재로 유일한 줄기 또는 소재의 그룹을 감싸거나 감거나, 꼬아서 장식적인 효과를 내는 기법이다.
2) 일반적 포장과의 차이점은 테크닉을 사용한다는 것이다.

프레이밍   쉐도잉   시퀀싱   스택킹   랩핑

(18) 패더링(Feathering)
1) 카네이션이나 국화처럼 끝이 뾰족한 꽃잎을 분리하여 다양한 크기로 만드는 기법이다.
2) 꽃의 크기, 모양, 질감에 대하여 다양한 변화를 주기 위해 하나의 꽃을 몇 개로 분해하여 다시 조립하는 기법이다.
3) 꽃받침을 떼어낸 후 꽃잎을 3~4, 5~6장씩 나누어서 꽃잎을 포개어 철사로 감은 후에 테이핑 한다.
4) 꽃의 꽃잎을 분해하여 새의 날개처럼 처리한다고 하여 붙여진 이름이다.
5) 코사지나 터지머지(tuzzy-muzzy)등과 같은 섬세한 디자인을 할 때 사용된다.

2. 철사 다루기

(1) 철사 다루기

1) 꽃이나 줄기, 잎 등에 지지 역할 뿐만 아니라 꽃 목을 바로 세워주고 길이나 형태를 조절하기 위해 철사를 처리하는 기법이다.
2) 원하는 지점에 꽃과 잎을 고정하고 꽃이 줄기에서 떨어지는 것을 막아주고 줄기를 교정하거나 곡선으로 표현하기 위해 사용하는 기법이다.
3) 신부화, 코사지 및 리스 등을 만들 때 많이 사용되며 철사 줄기로 작품의 부피와 무게를 줄이기 위해서 처리하는 기법이다.
4) 사용할 꽃의 형태와 줄기의 유형을 고려하여 사용목적에 맞게 처리해야 한다.
5) 작품이 완성된 후 작품의 표면에 철사가 보이지 않고 상해의 위험이 없도록 정리해야 한다.
6) 처리시간이 많이 걸리고 식물의 신선도 유지에 어려운 단점이 있다.

(2) 철사 처리법의 종류

1) 피어싱(Pierce & Piercing method, 관통법)
   ① 꽃받침 기부에 철사를 관통시켜 찔러 넣고 두 가닥이 되게 구부린다.
   ② 철사가 굵은 것일 때는 양쪽의 철사 길이를 다르게 하여 구부려 한쪽만 길게 내려오게 한다.
   ③ 금잔화, 장미, 달리아, 카네이션 등에 씨방이나 꽃받기 부분이 발달하여 도톰하고 단단한 꽃 종류에 사용한다.
2) 훅킹(Hook & Hooking method, 갈고리법)
   ① 철사의 선단을 작은 낚시 고리모양의 갈고리 모양으로 굽혀서 꽃의 중심부로부터 줄기에 찔러 내리는 기법이다.
   ② 갈고리가 보이지 않을 때까지 구부린 끝부분이 꽃 속에 묻혀 보이지 않도록 한다.
   ③ 꽃이 줄기에서 쉽게 떨어지는 식물재료에 많이 처리한다.
   ④ 거베라, 국화, 안스리움, 칼라, 마가렛, 라넌큘러스 등 주로 국화과 식물에 사용한다.
3) 인서션(Insertion method, 삽입법)
   ① 줄기가 약하거나 속이 비어 있는 상태의 꽃줄기 속에 철사를 찔러 넣는 기법이다.
   ② 자연줄기를 그대로 살리거나 휜 것을 똑바로 세우고 꽃이 고개를 숙이지 않도록 하기 위해 사용하는 기법이다.
   ③ 수선화, 칼라, 데이지, 거베라, 아네모네, 라넌큘러스, 글라디올러스, 금어초, 스위트피, 등과 같이 꽃이나 줄기에 사용된다.
4) 크로스(Cross method, 십자형 관통법)
   ① 씨방이나 꽃받침 부분에 줄기와 직각이 되게 두 개의 와이어를 십자로 교차시켜 철사로 관통시키는 기법이다.
   ② 피어스 메소드만으로 줄기의 지지가 약할 때 사용하는 방법이다.

③ 백합, 장미, 카네이션과 같은 비교적 큰 꽃송이에 사용된다.
5) 헤어핀(Hair-pin method, 머리핀법)
① 철사를 머리핀처럼 U자형으로 구부려 꽃이나 잎에 꽂아 넣어 지탱하는 방법이다.
② 식물재료의 길이 연장과 각도 조절이 용이하여 코사지나 신부화 등에 많이 이용된다.
③ 백합, 동백, 루모라, 아이비, 스킨답서스 등의 잎에 사용한다.
6) 루핑(Loop method, looping method, 고리법)
① 철사의 끝을 둥근 고리모양으로 만들어 꽃의 윗부분에서부터 아래로 내려 고정시키는 방법이다.
② 둥근 부분에 솜이나 엷은 종이로 수분 유지를 위한 처리를 해주면 꽃의 수명을 오래갈 수 있다.
③ 수선화, 프리지어, 히아신스, 덴드로비움, 아가판서스, 카틀레야, 부바르디아와 같은 종모양의 꽃에 적합하다.
7) 소잉(Sewing method, 바느질법)
① 잎이나 꽃잎을 바느질하듯이 철사로 꿰매는 방법이다.
② 여러 개의 꽃잎에는 가로로, 잎이 한 장 일 때는 주맥에 붙여 세로로 바느질 하는 것으로 꽃잎이나 잎의 각도와 모양을 자유롭게 표현할 수 있다.
③ 군자란, 나리, 용담, 장미 등의 꽃은 한 군데 절개하여 와이어로 바느질하는 것처럼 꿰매며 백합, 카네이션, 크로톤, 디펜바키아 마리안느 등의 가늘고 긴 잎은 잎의 기부에서 위로 꿰매 올라간다.
8) 시큐어링(Secure, securing method, 휘감기법)
① 약한 줄기를 보강하거나 줄기를 구부릴 때 철사를 줄기에 나선형으로 감아 내리는 방법이다.
② 그 외의 방법은 철사의 선단을 갈고리 모양으로 하여 잎이나 가지의 갈라진 부분에 건 다음 감아주는 방법이다.
③ 국화, 장미, 카네이션 등과 같이 꽃받침이나 씨방이 튼튼한 꽃은 철사의 선단을 밀어 넣은 다음 줄기에 감는다.
④ 글라디오러스, 금어초, 스톡, 유칼립투스, 은방울꽃, 프리지어 등과 같은 와이어를 찔러 넣을 수 없는 꽃은 와이어의 끝을 갈고리 모양으로 만들어 꽃의 맨 끝에서 고정시키고 꽃이 상하지 않게 와이어를 감는다.
9) 트위스팅(Twisting method, 감아서 묶어 내리기법)
① 필러 플라워, 작은 가지, 와이어를 찔러 넣을 수 없는 꽃이나 꽃잎, 리본 등에 감아서 묶어 내리는 방법이다.
② 꽃잎의 기부나 절지, 절엽 끝에 가는 철사를 감아 내려서 마무리 짓는 방법으로 랩 메소드(wrap method)라고도 한다.
③ 숙근안개초, 소국, 스타티스, 극락조화, 물망초, 아스파라거스, 아이리스, 나이론 태피터, 로켓 보, 프렌치 보 등이 사용된다.

10) 익스텐션(Extension & extending method, 보강법)

　철사가 짧은 경우 길이를 연장하여 표현을 자유롭게 하고자 할 때나 처리한 철사가 약한 경우 철사를 단단히 보강하기 위해 처리하는 방법이다.

11) 유니트(Unit)

　여러 개의 와이어링 한 재료를 큰 단위로 조립하는 방법이다.

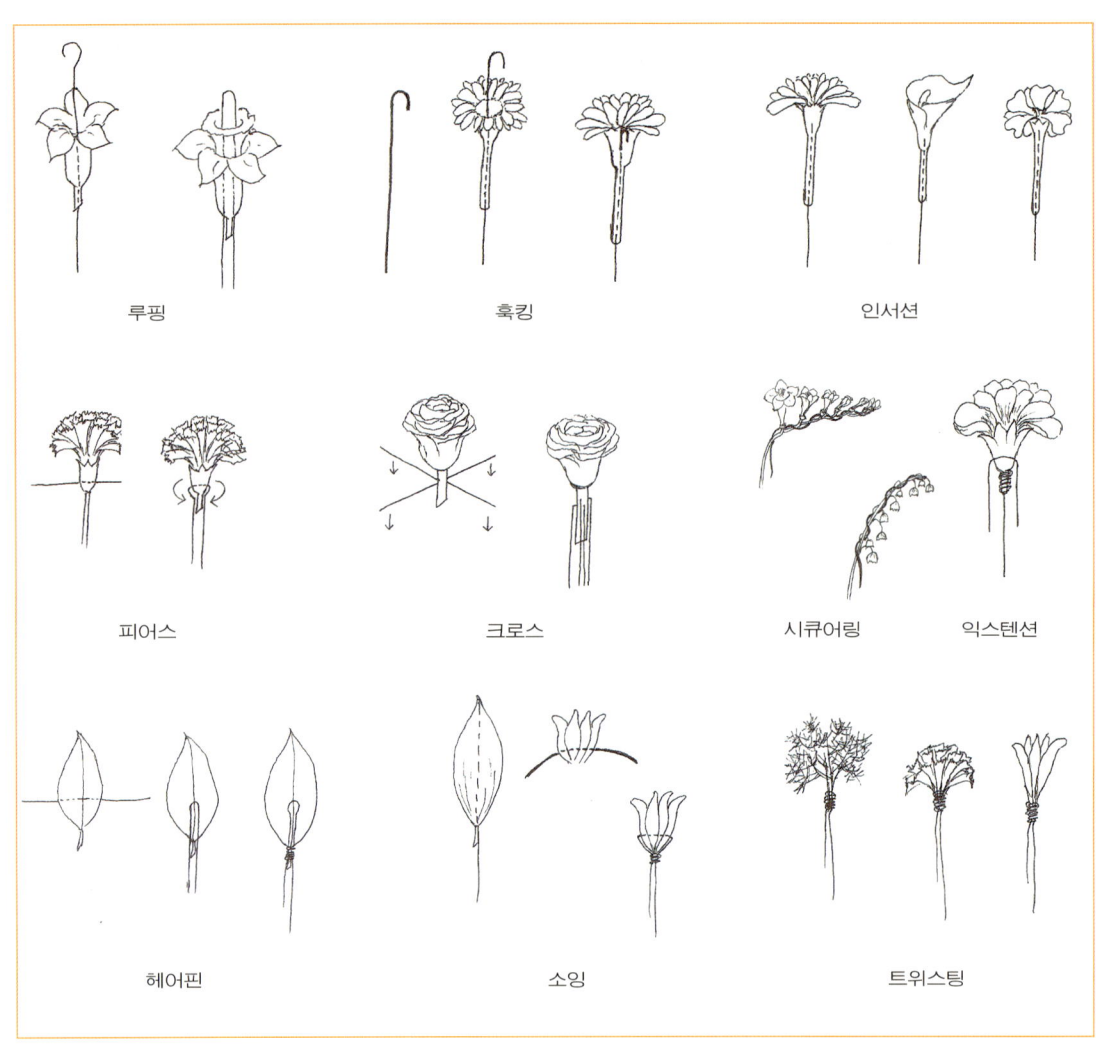

> ※ 플로럴 테이핑(floral taping)
> - 코사지나 부케를 만들 때, 와이어를 감싸거나 와이어를 꽃줄기에 연결할 때, 와이어로 연결된 꽃들을 또 다시 연결할 때 사용한다.
> - 철사나 줄기 뒤쪽에 테이프를 대고 직각으로 한 번 감은 후 잡아당기듯이 사선으로 감아 가능한 한 가늘게 손으로 잘 당기면서 감아야 한다.
> - 코튼 처리를 하는 경우에는 물이 새어나가지 않도록 조심한다.
> - 테이프의 색은 다양한데 일반적으로 녹색과 흰색 계통의 테이프가 사용되며 디자인에 따라 소재와 조화를 이루는 색으로 선택하는 것이 좋다.
> - 플로럴 테이핑은 소재가 상하는 것을 방지하고 철사로 인해 옷감이나 신체에 손상이 가는 것을 막아 주기 위함이다.

(3) 보우의 종류

1) 디자인 안에서 리본의 재질, 색상과 함께 다양한 보우의 형태로서 흥미를 이끌어 낼 수 있다.
2) 신부화, 코사지, 꽃바구니, 꽃다발 디자인의 전면과 후면을 지시하며 완성된 느낌과 장식품의 분위기 연출에 효과가 있다.
3) 디자인에 밑받침으로 사용하거나 플로럴 테잎으로 감은 부분, 묶은 지점 등에 가림용으로 장식할 수 있다.
4) 보우의 부피감으로 디자인의 양감을 증대시킬 수 있으며 보우의 부피만큼 식물재료를 줄일 수 있어 경제적이다.

① 로켓 보우(Rocket bow)
- 리본은 폭이 12mm 이상 되는 것을 사용하여 일정 길이를 잘라 리본을 양쪽에서 안으로 또는 바깥쪽으로 돌돌 말아서 로켓 모양으로 만든 후 아랫부분은 철사 처리한다.
- 신부화나 코사지의 모양을 흩뜨리지 않으면서 디자인을 강조하고 변화를 주고 싶을 때 사용한다.

② 롤드 보우(Rolled bow)
리본을 적당한 길이로 잘라서 나선형으로 말아 롤의 형태로 만든 후 양끝을 묶어 마무리 한다.

③ 버슬 보우(Bustle bow)
리본을 적당한 크기로 잘라서 폭을 그대로 두고 반을 접어서 양끝을 묶어준 후 여러 개 겹쳐주는 형태로 디자인의 뒷 배경으로 사용하면 좋다.

④ 부케 보우(Bouquet bow)
- 용도에 맞게 리본을 선택한 후 리본을 잘라서 고리나 스트리머의 수를 달리하고 크고 작게 여러 번 만들어 한 곳을 철사나 리본으로 묶은 다음 아래로 늘어뜨린다.
- 신부화의 색상이나 질감 등과 어울리는 리본을 사용하여 전체적인 분위기에 맞게 고리의 크기, 수, 스트리머의 길이 등을 정하는 것이 좋다.

⑤ 스프레이 보우(Spray bow)
고리를 여러 개 만들어서 조립한다.

⑥ 프렌치 · 코사지 · 플라워 트위스트 보우(French · Corsage · Flower twist bow)
- 보우 종류 중 코사지는 물론이고 리본의 폭과 고리의 숫자를 달리하여 신부부케, 꽃다발, 바구니, 포장 등 화훼장식 디자인에 많이 사용되고 있는 보우이다.
- 프랑스에서 많이 유행한 리본으로서 프렌치 보우라고도 하고 한국과 일본을 위시한 몇 국가에서는 코사지 보우라고도 불린다.
- 중간에 보를 만들고 중앙을 중심으로 좌우를 반복하여 8자 모양으로 계속 꼬아 가며 아래위로 디자인에 맞게 적합한 고리의 수와 크기를 정하여 만든다.
- 이때 왼손으로 고정하고 있는 리본이 손가락에서 빠져나가지 않도록 주의해야 한다.
- 여러 번 반복 후 중심이 풀리지 않게 묶어서 완성한다.

⑦ 스파클 보우(Sparkle bow)
- 리본의 한 쪽을 사선으로 자른 후 한 쪽으로 돌리면서 감아 내려와 밑에서 고정한다.
- 불꽃 형태로 만들어 사용한다.

⑧ 나비 보우(Butterfly bow)
나비 모양으로 만든 보를 말하며 고리를 1개 만들면 싱글 나비 보이고 고리를 양쪽으로 2개 만들면 더블 나비 보가 된다.

⑨ 폼폰 보우(Pompon bow)
- 형태가 거의 둥글며 루프의 길이가 일정하여 자연스러움이 떨어지지만 간단하고 빠른 시간에 만들 수 있어서 상업적으로 많이 사용된다.
- 리본을 원형으로 여러 바퀴 겹친(7~8번이 적당) 다음 겹쳐진 리본의 양각을 조금 자르고 양각을 마주 겹쳐 잘라진 양각에 폭이 좁은 리본으로 묶은 뒤 고리들이 양쪽으로 생기도록 안쪽에서 좌우로 잡아 당겨 풍성하게 만드는 방법이다.

⑩ 칼리큐스(Kalli-cues)
- 철사에 플로랄 테이프를 얇게 감은 후 그 위에 리본을 감아서 여러 가지 원하는 모양을 구부려서 만들 수 있다.
- 클로버, 하트, 사각형, 타원형, 원형, 나선형과 같은 모양을 만들 수 있으며 형태를 만들 경우에 외곽선이 명확해야 한다.
- 폭이 좁은 리본이 유리하며 가능한 한 얇게 말아야 하며 색상과 구성 형태를 달리하여 디자인에 흥미를 더해주기도 한다.

⑪ 태피터, 모린(Taffeta, Moline)
- 망사나 레이스처럼 질감이 거칠고 힘이 있는 재료를 끝이 뾰족하게 접어서 만든 것을 말한다.
- 태피터는 정사각형의 직물, 망사 등을 두 세 번 접거나 자연스럽게 뭉쳐서 가운데를 철사로 묶어서 가장자리의 형태를 살려준다.
- 모린은 정사각형의 직물, 망사 등을 삼각형으로 접어서 아래쪽 끝을 철사로 묶어서 만든다.

로켓 보우

롤드 보우

버슬 보우

버슬 그린

부케 보우

스프레이 보우

스파클 보우

코사지 보우

나비 보우

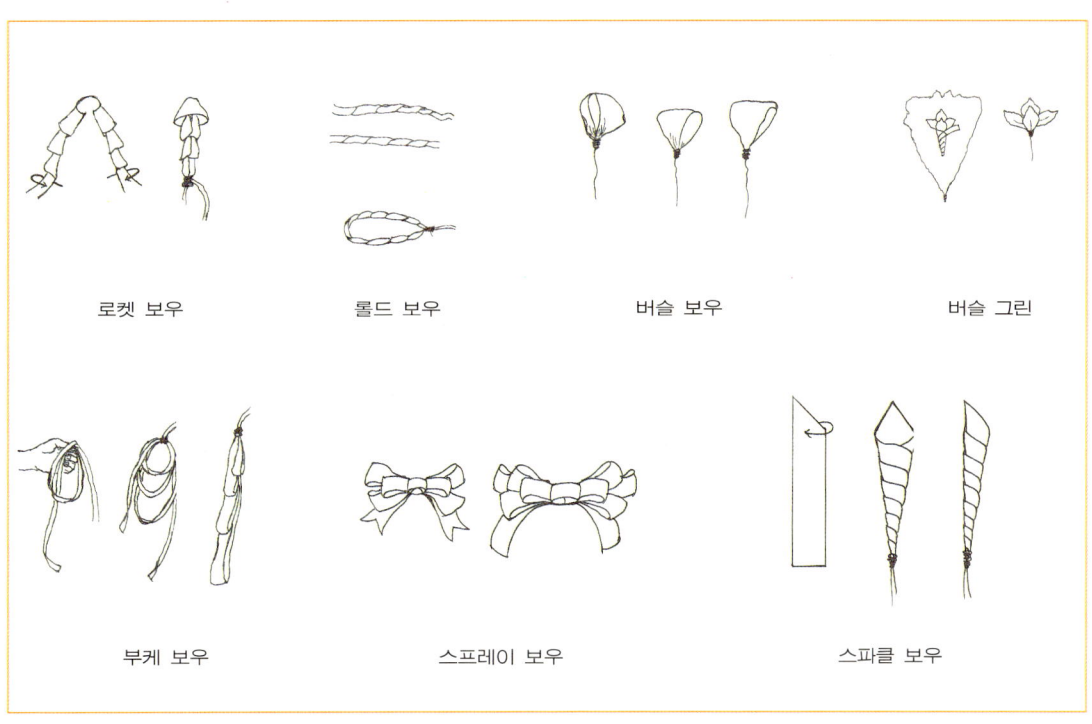

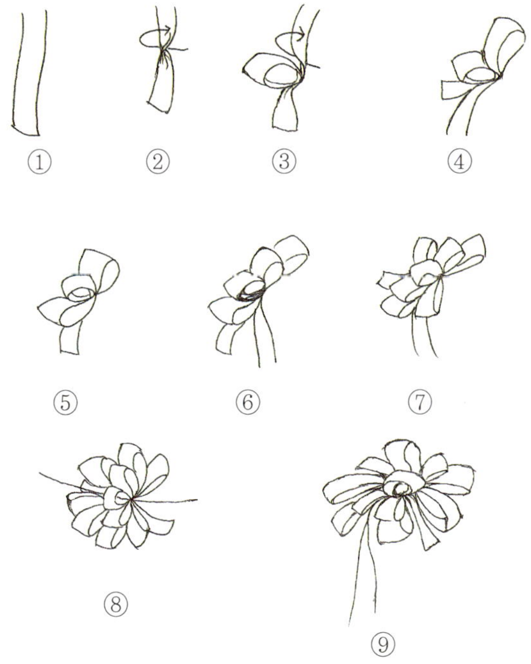

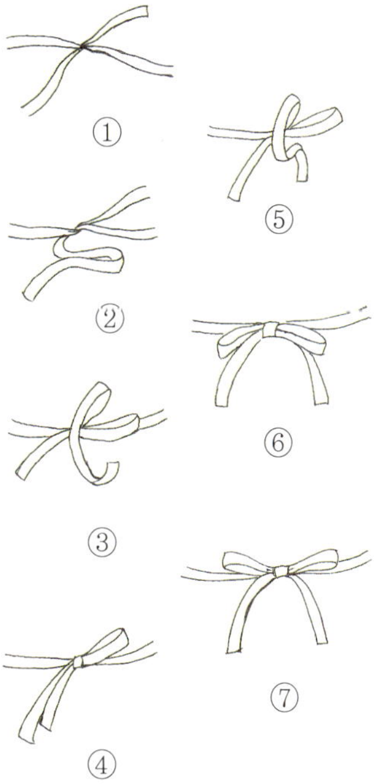

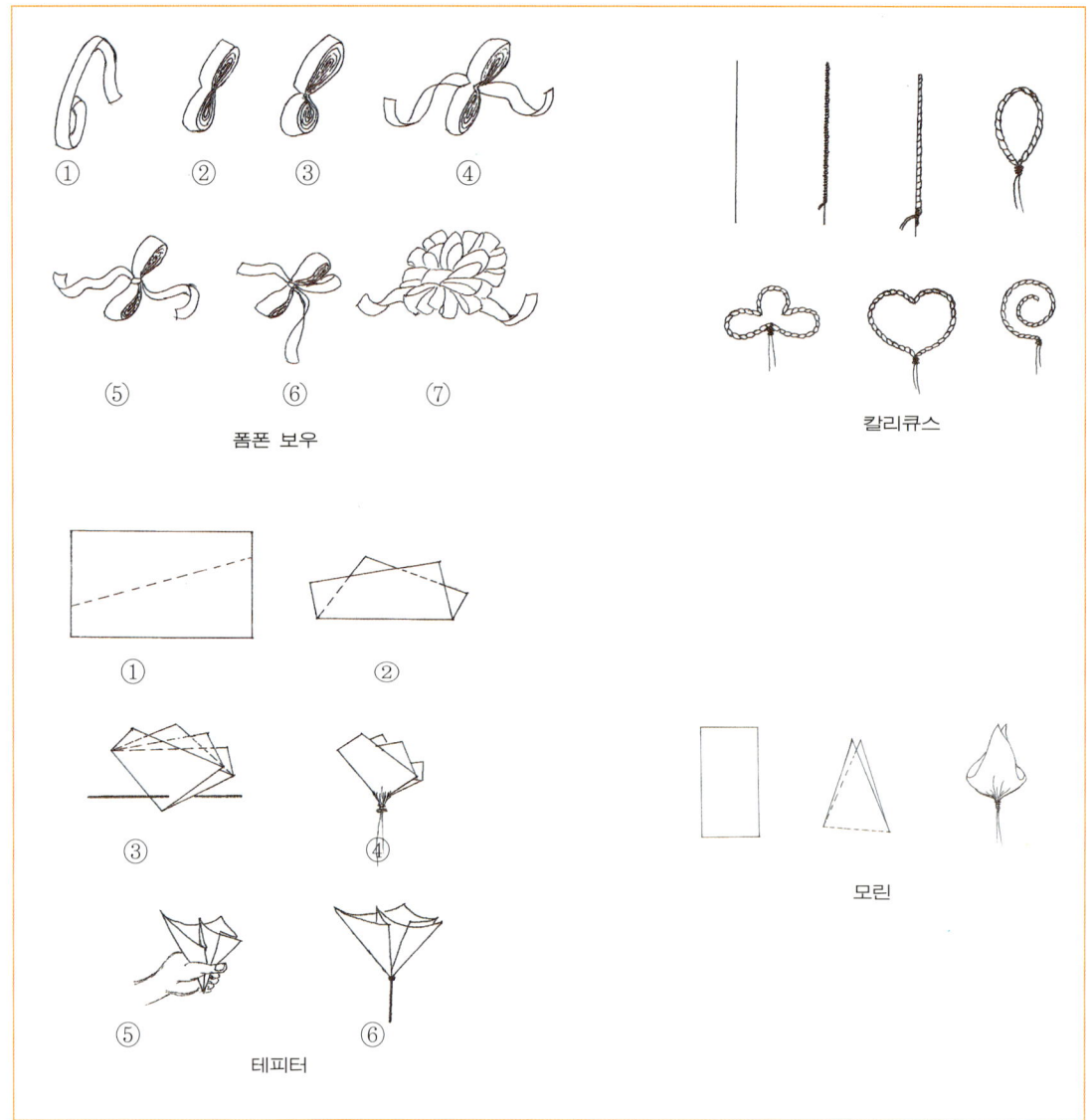

폼폰 보우

칼리큐스

테피터

모린

기출문제 II

2005~2007 6회 수록

1. 절화를 꽂는 물에 식초를 몇 방울 넣어주는 주된 이유는?
① 꽃에 영양분을 주기 위하여
② 물을 산성화 하여 미생물의 증식을 억제하기 위하여
③ 줄기의 갈라짐을 방지하기 위하여
④ 화색을 좋게 하기 위하여

해설 식초를 첨가하면 물이 산성화되어 미생물의 번식이 억제되나 고농도에서는 물올림이 좋지 않다.

2. 다음 중 절화 보존제의 역할이 아닌 것은?
① 절화 수명을 연장한다.
② 원래의 화색을 보존한다.
③ 에틸렌 발생을 증가시켜 피해를 준다.
④ 꽃의 개화를 돕는다.

해설 절화보존제는 에틸렌의 발생을 억제시켜 식물의 수명을 연장시키는 역할을 한다.

3. 일반적으로 절화의 수분 흡수를 저해하는 원인이 아닌 것은?
① 절단 후 도관 중에 기포가 생겨 수분의 상승을 방해 하는 것
② 박테리아, 곰팡이 등 미생물이 도관을 막는 것
③ 절단면에 유액이 분비되어 절구가 굳어 버리는 것
④ 줄기의 절단면에서 물을 빨아 들여 세포 팽압을 유지 하는 것

해설 줄기의 절단면에서 물을 빨아들여 세포 팽압을 유지하는 것은 물올림이 충분히 된 상태를 말하므로 수분흡수저해의 원인이 될 수 없다.

01 ②　　02 ③　　03 ④

4. 다음 중 에틸렌에 민감한 꽃으로 거리가 먼 것은?
① 카네이션 ② 알스트로메리아
③ 금어초 ④ 거베라

해설 에틸렌에 비교적 둔감한 꽃은 안스리움, 아스파라거스, 거베라, 튤립 등이 있다.

5. 절화수명 연장 방법 중의 당의 효과는 무엇인가?
① 노화를 지연
② 미생물의 억제
③ 꽃잎의 보호
④ 에틸렌 가스 발생의 억제

해설 당은 절화 후 체내에 필요한 양분을 공급해 노화를 지연시키고 관상기간을 연장시키는 역할을 한다.

6. 다음 중 4℃저온의 냉장고에 두면 꽃잎이 퇴색되고 봉오리가 개화되지 않는 저온장해를 받는 화훼류는?
① 거베라 ② 국화
③ 안스리움 ④ 카네이션

해설 열대 원산의 절화인 안스리움, 덴파레, 헬리코니아 등은 4℃이하의 저온에 두면 꽃잎이 퇴색되고 봉오리가 개화되지 않는 등 저온장해를 받는다.

7. 다음 중 수액이 다른 꽃에 해를 미쳐 따로 물올림을 하는 것은?
① 튤립 ② 수선화
③ 아마릴리스 ④ 포인세티아

해설 수선화는 줄기를 절단했을 때 흰색의 유액이 흘러나온다.

8. 일반적으로 절화의 수분 흡수를 저해하는 유관속 폐쇄의 원인으로 옳지 않는 것은?
① 보존제 처리한 물속 자르기
② 절단 후 도관 중에 기포발생
③ 절단면에 유액에 의한 절구 굳음 현상
④ 미생물 증식으로 인한 도관부 폐쇄

해설 보존제를 처리한 물속 자르기는 도관에 기포발생을 막아주어 수분 흡수를 용이하게 해준다.

04 ④ 05 ① 06 ③ 07 ② 08 ①

9. 절화의 노화원인 중 관련이 가장 먼 것은?

① C/N율 저하
② 수분균형 불량
③ 에틸렌에 노출
④ 호흡에 의한 양분소모

해설 절화의 노화원인은 수분균형의 불량, 에틸렌에 노출, 호흡에 의한 양분소모, 과다한 증산작용으로 인한 수분 배출 등이 있다. C/N율은 식물체내의 탄수화물/질소의 비율이며 개화와 관련이 있다.

10. 생산자가 수확한 절화를 출하 전에 처리하는 약제는?

① 봉오리 열림제
② 생산자약제
③ 전처리제
④ 후처리제

해설 생산자는 절화를 수확한 후 유통하기 전에 전처리제를 처리한다.

11. 식물의 노화를 촉진하는 원인이 아닌 것은?

① 양분부족
② 수분부족
③ 사이토키닌(Cytokinin)생성
④ 에틸렌(Ethylene)생성

해설 절화의 노화원인은 수분균형의 불량, 에틸렌에 노출, 호흡에 의한 양분소모, 과다한 증산작용으로 인한 수분 배출 등이 있으며 사이토키닌은 식물의 노화를 지연시키는 호르몬이다.

12. 절화의 내적 품질을 나타내는 것으로 가장 옳은 것은?

① 절화의 길이
② 꽃의 크기
③ 절화의 수명
④ 절화의 개화정도

해설 내적품질은 절화의 수명, 체내의 양분변화, 도관의 막힘 등이며 절화의 길이, 꽃의 크기, 개화정도와 화색은 절화의 외적품질이라고 할 수 있다.

13. 다음 중 줄기의 아랫부분 10cm 정도를 끓는 물에 넣었다 빼내는 열탕처리가 수명연장에 효과가 있는 화훼류는?

① 튤립
② 포인세티아
③ 국화
④ 카네이션

해설 국화, 안개초 등의 식물은 열탕처리 효과가 있다.

09 ①   10 ③   11 ③   12 ③   13 ③

14. 다음 중 식물의 신장을 억제하고 화청소(안토시아닌)의 형성을 촉진시키는 작용을 하는 것은?
① 가시광선 ② 자외선
③ 적외선   ④ 방사선

해설 자외선은 꽃의 화색 발현에 영향을 주며 신장을 억제하는 역할을 한다.

15. 다음 중 식물의 성숙 및 노화를 일으키며, 화학구조가 매우 단순한 식물호르몬은?
① 옥신   ② 지베렐린
③ 에틸렌   ④ ABA

해설 에틸렌은 과실의 성숙과 착색을 촉진시키므로 성숙호르몬이라고 부르며 화학구조가 간단하고 식물의 조직에 상처가 생길 때 증가한다.

16. 절화의 물올림을 위한 방법 중 물리적 방법이 아닌 것은?
① 수중 절단법   ② 탄화법
③ 온수 침지법   ④ 지베렐린(GA)처리법

해설 절화의 물올림을 위한 물리적 방법은 수중 절단, 탄화, 열탕처리, 온수침지법 등이 있다.

17. 다음 중 절화의 수확 후 저온처리 효과가 아닌 것은?
① 에틸렌 발생 촉진   ② 절화수명 연장
③ 생리 대사 억제   ④ 호흡 억제

해설 저온처리는 호흡을 억제하여 양분소모를 줄이고 에틸렌 생성도 줄여 선도를 유지할 수 있다.

18. 절화 보존제에 첨가하는 자당(sucrose)에 관한 설명으로 틀린 것은?
① 수확 후 일어나는 대사 작용에 이용된다.
② 첨가 농도는 화훼류에 관계없이 일정하다.
③ 가정용 설탕으로 대체가 가능하다.
④ 절화에 광합성 산물을 인위적으로 첨가하는 효과가 있다.

해설 자당(설탕)은 에너지원으로 이용되며 화훼류의 종류에 따라 첨가농도를 달리한다.

19. 다음 중 0~4℃로 저장하면 저온장해를 받는 것은?
① 국화   ② 장미
③ 카네이션 ④ 안수리움

해설 열대 원산의 안스리움, 덴파레, 헬리코니아 등은 4℃이하의 저온에 두면 꽃잎이 퇴색되고 봉오리가 개화되지 않는 등 저온장해를 받는다.

14 ②　　15 ③　　16 ④　　17 ①　　18 ②　　19 ④

20. 다음 절화에 나타나는 현상 중 에틸렌과 관계가 없는 것은?

① 글라디올러스의 꽃대가 구부러진다.
② 델피늄의 꽃과 꽃잎이 떨어진다.
③ 장미 꽃봉오리의 개화가 억제된다.
④ 카네이션의 꽃잎이 오그라든다.

해설 카네이션은 고농도의 에틸렌에서는 꽃잎이 닫혀 개화하지 않고 금어초, 델피늄은 에틸렌에 접촉하면 꽃이 쉽게 떨어져 관상가치가 낮아지며 꽃봉오리 개화가 억제된다.

21. 토양의 수분이 과다할 경우 발생하는 현상이 아닌 것은?

① 토양속의 공기 함량이 감소한다.
② 통기 불량으로 뿌리가 썩는다.
③ 유기물의 분해를 촉진한다.
④ 토양 미생물의 활동을 억제한다.

해설 토양수분이 과다하면 토양 미생물의 활동이 억제되어 유기물의 분해가 더디다.

22. 다음 중 배양토와 그 특징의 연결이 적당하지 않은 것은?

① 부엽: 보수성, 보비력은 좋으나 약 알칼리성이다.
② 피트모스: 보수성, 보비력, 염기치환 능력이 좋다
③ 버미큘라이트: 규산 화합물이며, 모래의 1/15무게이다.
④ 펄라이트: 통기성이 좋으나 염기치환용량이 적다.

해설 중성, 약 알카리성으로 삽목 용토에 적합하다.

23. 다음 중 화분 식물의 토양수분 관리법 설명으로 가장 적당한 것은?

① 용기 재배의 경우 물기둥 현상은 용기가 높을수록 높게 형성된다.
② 점토의 비율이 50%이상일 때 건조의 피해를 덜 받는다.
③ 화분 벽과 토양사이의 공간이 생기는 문제를 해결하기 위해서는 점토함량을 낮춘다.
④ 일반적으로 토양상황은 액상: 기상: 고상의 비율이 20:30:50이 된다.

해설 점토함량이 높으며 토양입자들의 점성이 높아져 화분과 토양의 사이가 벌어지게 된다.

24. 대기오염에 의한 식물의 피해현상이 아닌 것은?

① 반점 현상   ② 조기 낙엽
③ 형태변화   ④ 꽃눈 형성

해설 대기오염에 의한 식물의 피해로는 조기낙엽, 식물의 형태변화, 병해충, 잎의 반점 등이 있다.

20 ① 21 ③ 22 ① 23 ③ 24 ④

25. 다음 중 단일에서 꽃이 피는 화훼류는?

① 튤립
② 백합
③ 국화
④ 장미

해설 단일성 식물은 한계일장보다 일장이 짧아질 때 개화하는 것으로 국화, 포인세티아 등이 있다.

26. 가을 국화를 7~8월에 개화시키고자 할 때 처리해야 하는 방법은?

① 차광(遮光)처리
② 장일(長日)처리
③ 전조(電槽)처리
④ 고온(高溫)처리

해설 국화는 가을에 개화하는 단일성 식물로 7~8월에 개화(촉성재배)시키고자 할 때, 햇빛을 차단하는 차광처리를 이용한다.

27. 다음 중 장일성 식물로 가장 적당한 것은?

① 카네이션
② 칼랑코에
③ 장미
④ 포인세티아

해설 장일성식물은 한계일장보다 일장이 길어질 때(봄부터 여름) 개화하는 것으로 카네이션, 금어초, 루드베키아, 피튜니아, 금잔화, 데이지 등이 있다.

28. 다음 중 습기가 많은 토양조건에서 잘 자라는 식물이 아닌 것은?

① 바위솔
② 알로카시아
③ 낙우송
④ 토란

해설 알로카시아, 토란과 같은 천남성과 식물은 습기가 많은 곳에서 잘 자라며 낙우송은 배수가 불량한 곳이나 물속에서는 기근이 발생하여 습기가 많은 토양조건에서 잘 자란다.

29. 다음 중 '테라리움'의 관리방법으로 옳지 않은 것은?

① 식재토양은 가볍고 소독이 잘 된 것을 사용한다.
② 유리를 통해 충분한 양의 광이 전달되지 않으므로 창가에 직사일광이 비치는 밝은 곳에 둔다.
③ 식충식물이나 아디안텀, 프테리스와 같은 고사리류 식물이 좋다.
④ 배수층 위에 숯을 약간 깔아 주면 토양내 발생된 유해물질을 흡수해 줄 수 있다.

해설 식물의 잎을 통해 증산된 수분이 용기 벽면에 물방울로 맺혀 있다가 다시 토양으로 내려와 뿌리로 흡수되어 적정습도가 유지되므로 테라리움 안의 식물에는 물을 많이 주지 않아도 되며 키가 작고 생장속도가 느리며 빛이 적어도 잘 살 수 있는 식물이 적합하다.

25 ③   26 ①   27 ①   28 ①   29 ②

30. 다음 중 설명이 잘못된 것은?

① 테라리움– 라틴어로 흙이라는 의미의 Terra 와 용기라는 의미의 arium의 합성어이다.
② 비바리움– 유리용기 속에 도마뱀, 개구리 등의 동물과 식물이 공생하는 자연의 모습을 연출한다.
③ 아쿠아리움– 거북이, 물고기를 넣고 수생식물을 띄워 키운다.
④ 디쉬가든– 깊이가 얕은 분에 목본 식물을 인공적으로 생장 억제시켜 축소, 묘사한 것이다.

해설 디쉬가든은 편평하고 넓은 접시 모양의 용기에 생육속도가 느리고 키가 크게 자라지 않으며 뿌리가 깊게 뻗지 않는 식물을 함께 심어 실내에 축소된 정원으로 실내를 꾸미는 방법이다.

31. 접시와 같이 넓고 깊이가 얕은 용기에 키가 작고 생육속도가 늦은 식물을 식재하여 감상하는 분식물 장식은 무엇인가?

① 분재
② 걸이분
③ 디시가든
④ 토피아리

32. 다음 중 유리용기에 도마뱀, 개구리 거북 등과 식물을 함께 생육시키는 식물장식으로 가장 적당한 것은?

① 아쿠아리움
② 테라리움
③ 비바리움
④ 디쉬가든

33. 다음 중 소형 테라리움에 이용할 수 있는 식물로 가장 적당한 것은?

① 아스파라거스
② 파리지옥
③ 칼라
④ 몬스테라

해설 테라리움에 알맞은 식물은 키가 작고 생장속도가 느리며 빛이 적어도 잘 살 수 있는 식물로 필레아, 아디안텀, 접란, 피토니아, 아이비 등이 있다.

34. 분식물은 기본적으로 용기와 토양, 식물, 첨경물로 구성되는데 다음 중 디쉬가든 장식에 적합하지 않은 것은?

① 접시처럼 넓고 얕은 용기
② 키가 작은 식물
③ 생육속도가 빠른 식물
④ 뿌리가 깊게 뻗지 않은 식물

30 ④   31 ③   32 ③   33 ②   34 ③

35. 용기에서 자라는 식물을 전정하여 형태를 만들거나, 철사나 나뭇가지 등으로 틀을 만들어 그 위에 덩굴식물 등을 감거나 부착하여 그 형태를 감상하는 것은?
① 걸이분 ② 수경재배
③ 토피아리 ④ 테라리움

36. 벽걸이 분(wall hanging basket)의 장점이 아닌 것은?
① 공간 활용도가 효율적이다.
② 공중걸이 분보다 고정이 용이하다.
③ 장식품의 시선을 확대할 수 있다.
④ 사방에서 관상할 수 있다.

37. 식물조직의 세포막을 건전히 유지하고, 세포속에 있는 노폐물 또는 해로운 물질을 제거하는 역할을 하는 성분은?
① 마그네슘(magnesium) ② 철(iron)
③ 망간(manganese) ④ 석회(calcium)

[해설] 칼슘(Ca)은 세포막을 튼튼하게 하고 부족 시에 생장점이나 어린잎이 고사한다.

38. 화분 밑의 배수공을 통해 물이 모세관현상으로 스며 올라가게 하는 관수법은?
① 점적관수 ② 저면관수
③ 살수관수 ④ 지중관수

[해설] 저면관수는 화분 밑의 배수공을 통해 물이 모세관현상으로 스며 올라가도록 하며 점적관수는 플라스틱 튜브에 가는 구멍을 뚫어 물이 방울방울 흘러나와 천천히 뿌리 주변을 적시는 방법이다.

39. 잎 비료로 왕성한 생육을 유도하고 부족하면 잎이 연한 녹색으로 변하며 오래된 잎에서 결핍증상이 빨리 나타나는 것은?
① 인산(P) ② 질소(N)
③ 칼륨(K) ④ 망간(Mn)

[해설] 질소(N)는 잎의 비료로 왕성한 생육을 유도하고 부족하면 잎이 연한 녹색으로 변하며 오래된 잎에서 결핍증상이 나타난다. 인산(P)은 꽃의 비료로 꽃과 열매, 뿌리의 발달을 촉진하며 칼륨(K)는 줄기와 뿌리를 튼튼하게 하고 내한성과 내병성을 강화시킨다.

35 ③   36 ④   37 ④   38 ②   39 ②

40. 피트모스(peatmoss)에 대한 설명으로 옳지 않은 것은?

① 초본의 식물이 습지에 퇴적되어 완전히 분해 되지 않고 탄화된 것이다.
② 온대에서는 퇴적되는 양이 적지만 아한대, 한대 지역에서는 넓게 분포한다.
③ 보수성이 높고 공극이 크며, 염기치환 용량이 낮은 토양이다.
④ pH는 3.0~6.2인 산성이다.

[해설] 보수, 보비력이 좋고 공극이 크며 염기치환용량이 높다. pH는 3.0~6.2인 산성이며 pH의 보정을 위해 중성 또는 알칼리성 재료를 혼합하여 이용하는 것이 좋다.

41. 비료의 3요소가 아닌 것은?

① 질소　　　　　　　　　　　② 인산
③ 칼륨　　　　　　　　　　　④ 칼슘

[해설] 비료의 3요소는 질소(N), 인산(P), 칼륨(K)이며, 칼슘(Ca)을 포함하여 4요소라고도 한다.

42. 다음 중 진주암을 1,000℃정도로 가열하여 입자내 공극을 팽창시킨 것으로 염기치환 용량은 상당히 낮은 원예용토는?

① 하이드로볼
② 버미큘라이트
③ 발포 스치로폴
④ 펄라이트

[해설] 펄라이트는 입자 내 공극이 거의 없어 염기치환용량은 낮다. 매우 가볍고 약알칼리성이므로 산성인 피트모스와 혼합하여 분화용으로 많이 이용된다.

43. 다음 중 배양토에 대한 설명으로 틀린 것은?

① 식물 생육에 필요한 영양분이 함유 되도록 한다.
② 사용할 식물에 맞게 적정 비율로 경량토들을 혼합해서 사용한다.
③ 토양이 무거워야 식물의 뿌리를 잘 눌러 고정할 수 있다.
④ 통기성, 보수력, 보비력이 양호하다

[해설] 토양이 무겁고 다져진 토양은 토양의 공극이 낮아 식물의 뿌리가 잘 발달하지 못한다.

44. 식물의 일장 반응에 있어 야간 동안에 광을 쬐어주면 긴 밤의 효과가 없어진다. 이때 야간 동안에 광처리를 해주는 것을 무엇이라고 하는가?

① 광 중단　　　　　　　　　　② 온탕처리
③ 멀칭　　　　　　　　　　　④ 춘화처리

[해설] 야간 동안에 광처리를 해주는 광중단은 단일식물에 있어 효과가 크다.

40 ③　　41 ④　　42 ④　　43 ③　　44 ①

45. 다음 중 피트모스에 대한 설명으로 옳은 것은?
① 물이끼를 건조시킨 것으로써 물을 저장할 수 있다.
② 보수성이 높고, 공극이 크며 암갈색으로 산성을 띤다.
③ 낙엽활엽수의 잎이 완전히 부속된 것이다.
④ 고온으로 가열하여 만든 pH7정도의 중성이다.

해설 초본성 식물이 습지에 퇴적되어 완전히 분해되지 않고 탄화된 피트모스는 보수, 보비력이 좋고 공극이 크며 염기치환 용량이 높다. 산성을 띠므로 pH의 보전을 위해 중성 또는 알칼리성 재료를 혼합하여 이용하는 것이 좋다.

46. 다음 중 토양 수분의 과잉 장해 현상과 관련 내용으로 가장 거리가 먼 것은?
① 세포의 비대생장이 억제된다.
② 뿌리의 활력이 떨어진다.
③ 식물이 도장한다.
④ 토양 내 미생물의 활동이 억제된다.

47. 다음 관수방법 중 화분재배 관수방법으로 가장 거리가 먼 것은?
① 이랑관수
② 저면관수
③ 매트(matt)관수
④ 점적관수

해설 화분재배에 알맞은 관수방법은 저면관수, 고랑관수, 살수관수, 점적관수, 지중관수 등이 있다.

48. 다음 중 식물생육에 가장 큰 영향을 미치는 광선은?
① 자외선
② 가시광선
③ 적외선
④ 근적외선

해설 식물생육에 가장 큰 영향을 미치는 광선은 가시광선이며 광합성에 가장 유효한 파장은 675nm의 적생광과 450nm의 청색광이다.

49. 다음 중 원예용 특수토양이 아닌 것은?
① 피트모스
② 펄라이트
③ 버미큘라이트
④ 찰흙

해설 원예용 특수토양은 피트모스, 펄라이트, 버미큘라이트, 수태, 바크 등이다.

45 ②　　46 ①　　47 ①　　48 ②　　49 ④

50. 다음 중 원예용 배양토의 조건으로 적합하지 않은 것은?

① 배수성과 통기성이 좋아야 한다.
② 보수력과 보비력이 높아야 한다.
③ 일반적으로 산도가 높아야 한다.
④ 병충해가 없는 무병토양 이어야 한다.

해설 원예배양토의 알맞은 조건은 배수와 통기성, 보수력과 보비력이 좋으며 잡초 종자나 병충해가 없고 토양산도(pH)가 작물별로 적합해야 한다.

51. '수 천 송이의 꽃', '많은 꽃' 이라는 의미로 여러 가지 질감, 색, 꽃을 한꺼번에 꽂아주는 기법으로 19세기 유럽에서 유행한 것으로 가장 적당한 것은?

① 밀레 드 플레르(Mille de fleur)
② 워터폴(Waterfall)
③ 비더마이어(Biedermeier)
④ 보태니컬(Botanical)

해설 밀레 드 플레르(mille de fleur)
- 19C 중반 낭만주의를 대표하며 '수천송이의 꽃'이라는 의미를 가진 것으로 다양한 종류와 다양한 색의 꽃들을 사용해 풍성한 느낌을 준다.
- 꽃의 크기보다는 여러 가지 각기 다른 꽃들의 형태와 재질, 색의 특성을 나타내는 스타일이다.
- 모양은 둥근형이 일반적이지만 삼각, 사각, 부채, 타원형도 있다.

52. 신부 꽃다발(bridal bouquet)에 대한 설명 중 가장 거리가 먼 것은?

① 철사로 만들어지는 꽃다발에는 난류와 다육질의 꽃이 선호된다.
② 신부 꽃다발의 수명은 하루이므로 꽃의 증산작용이 활발해도 좋다.
③ 18세기 영국에서는 꽃을 방향성 식물로 만들어 악령과 질병을 막아주는 것으로 이용하기도 하였다.
④ 원형, 폭포형, 삼각형, 초생달형, S자형, 링형 등 다양한 형태로 만들 수 있다.

53. 결혼식에 사용되는 화훼장식품들의 설명으로 틀린 것은?

① 화동(花童)의 꽃도 신부용 부케와 비슷한 형으로 제작한다.
② 자연스러운 바구니형 부케는 야외결혼식에 적합하다.
③ 라운드 부케는 신부부케의 일종이다.
④ 웨딩케익 장식의 포칼포인트(focal point)는 가장 아랫부분이다.

해설 포컬포인트의 위치는 케익의 크기, 형태, 단상의 높이 등에 따라 다르다.

50 ③   51 ①   52 ②   53 ④

54. 다음 웨딩 부케에 대한 설명이 옳지 않은 것은?
① 모든 부케의 기본 형태는 원형이다
② 캐스케이드형(cascade)부케란 상부의 원형부케와 하부의 흐름을 갈란드로 연결한 것이다
③ 초생달형(crescent)부케는 선의 흐름을 최대한 돋보이게 하고 대칭적, 자율적인 비대칭적 제작 구성이 가능하다.
④ 트라이앵글형 부케는 아름다운 곡선이 돋보이는 형태이다.

해설 트라이앵글형 부케는 원형의 중심부분에 3 개의 갈란드를 연결하여 삼각형으로 구성한 부케로 비대칭적인 부등변삼각형의 형태가 많이 이용된다.

55. 공간 장식을 하는 데 있어서 고려해야 할 사항으로 가장 거리가 먼 것은?
① 공간의 전체적인 구도
② 장식할 공간의 전체적인 분위기
③ 공간 내부의 주 색상
④ 장식 공간의 주변 외부 환경

해설 공간장식에서 고려해야 될 사항은 공간의 전체적인 구도, 분위기, 주 색상, 내부 환경 등이며 외부 환경은 고려해야 될 사항으로 보기 어렵다.

56. 핸드타이드 부케(Handtied Bouquet)로 불리는 꽃다발을 제작할 때의 주의사항으로 가장 거리가 먼 것은?
① 묶은 점 아랫부분의 줄기는 깨끗이 다듬어 준다.
② 묶은 점은 굵은 철사로 단단하게 여러 번 묶는다.
③ 일반적으로 줄기는 나선형으로 돌려가며 조립한다.
④ 묶은 점을 단단하게 묶는다.

해설 묶은 점은 단단히 묶어서 꽃이 움직이지 않도록 하되 줄기가 상하지 않도록 라피아, 실, 노끈 등을 이용해서 묶는 것이 좋다.

57. 핸드타이드 부케에 사용되는 꽃으로 적합하지 않은 것은?
① 카틀레야   ② 장미
③ 나리   ④ 델피니움

58. 핸드타이드 부케를 만들 때 유의해야 할 점이 아닌 것은?

① 줄기는 한 방향으로 나선형이 되도록 구성한다.
② 묶은 점은 조금 느슨하게 묶어 줄기가 잘 펼쳐지고 상하지 않아야 한다.
③ 묶은 점은 되도록 가늘게 필요한 만큼의 폭으로 묶는다.
④ 묶은 점 아래 부분의 줄기는 깨끗이 다듬어 준다.

[해설] 묶은 점은 단단하게 묶어야 완성 후의 형태가 변화되거나 줄기가 빠지는 것을 막을 수 있다.

59. 핸드타이드 꽃다발(Hand tied bouquet)에 대한 설명으로 옳은 것은?

① 묶은 점 아래 부분 줄기에도 싱싱한 잎을 붙여 둔다.
② 묶은 점은 단단하게 하기 위하여 최대한 넓은 폭으로 묶는다.
③ 줄기 끝은 직선으로 자른 후 세울 수 있게 한다.
④ 줄기는 스파이럴(Spiral)또는 패럴랠(Parallel) 기법으로 제작한다.

60. 각종 연회와 모임에 가장 널리 사용되고, 여성용으로 가슴이나 어깨, 팔목 등을 장식하며 의복의 특성에 따라 다양한 양식으로 디자인되는 결혼식 꽃 장식은?

① 코사지
② 부토니아
③ 꽃다발
④ 오브젯장식

[해설] 프랑스어의 '꼬르사쥬'에서 유래한 것으로 여인의 허리를 중심으로 상반신이나 의복에 직접 또는 간접적으로 장식하는 작은 꽃묶음을 말하며 웨이스트, 숄더, 바스트, 백사이드, 리스틀릿, 앵클릿, 헤어 등으로 구별 할 수 있다.

61. 다음 중 꽃꽂이의 특징에 대한 설명으로 가장 거리가 먼 것은?

① 꽃을 잘라 줄기가 물을 흡수할 수 있도록 용기에 꽂는 데서 시작하였다.
② 고정용 소재로는 반드시 플로럴 폼만 사용해야 한다.
③ 장소의 특성 이용자의 요구에 따라 디자인이 달라질 수 있다.
④ 다양한 식물 외에 부 소재와 조형물을 함께 응용할 수 있다.

62. 코사지 종류 중 어깨에서 등까지 늘어뜨려 장식하는데 사용되는 것은?

① 숄더(shoulder)
② 에포렛(epaulet)
③ 부토니어(boutonniere)
④ 앵클릿(ankelet)

[해설] 신랑 가슴에 다는 꽃은 부토니어, 발목이나 발목 뒤를 장식하는 것은 앵클릿, 어깨장식은 에포렛이다.

58 ②　　59 ④　　60 ①　　61 ②　　62 ①

63. 코사지의 종류 중 브레이슬릿(Bracelet)의 설명으로 옳은 것은?

① 목 주위를 장식하는 것이다.
② 팔이나 손목에 장식하는 것이다.
③ 발목에 장식하는 것이다.
④ 어깨위에서 겨드랑이를 장식하는 것이다.

해설 팔이나 손목을 장식하는데 사용하는 팔찌모양으로 리스틀릿 코사지(wristlet corsage)라고도 한다.

64. '리스'에 대한 설명이 잘못된 것은?

① 리스는 절화를 이용하여 고리모양으로 만든 장식물이다.
② 리스는 리스 고리의 크기에 비해 두께가 가늘수록 모양이 좋다.
③ 리스는 나무덩굴이나 짚, 로프, 철사, 철망, 이끼 등으로 만든 둥근 고리 모양의 틀에 꽃을 부착시켜 만든다.
④ 리스는 플로랄 폼이 있는 고리모양의 틀에 꽃꽂이 하듯 꽃을 꽂아 만든다.

해설 둥근 원 형태로 만든 꽃 장식물이며 화환(花環), 리스(wreath), 크란츠(kranz)라고 하며, 리스의 두께는 전체의 크기에 따라 다르게 구성되어야 하며, 크기에 비해 가늘 경우 비율이 맞지 않기 때문에 안정감이 부족해 보일 수 있다.

65. 화환의 역사적인 배경에 대한 설명으로 틀린 것은?

① 오늘날 외국의 장례식 장식에서 많이 이용되는 화환은 고리형태에서 유래했다.
② 화환 제작 시 가장 먼저 사용한 기법은 꽂는 기법이 아닌 감는 기법이다.
③ 화환은 영원함을 상징한다.
④ 화환의 기본 틀은 짚만으로 만들어졌었다.

해설 화환의 기본 틀은 짚, 포도넝쿨, 갈대 등의 다양한 소재로 만들어 사용되었다.

66. 꽃꽂이 형태 중 비대칭 삼각형의 특징이 아닌 것은?

① 정숙하고 깔끔하며, 안정감이 있어 보인다.
② 중심은 좌우 대칭축에서 벗어나 있다.
③ 균등하지 않으며, 자율적인 배열을 이룬다.
④ 밝고 활동적이며 긴장감을 유발시켜 자유스러운 이미지가 강하다.

해설 대칭삼각형의 특징은 부동의 느낌, 엄숙하고 정돈된 느낌을 주며, 아름다움과 안정감을 간결하게 표현한 실용적인 느낌의 질서 있고 맵시 있는 디자인이다.

63 ② 64 ② 65 ④ 66 ①

67. 결혼식장의 화훼장식을 설명하는 내용 중에서 거리가 먼 것은?

① 일반적으로 주례단상에는 낮고, 옆으로 긴 꽃꽂이를 한다.
② 꽃길을 따라 양측으로 꽃 기둥을 반복해서 세워둔다.
③ 순결, 순수의 의미를 강조하기 위해서 흰색 꽃을 사용하고 유색 꽃은 사용하지 않는다.
④ 꽃길이 시작되는 부분에 아치형 구조물을 설치하여 꽃꽂이를 하거나 갈런드를 만들어 부착한다.

68. 연회장 꽃 장식에 대한 설명 중 맞지 않는 것은?

① 칵테일파티 일 때에는 꽃을 높게 장식해도 된다.
② 테이블 가장자리에 갈런드를 이용하기도 한다.
③ 테이블 꽃 장식은 음식 놓을 공간을 고려해 장식한다.
④ 테이블 꽃 장식을 상대방의 시야에 상관없이 화려 하게 장식한다.

해설 식사 테이블 꽃 장식을 할 때에는 상대방과 대화를 나눌 수 있도록 시야를 가리지 않도록 낮게 장식하는 것이 좋다.

69. 분식물 장식의 기본기술에 관한 설명으로 옳지 않은 것은?

① 분식물 장식은 기본적으로 용기, 토양, 식물로 이루어진다.
② 착생식물은 토양 없이 공간장식에 이용될 수 있다.
③ 두 종류 이상의 식물을 심을 때는 생육습성이 비슷한 종류끼리 심는다.
④ 관엽식물은 용기에 가득 심어 여유 공간을 두지않는다.

70. 다음 중 서양꽃꽂이의 분류 설명 중 모던 스타일의 특징이 아닌 것은?

① 자연법칙을 존중하고 자연적인 형태를 기준으로 한다.
② 소재끼리 서로 만나지 않고 평행을 이루거나 교차를 이룬다.
③ 전통디자인은 대칭 질서를 이루는 반면, 대부분 비대칭 질서를 유지한다.
④ 단순한 조화미를 표현하는 기학학적 상식디자인이다.

해설 • 모던 스타일은 유럽을 중심으로 식물은 자연 속에 있는 그대로의 모습으로 장식되어야 한다는 주장들이 제기되어 자연에 충실한 베지터티브(vegetative)라는 양식이 탄생되었다.
• 단순한 조화미를 표현하는 기하학적 장식디자인은 전통디자인(classic style)에 속한다.

71. 비더마이어(Biedermeier)를 가장 바르게 설명한 것은?

① 돔(Dome)형으로 촘촘히 구성하며 혼합(mixing)한다.
② 수천송이의 꽃이란 의미가 있다.
③ 네덜란드 화풍에서 나온 디자인이다.
④ 물이 흐르는 듯한 모양으로 꽂는다.

해설 ① 비더마이어는 선적인 소재보다는 둥근 형태나 작은 꽃 종류, 과일 등을 촘촘하게 사용하는 것이 효과적이다.
② 밀드플레, ③ 더치플레미시, ④ 폭포형에 대한 설명이다.

67 ③   68 ④   69 ④   70 ④   71 ①

72. 20C에 등장한 독특한 시각 예술형태로 자연적, 추상적 어떠한 구성도 가능하며, 소재의 종류에 따라 종이, 캔버스, 합판, 나뭇가지 등의 지지물을 바탕으로 이용하는 디자인 양식은?

① 리스(wreath)
② 콜라주(collage)
③ 토피아리(topiary)
④ 갈런드(galand)

해설 꼴라주(collage)
- 1910년경 피카소, 브라크가 시작한 큐비즘의 한 표현 형식으로 인쇄물이나 신문, 천, 나무조각, 모래 등 서로 이질적인 것을 붙여서 새롭게 구성하는 미술적인 기법을 말한다.
- 시각 예술의 형태이며 건조화, 조화를 주소재로 하고 천, 금속물, 돌, 나무, 조각 등 입체적인 소재를 첨가하여 평면으로 나타내는 디자인이다.

73. 다음 중 머리 장식물에 들어갈 꽃의 조건으로 가장 부적합한 것은?

① 꽃이 작고 가벼운 것
② 꽃의 키가 크지 않은 것
③ 꽃의 향기가 진한 것
④ 꽃의 색과 모양에 특징이 있는 것

74. 수평형, 수직형 모두 포함되어 있고, 음화적인 공간이 필요하다. 또한 반사되어 보일 듯 제작하고 L자형을 기본 구조로 디자인하는 기법은?

① 뉴 컨벤션(New convention)
② 포멀 리니어 디자인(Formal linear)
③ 뉴 웨이브 디자인(New wave)
④ 필로잉 디자인(Pillowing)

해설 새로운 양식(new convention)
- 뉴 컨벤션은 L자형에 기초를 둔 형으로 직각이나 수직을 결합한 양식이다.
- 식생적 병행구성의 변형된 형태로 한 작품에서 수직선과 수평선이 동시에 강조 된 디자인이다.
- 수직 그룹과 수평 그룹은 직각이 되도록 구성하며, 같은 그룹 내의 소재들도 높낮이를 다르게 구성한다.
- 수직적 그룹과 수평적인 그룹 사이에 음성적 공간이 있어야 한다.

75. 용기위에 꽃다발을 얹은 것처럼 구성한 디자인으로 줄기와 꽃이 자연스럽게 연결되어 있는 것처럼 보이도록 양쪽에서 연결하여 꽂는 디자인은?

① 대각선형(Diagonal style)
② 나선형(Spiral style)
③ 스프레이형(Spray style)
④ 수평형(Horiwontal style)

해설 스프레이형(Spray)
- 선물용 꽃다발을 화기 위에다 올려놓은 것 같이 자연 줄기를 살려서 구성한 형태이다.
- 꽃과 줄기를 분리하여 따로 꽂되, 모든 꽃과 줄기가 같은 기점에서 나온 것처럼 기구상의 초점(Mechanical point)

72 ②   73 ③   74 ①   75 ③

이 연속되게 구성한 것이 특징이다.
- 일반적으로 낮은 화기에는 입체적 구성을, 높은 화기일 경우에는 대칭적인 3각형 형태로 평면적 구성이 좋다.

76. 다음 그림과 같은 도면으로 표현되는 꽃꽂이 형태는?

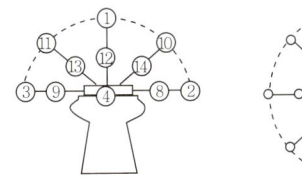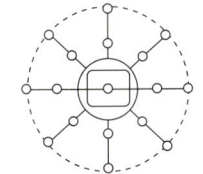

① 부채형　　　　　　② 타원형
③ 삼각형　　　　　　④ 라운드

77. 다른 화훼 장식물에 비하여 꽃다발과 꽃바구니가 주로 선물용 및 증정용으로 활용되는 주된 이유는?

① 이동성이 좋다.
② 가격이 싸다.
③ 형태가 다양하다.
④ 색 표현이 다양하다.

78. 다음 중 일반적으로 신부부케 제작 시 요구되는 사항으로 옳은 것은?

① 신부부케는 들고 다니기 편리하게 반드시 부케 홀더를 사용한다.
② 색상은 신부의 체형, 키, 피부색, 웨딩드레스 등에 맞도록 제작한다.
③ 형태는 되도록 크고 늘어지게 한다.
④ 색상은 대단히 화려하고 눈에 띄는 큰 꽃으로 한다.

해설 신부부케 제작 시 주의사항
- 신부의 개성과 특징, 드레스의 색상과 스타일, 취향, 계절적 감각을 고려하는 것이 좋다.
- 시간, 장소, 사용 목적을 정확히 파악하고 꽃 소재를 선정하는 것이 좋다.
- 예식이 끝날 때 까지 신선하고 흐트러짐이 없어야 한다.
- 가능한 한 견고하면서 아름답게, 들기 쉽고 가볍게 처리하는 것이 좋다.
- 드레스를 더럽히거나 신체에 손상을 입히면 안 된다.
- 손에 들었을 때 전후좌우 무게의 균형이 잘 맞아야 한다.
- 제작은 가능한 단시간에 구성하는 것이 좋다.
- 손잡이는 신부가 잡기 편해야 하며 깨끗하고 안전하게 마무리한다.

76 ④　　77 ①　　78 ②

79. 다음 그림의 형태로 작품을 구성할 경우 1~7위치에 외곽선을 표현하기 가장 적합한 소재는?

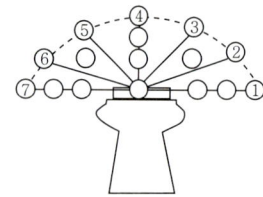

① 스프레이 카네이션
② 스프레이 장미
③ 리아트리스
④ 나리

80. 다음 중 식사용 테이블 장식에 대한 설명 중 가장 부적당한 것은?

① 향이 강하고 짙은 식물을 선택하여 호기심과 식욕을 유발한다.
② 좌식 테이블에서는 가능한 한 시야를 가리지 못하게 낮게 디자인한다.
③ 장식물의 부피가 테이블의 폭보다 지나치게 크지 않아야 한다.
④ 사용하는 식물, 화기 등이 다른 용도의 테이블 장식보다 특히 청결하여야 한다.

[해설] 음식 고유의 향을 방해하거나 좋지 못한 인상을 주기 때문에 향이 강하고 진한 식물은 피하는 것이 좋다.

81. 실내 식사용 테이블 장식에 관한 설명으로 가장 거리가 먼 것은?

① 일반적으로 중앙 테이블 장식에서의 꽃의 높이는 앉은 눈높이 아래로 한다.
② 식욕을 떨어뜨리는 장식용 재료는 사용해서는 안 된다.
③ 장소의 특성 및 이용자의 요구상황에 따라 디자인이 달라질 수 있다.
④ 플로랄 폼을 덮기 위해 자연이끼(생이끼)를 이용해서 마무리 한다.

82. 다음 중 테이블 장식을 할 때 고려 사항으로 틀린 것은?

① 사방에서 감상 할 수 있도록 꽂는다.
② 꽃이나 잎이 잘 떨어지는 소재는 피한다.
③ 진한 향과 색의 꽃을 꽂는다.
④ 장식물이 시야를 가리지 않도록 한다.

83. 장식용 건조식물을 주소재로 하고 여기에 천, 작은 돌, 나무 조각 등을 붙여 구성하는 화훼장식의 표현기법은?

① 콜라주
② 갈란드
③ 리스
④ 형상물

[해설] 1910년경 피카소, 브라크가 시작한 큐비즘의 한 표현 형식으로 인쇄물이나 신문, 천, 나무조가, 모래 등 서로 이질적인 것을 붙여서 새롭게 구성하는 미술적인 기법을 말한다.

79 ③ 80 ① 81 ④ 82 ③ 83 ①

84. 다음 중 코사지에 관한 설명으로 거리가 먼 것은?

① 사용되는 꽃은 크고 중량감이 있는 것을 이용하여 화려하게 장식한다.
② 신체의 장식뿐만 아니라 모자 등에도 사용한다.
③ 이용할 목적이나 대상을 고려하여 제작한다.
④ 프랑스어로 상반신을 뜻하는 말로, 여성의 옷이나 몸을 장식하는 작은 꽃다발이다.

해설 코사지(corsage)
- 프랑스어의 '꼬르사쥬'에서 유래한 것으로 여인의 허리를 중심으로 상반신이나 의복에 직접 또는 간접적으로 장식하는 작은 꽃묶음을 말한다.
- 현재는 활용범위가 넓어짐에 따라, 머리를 비롯하여 목, 어깨, 가슴, 허리, 등, 팔, 손목, 발목 등의 신체 부위 외에도 귀걸이, 목걸이, 모자, 팔찌, 핸드백, 구두 등의 장신구와 증정용 선물에도 사용한다.

85. 고전적형태의 하나로 양끝이 서로 이어지려는 느낌으로, 곡선과 공간의 균형이 아름다워 동적인 느낌을 주는 디자인은?

① 나선형　　　　　　　　　② 초승달형
③ 수직형　　　　　　　　　④ 둥근형

해설 초승달형(Crescent)
- 원형에서 변형된 디자인으로 달이 기울어 4분의 1만 남아있는 형태와 비슷하며 알파벳 C 모양과도 비슷하다. New moon style 또는 Half circle style 이라고도 부른다.
- 세련된 곡선적 구성과 신비적인 미감과 힘을 나타내는 것이 특징이다.
- 바로크시대에 많이 이용되었던 형태로 화려하면서 부드러운 느낌을 준다.

86. 신부 부케 제작에 필요한 테크닉적인 조건으로 틀린 것은?

① 오래 들어도 피로하지 않도록 적당한 무게로 마무리 한다.
② 시각상의 중심이 되는 꽃은 제일 작은 꽃으로 선택한다.
③ 손잡이의 각도, 길이, 두께에 유의해야 한다.
④ 결혼식이 끝날 때 까지 싱싱하고, 흐트러짐이 없도록 마무리처리를 잘 해야 한다.

87. 다음 중 결혼식용 화훼장식의 설명으로 틀린 것은?

① 신랑의 부토니어는 신부부케와는 다른 소재로 디자인하여 화려하게 만든다.
② 신부부케의 제작방법은 부케홀더, 철사감기 갈란드, 핸드타이드 등이 있다.
③ 하객석 양측 옆에 꽃길로 장식을 하고, 꽃길이 시작되는 부분에 아치장식을 하기도 한다.
④ 신부용 몸 장식은 작은 꽃다발이나 갈런드를 만들어서 어깨, 허리 뒤, 손목 등에 부착시킨다.

해설 부토니어(boutonniere)
- 신랑 가슴에 다는 꽃으로 상의 단추 구멍에 꽂는다고 하여 버튼 홀(boutton hole)이라고 한다.
- 신부부케에 사용된 소재, 색상, 이미지와 맞추어 구성하는 것이 좋다.

84 ①　　85 ②　　86 ②　　87 ①

88. 절화와 절엽 등을 길게 엮은 장식물로 고대 이집트와 로마시대부터 행사에서 경축의 용도로 벽이나 천장에 드리우거나 기둥의 둘레를 감는 목적으로 사용된 장식물은?
① 리스
② 갈런드
③ 부케
④ 형상물

해설 갈런드는 고대 이집트와 로마 시대부터 사용되었으며 장식용 재료들을 길게 엮어서 만든 것으로 경축용, 행사용에 사용된다.

89. 다음 중 리스(wreath)의 유래로 옳은 것은?
① 천(天), 지(地), 인(人)의 삼재사상에서 비롯되었다.
② 음양오행사상이 구성 원리에 많은 영향을 미쳤다.
③ 충성과 헌신의 상징으로 신이나 영웅에게 바쳤다.
④ 불전공화(佛典供花)의 양식에서 비롯되었다.

해설 처음과 끝이 없는 원을 기본 틀로 하는 것은 태양의 움직임을 나타냄으로서 신의 무한성, 불멸성 즉 영원의 의미를 나타내는 것이다.

90. 용기 위에 꽃다발을 얹은 것처럼 구성한 디자인으로 줄기와 꽃이 자연스럽게 연결되어 있는 것처럼 보이도록 양쪽에서 연결하는 꽃는 디자인의 형태는?
① 대각선형(diagonal style)
② 나선형(spiral style)
③ 스프레이형(spray style)
④ 수평형(horizontal style)

해설 스프레이형은 선물용 꽃다발을 화기 위에다 올려놓은 것 같이 자연 줄기를 살려서 구성한 형태이다.

91. 다음 중 'Parallel(패럴랠)디자인"의 설명 중 틀린 것은?
① 꽃줄기들이 수직의 선들로 무한정 확장되다가 한군데서 만나게 되는 디자인이다.
② 규칙적으로 수평, 수직 또는 사선으로 배치되는것을 말한다.
③ 용기 안의 서로 다른 점으로부터 뻗어 나온 것을 말한다.
④ 경직되고 구조적으로 보이기는 하나 높이를 달리 하면 부드러워 보인다.

해설 모든 줄기의 선이 한 개의 초점으로부터 여러 방면으로 전개되거나 한 점을 향하여 모여오는 것과 같이 구성되는 것은 방사선줄기배열이다.

92. 다음 중 방사형 구성의 화훼장식으로 가장 적당한 것은?
① 포멀 리니어
② 패럴렐 디자인
③ 트라이앵글
④ 교차선 배열

해설 전통적인 양식의 꽃꽂이와 꽃다발은 방사선 줄기 배열이 대부분이다.

88 ②   89 ③   90 ③   91 ①   92 ③

93. 줄기 배열에 따른 꽃꽂이의 형태에 있어서 연결이 옳지 않은 것은?

① 방사선 배열 – 한 개의 초점에서부터 다방면으로 전개되는 방법
② 감는선 배열 – 서로 구부러져서 휘감기는 유연한 선의 흐름으로 이루어진 방법
③ 병렬선 배열 – 여러 개의 초점으로부터 나온 줄기를 수직방향으로만 배열하는 방법
④ 교차선 배열 – 여러 개의 초점으로부터 나온 줄기의 선이 여러 각도의 방향으로 뻗어서 엇갈리게 배열하는 방법

해설 병렬선 배열은 여러 개의 초점으로부터 나온 줄기가 모두 같은 방향으로 병행을 이루며 구성되는 줄기배열방법으로 수직, 수평, 사선의 어느 방향이나 또는 직선과 곡선 등 어떤 형태로도 가능하며 대칭형 또는 비대칭형으로도 구성할 수 있다.

94. 자연적인 성장 형태에 어긋나지 않게 사실적으로 표현한 것이므로 식물의 생태적 분야를 고려하여 디자인하는 것은?

① 수평적 형태
② 선형적 형태
③ 장식적 형태
④ 식생적 형태

해설 식생적 형태는 식물이 자연 상태에서 살아있는 것과 같은 형태로 장식적인 구성과는 달리, 자연의 특성에 최대한 가깝게 표현하는 구성이다.

95. 작품 속에서 자연을 사실적으로 표현하는 것으로 식물개개의 생태적 모습이나 특성을 고려한 구성법은?

① 식생적 구성
② 장식적 구성
③ 구조적 구성
④ 선형적 구성

96. 화훼장식의 구성형식 중에서 그래픽적 구성의 설명으로 가장 알맞은 것은?

① 식물소재의 사회적 의미가 돋보이도록 표현하면서 구성한다.
② 식물 개개의 생태적 모습이나 특성을 고려하여 구성한다.
③ 식물소재 본래의 품위, 움직임, 질감 등을 추상적으로 변형시켜서 구성한다.
④ 대칭과 비대칭의 질서를 유지하면서 형과 선을 명확하게 표현하면서 구성한다.

93 ③ 94 ④ 95 ① 96 ③

97. 형과 선을 강조하는 디자인으로 하이스타일 디자인으로 아르데코라 불리우는 비대칭형 어레인지먼트에서 강조되어 사용되는 것은?

① 보케(Boeket)
② 스트라우스(Strauss)
③ 부케(Bouquet)
④ 포멀 리니어(Formal Linear)

해설 포멀 리니어 (formal linear)
- 수직, 수평, 곡선을 모두 이용하여 디자인의 중심은 명확한 선들로 강조되어야 한다.
- 비대칭적인 균형을 이루도록 한 디자인이다.
- 본질적인 음성적 공간을 필수적으로 하며 선과 형이 우세하게 표현되어야 한다.
- 형, 비율, 율동감도 선형적 디자인에서 없어서는 안 될 원칙들이다.
- 형태와 선, 색상과 질감의 대조를 위해 비슷한 소재는 그룹핑하고 인접한 소재는 대조가 되도록 한다.

98. 식물을 다른 소재와 조합하여 비사실적 기법에 의해 새로운 형태를 탄생시키는 구성을 가리키는 것은?

① 식생적 구성
② 오브제적 구성
③ 장식적 구성
④ 구조적 구성

해설 오브제적구성은 식물이나 식물의 일부분을 자연의 형태를 그대로 사용하지 않고 분리, 변형해서 그 형이나 색채, 질감의 대비나 조화 등을 비사실적 기법에 의해 순수한 구성미를 가진 형태로 표현하는 것이다.

99. 다음 중 식물 구조 및 식물의 생장과정을 자연스럽게 표현해 주는 자연적 스타일의 조형 형태를 가리키는 것은?

① 평행적 스타일
② 보태니컬 스타일
③ 정원식 스타일
④ 자연장식적 스타일

해설 보태니컬 스타일은 식물이 생장하는 과정과 구조 및 개체에 대한 관찰을 묘사한 것으로, 식물 생명주기의 각 부분들을 위주로 하여 봉오리와 꽃망울, 줄기와 잎, 뿌리, 낙화 등의 식물 일대기를 표현하는 디자인이다.

100. 동양꽃꽂이의 기본 형태로 사용하는 용어가 아닌 것은?

① 직립 기본형
② 경사 기본형
③ 하수형
④ S자형

해설 동양꽃꽂이의 기본형태는 직립형, 경사형, 수평형, 하수형등이 있으며 S자형은 기하학적 형태이다.

97 ④   98 ②   99 ②   100 ④

101. 다음중 동양식 꽃꽂이의 특징에 대한 설명으로 가장 거리가 먼 것은?

① 공간과 선을 강조한 정적 표현의 형태이다.
② 꽃이나 나무로 한 주지를 기본 양식으로 한다.
③ 화려하고 다양한 색을 사용하기도 한다.
④ 일반적으로 기하학적인 구성으로 전체적인 형태미를 중요시 한다.

해설 기하학적인 구성은 서양꽃꽂이에서 볼 수 있다.

102. 대자연의 식물 형태에서 비롯된 동양 꽃꽂이의 화형에 포함되지 않는 것은?

① 반구형　　　　　　　　　② 하수형
③ 직립형　　　　　　　　　④ 경사형

해설 반구형은 서양꽃꽂이에 속한다.

103. 다음 중 동양꽃꽂이에 대한 설명으로 잘 못 된 것은?

① 불교문화를 통해 시작되었다고 할 수 있으며 선의 아름다움과 여백의 미를 중요하게 생각하였다.
② 불교문화의 전래와 유교사상의 접목으로 정신적인 미를 더 강조하기 시작하였다.
③ 고려시대는 연꽃놀이 등을 즐겼으며 조선시대에는 음식장식, 머리장식 등의 맥락이 이어져 왔음을 알 수 있다.
④ 모든 동양꽃꽂이의 기본형의 각도 및 형태는 일치 한다.

해설 동양꽃꽂이는 1주지의 각도에 따라 직립형,경사형,하수형 등으로 나눈다.

104. 우리나라 전통적 화훼장식의 발전은 어디에서 비롯되어 발전되었는가?

① 일지화. 기명절지화
② 분식물장식, 일지화
③ 불교장식, 궁중의례장식
④ 궁중의례장식, 혼례장식

해설 우리나라의 화훼장식은 종교적 목적으로 발달되어 왔으며 중국에서 불교와 함께 불전공화가 유입되면서 더욱 발전하게 되었다.

105. 일반적으로 한국 꽃꽂이에서 제 2주지를 나타내는 기호는?

① ㅁ　　　　　　　　　　　② +
③ △　　　　　　　　　　　④ ⊥

101 ④　　102 ①　　103 ④　　104 ③　　105 ①

106. 다음 중 주지(主枝)방향에 의한 분류에 해당하지 않는 것은?
① 부화형(浮花型)
② 경사형(傾斜型)
③ 직립형(直立型)
④ 하수형(下垂型)

107. 동양식 꽃꽂이는 세 개의 주지로 작품을 구성한다. 이 중 작품의 크기를 결정하는 가장 중요한 주지는?
① 1주지
② 2주지
③ 3주지
④ 부주지

[해설] 1주지(○)높이(작품의 크기), 화기높이+넓이의 1.5배~2배
2주지(□)균형(작품의 부피와 넓이), 1주지의 2/3
3주지(△)조화(작품의 마무리), 2주지의 2/3

108. 동양식 꽃꽂이에서 제1주지의 길이는 화기의 길이(가로)와 높이(세로)를 더한 길이의 몇 배가 적당한가?
① 1배
② 1.5~2배
③ 2.5~3배
④ 상관없다.

109. 일본의 화훼장식에 대한 설명이 옳은 것은?
① 전위화 양식에서 입화양식으로 발전되었다.
② 불전공화 양식에서 기원하였다.
③ 분재의 형식을 도입한 것을 입화양식이라 칭한다.
④ 생화양식은 사각형의 구도이다.

110. 동양식 꽃꽂이에서 자연묘사에 따른 형태의 설명으로 틀린 것은?
① 부화형 : 수반에 물을 채우고 연꽃모양으로 꽃을 꽂는 형
② 방사형 : 중심축을 중심으로 사방으로 균일하게 꽂는 형
③ 분리형 : 한 개 혹은 두 개의 수반에 분리하여 꽂는 형
④ 복합형 : 두 개 이상의 수반을 복합적으로 배치하여 꽂는 형

[해설] 부화형: 수반에 물을 채우고 수생식물을 띄우는 형이다.

106 ① 107 ① 108 ② 109 ② 110 ①

111. 다음 중 전통 유럽식 꽃꽂이의 화형으로 볼 수 없는 것은?

① 비더마이어 디자인(biedermeier design)
② 밀 드 플레 디자인(mille de fleurs design)
③ 폭포형 디자인(waterfall design)
④ 풍경식 디자인(landscape design)

[해설] 전통 유럽식 꽃꽂이는 비더마이어, 밀 드 플레, 폭포형, 플레미시, 피닉스디자인 등이며 풍경 디자인은 자연적 디자인양식에 속한다.

112. 개더링(gathering)기법으로 한 송이 장미꽃에 다른 장미의 꽃잎을 붙여 큰 송이의 장미꽃처럼 만드는 것은?

① 빅토리안 로즈(Victorian rose)
② 더치스 튤립(Dutchess tulip)
③ 유칼리 로즈(Eucalytus rose)
④ 릴리멜리아(Lilymellia)

[해설]
- 빅토리안 로즈(victorian rose): 장미 구성한 모음 꽃
- 더치스 튤립(duchess tulip): 튤립으로 구성한 모음 꽃
- 글라 멜리어(glamellia): 글라디올러스로 구성한 모음 꽃
- 릴리 멜리아(lilimellia): 백합으로 구성한 모음 꽃
- 그린로즈(green rose): 각종 관엽식물이나 그린 잎으로 구성한 모음 꽃

113. 디자인의 색상, 질감, 형태의 대비를 이루면서 소재들을 종류나 질감이 유사한 것끼리 모아서 높든 낮든 하나된 느낌으로 표현하는 방법은?

① 클러스터링(culustering)
② 그루핑(grouping)
③ 조닝(zoning)
④ 스테킹(stacking)

[해설] 클러스터링(Clustering)
- 하나의 구성요소로 인식하기에 작은 소재들을 공간 없이 색상, 질감, 형태단위로 모아 덩어리를 만들어 시각적인 강조효과를 주는 기법이다
- 하나의 다발을 만들어 꽉 찬 느낌이 든다는 점에서 그루핑과 차이가 있다.

114. 다음 중 베이싱기법을 설명한 내용이 바르지 않은 것은?

① 디자인의 아래쪽을 시각적인 흥미를 위해 장식하는 방법이다.
② 필로잉, 테라싱, 파베같은 기술을 사용한다.
③ 플로랄폼을 가려주는 기술이다.
④ 각각의 꽃잎이나 잎사귀를 가지고 화기나 둥근 표면을 덮는 것이다.

[해설] 베이싱(Basing) : 화훼장식 디자인에서 토대가 되는 베이스 부분에 소재들을 이용하여 섬세한 마무리 작업으로 장식하는 기법으로 테라싱, 레이어링, 필로잉, 터프팅, 파베, 클러스터링 등이 속한다.

111 ④   112 ①   113 ①   114 ④

115. 장식적인 디자인 테크닉(Design technique)의 하나로 시험관등을 이용하여 재료가 공중에 떠 있는 것처럼 보이도록 하는 기술은?

① Fliessend technique(프리센트 테크닉)
② Floating technique(플로팅 테크닉)
③ Fencing technique(팬싱 테크닉)
④ Banding technique(밴딩 테크닉)

116. 밀짚·옥수수의 다발·지붕을 잇는짚·오두막 등과 같이 서로 유사한 소재들을 한 단위로 함께 묶거나 레핑(wrapping)하여 디자인에 위치시키는 기법은?

① 오보래핑   ② 페더링
③ 마운팅   ④ 번들링

[해설] 번들링(Bundling) : 유사한 재료들을 하나로 모아 묶어 다발을 만들거나 매거나 싸는 방법이다. 밀짚, 옥수수의 다발, 볏 짚단 등을 예로 들 수 있다.

117. 색상이 밝고 작은 소재들은 바깥쪽에 어둡고 무거운 소재들은 중앙을 향해 비치하여 시각적 균형과 점진적 변화를 창조하는 기법은?

① 시퀀싱(Sequencing)   ② 쉐도잉(Shadowing)
③ 그룹핑(Grouping)   ④ 클러스터링(Clustering)

[해설] 시퀀싱(Sequencing)
- 소재의 형태, 크기, 색, 질감 등을 점진적으로 배열, 차례차례 순서대로 꽂는 기법이다.
- 꽃은 봉오리에서 만개한 형태로, 색상은 밝은색에서 어두운 색으로, 낮은 것에서 높은 것으로, 질감이 부드러운 것에서 거친 것으로 변해가는 단계를 통해 시각적인 안정감과 극적인 효과를 제공한다.

118. 패더링(Feathering)기법에 관한 설명 중 틀린 것은?

① 코사지나 터지머지(Tuzzy-muzzy)등과 같은 섬세한 디자인을 할 때 사용된다.
② 카네이션, 국화 등의 꽃잎을 여러 장 겹쳐서 감아주는 기법이다.
③ 하나하나의 꽃과 잎이 움직이지 않도록 철사를 중심으로 단단히 감아 연결하는 기법이다.
④ 꽃의 꽃잎을 분해하여 새의 날개처럼 처리한다고 하여 붙여진 이름이다.

119. 그룹핑(Grouping) 제작 기법으로 맞는 것은?

① 한가지의 소재를 분류해 좋은 것이다.
② 같거나 비슷한 재료를 함께 무리지어 꽂는 기법이다.
③ 비슷한 꽃과 색상 모양을 모아 다른 그룹을 추가하고 시선을 분산시킨다.
④ 각자의 소재는 좁은 공간을 가져야 한다.

[해설] 그루핑(Grouping)

115 ② 116 ④ 117 ① 118 ③ 119 ②

- 소재들이 다양하게 구성되면서 집단화되고 각 그룹들 사이에 공간을 가지면서 정확한 꽃의 양과 종류, 색을 구별할 수 있도록 해 주는 기법이다.
- 고전적 그루핑은 소재의 높낮이가 제각기 다르지만 부드럽고 편안한 느낌을 준다.
- 현대적 그루핑은 세련되고 정돈된 느낌, 일정한 형태와 각도를 갖추면서 그룹을 이루는 소재의 높이를 같게 하거나 점차적으로 낮아지거나 높아지는 형태로 제작된다.
- 클러스트링과 달리 공간적 여유가 있다.

120. 꽃의 크기, 모양, 질감에 대하여 다양한 변화를 주기 위해 하나의 꽃을 몇 개로 분해하여 다시 조립하는 기법은?

① 번들링 ② 펀칭
③ 패더링 ④ 밴딩

121. 식물의 종류, 색, 질감 등이 유사한 소재들을 같은 방향, 구역에 배열하여 두드러지게 강조되게 하는 꽃꽂이로 소재 각각의 개성을 존중하며 서로 넉넉한 공간을 갖는 표현기법은?

① 프레이밍 ② 그루핑
③ 레이어링 ④ 쉐도잉

해설
- 그루핑(Grouping) : 소재들이 다양하게 구성되면서 집단화되고 각 그룹들 사이에 공간을 가지면서 정확한 꽃의 양과 종류, 색을 구별할 수 있도록 해 주는 기법이다.
- 프레이밍(Framing) : 꽃이나 가지 또는 잎과 같은 단일소재를 이용해 안에 있는 재료를 감싸주거나 돋보이게 하는 기법이며, 특정 부분이나 전체의 시각적 강조를 꾀하기 위해 선이나 면적인 소재로 작품을 에워싸듯 테두리를 만드는 기법이다.
- 쉐도잉(Shadowing) : 그림자 또는 메아리효과라고도 하며, 깊이감이나 입체감을 주기 위해 같거나 유사한 재료를 이용한다.
- 레이어 링(Layering) : 베이싱기법의 하나로 표면을 수평으로 덮는 층만들기 기법으로 각 소재들 사이의 간격을 두지 않거나 최소한의 간격을 두고 빈틈없이 겹쳐서 층을 만든다.

122. 강조하고자 하는 소재에 장식적인 목적으로 라피아, 리본 등을 이용히여 기법게 묶는 기법은?

① 바인딩(binding) ② 밴딩(banding)
③ 번들링(bunding) ④ 조닝(zoning)

해설
- 밴딩(Banding)
  - 특정 부분에 소재들을 함께 묶어 강조하거나 미적으로 보완하기 위한 것으로 기능적인 것이 아니라 장식적 목적으로 사용한다.
  - 특별히 강조해 주고 싶은 줄기나 가지를 라피아, 리본컬러 와이어, 끈 등으로 단단히 묶거나 함께 감아서 질감과 색감을 부여해 시각적인 충격을 주기위한 것이다.
- 바인딩(Binding)
  - 끈, 라피아, 리본, 테이프, 와이어 등으로 두 가지 이상 또는 그 이상의 소재들을 함께 기능적으로 단단히 묶는 기법으로 소재들을 물리적으로 함께 합치는 목적이 있다.
  - 밴딩이 장식적이라면 바인딩은 디자인의 강화 또는 안전성을 위해 재료를 함께 묶는 것을 말한다.

120 ③　121 ②　122 ②

123. 클러스터링(clustering)에 대한 설명으로 옳은 것은?

① 디자인의 입체적 깊이를 위한 그림자 주기 기법
② 작은 소재들을 색상과 질감이 유사한 것끼리 모아서 사용하는 뭉치기 기법
③ 작품의 아랫부분을 강조하기 위한 계단식 포개기 기법
④ 소재를 작은 것에서 큰 것끼리 순차적으로 사용하는 변화주기 기법

[해설] ① 쉐도잉기법 ③ 테라싱기법 ④ 시퀀싱기법

124. 다음 중 테라싱(terracing)기법에 대한 설명으로 옳은 것은?

① 동일한 소재들을 어느 정도의 공간을 두며 계단처럼 층층이 쌓는다.
② 줄기가 짧은 재료들을 한데 모아 쿠션 또는 언덕의 효과를 내는 것이다.
③ 소재를 서로 간의 공간 없이 겹겹이 차곡차곡 쌓는다.
④ 소재를 유연하게 만드는 기법이다.

125. 꽃받침이나 씨방 또는 줄기에 철사를 직각으로 꽂고 꽃이 크고 더 무거운 경우에는 철사를 +자 모양이 되게 두개의 철로 한번 더 처리하여 한층 안정감을 주는 기법은?

① 시큐어링법   ② 트위스트법
③ 헤어핀법   ④ 피어스법

[해설]
• 트위스팅: 필러 플라워, 작은 가지, 와이어를 찔러 넣을 수 없는 꽃이나 꽃잎, 리본 등에 감아서 묶어 내리는 방법이다.
• 시큐어링: 약한 줄기를 보강하거나 줄기를 구부릴 때 철사를 줄기에 나선형으로 감아 내리는 방법이다.
• 피어싱: 꽃받침 기부에 철사를 관통시켜 찔러 넣고 두 가닥이 되게 구부린다.
• 헤어핀: 철사를 머리핀처럼 U자형으로 구부려 꽃이나 잎에 꽂아 넣어 지탱하는 방법이다.

126. 장미, 솔리다스터, 아이비로 코사지를 만들 때 와이어링 방법이 틀린 것은?

① 장미 꽃잎- 헤어핀 메소드
② 장미꽃- 피어스 메소드
③ 아이비- 헤어핀 메소드
④ 솔리다스터- 인서트 메소드

127. 아이비 잎에 철사를 사용하여 머리 핀 모양으로 구부려서 잎이나 꽃에 꽂아 보강하는 방법은?

① 헤어핀 메소드   ② 피어싱 메소드
③ 크로싱 메소드   ④ 훅킹 메소드

123 ②   124 ①   125 ④   126 ④   127 ①

128. 속이 빈 꽃의 꽃받침이나 줄기에 직각으로 철사를 꽂아 줄기와 같은 방향으로 구부리는 철사 처리 기법은?

① 인서션 메소드 ② 크로스메소드
③ 피어스메소드 ④ 헤어핀메소드

129. 카네이션, 장미와 같이 꽃받침 부위가 발달하여 단단한 꽃 종류에 사용하는 방법으로, 꽃받침 기부에 철사를 관통시켜 구부리는 철사처리 방법은?

① 후크(Hook) ② 인서션(Insertion)법
③ 헤어핀(Hairpin)법 ④ 피어스(Pierce)법

130. 꽃의 줄기 또는 줄기와 평행으로 꽃 머리 등에 와이어를 꽂아 넣어주는 방법으로 줄기가 약하거나 속이 비어 있는 상태의 줄기에 사용되는 철사처리법은?

① 헤어핀 메소드 ② 훅킹 메소드
③ 피어싱 메소드 ④ 인서션 메소드

[해설] 인서션 메소드: 줄기가 약하거나 속이 비어 있는 상태의 꽃줄기 속에 철사를 찔러 넣는 기법이다.

131. 코사지나 부케를 만들 때 식물 종류별 철사감기 방법으로 틀린 것은?

① 프리지어 – 트위스팅 메소드 ② 칼라 – 인서트 메소드
③ 장미 – 피어스 메소드 ④ 아이비 – 헤어핀 메소드

132. 철사처리법 중 인서션(insertion)법으로 처리하는 소재끼리 짝지어진 것은?

① 안개초, 백합 ② 거베라, 장미
③ 나팔수선, 칼라 ④ 카네이션, 라넌큘러스

133. 철사처리법 중 낚시 바늘 모양으로 구부린 철사를 꽃 중심에 꽂아 줄기 안으로 밀어 넣는 방법은?

① 피어싱 메소드(piercing method)
② 인서션 메소드(insertion method)
③ 후킹 메소드(hooking method)
④ 크로싱 메소드(crossing method)

[해설]
- 피어싱: 꽃받침 기부에 철사를 관통시켜 찔러 넣고 두 가닥이 되게 구부린다.
- 인서션: 줄기가 약하거나 속이 비어 있는 상태의 꽃줄기 속에 철사를 찔러 넣는 기법이다.
- 훅킹: 철사의 선단을 작은 낚시 고리모양의 갈고리 모양으로 굽혀서 꽃의 중심부로부터 줄기에 찔러 내리는 기법이다.
- 크로스: 씨방이나 꽃받침 부분에 줄기와 직각이 되게 두 개의 와이어를 십자로 교차시켜 철사로 관통시키는 기법이다.

128 ③ 129 ④ 130 ④ 131 ① 132 ③ 133 ③

Ⅲ. 화훼장식론

1. 화훼장식의 정의와 기능
2. 화훼장식의 역사
3. 화훼장식 디자인
4. 화훼 가공

1. 화훼장식의 정의와 기능

1. 정의

(1) 정의
1) 화훼장식(Floral design)은 화훼식물을 주소재로 하여 실내·외공간의 효율적 기능과 미적 효과를 높여주는 장식물을 제작하거나 설치, 유지, 관리하는 종합적인 조형 예술이다.
2) 디자인의 요소와 원리를 기본으로 작가의 의도를 반영하여 시간과 장소, 주제에 맞게 장식하는 것을 말한다.

(2) 화훼장식의 목적
1) 미적이고 정서적인 창조활동으로 예술적 표현, 기능성, 그리고 합리성을 추구하는 것이다.
2) 예술적 가치뿐만 아니라 상업적인 부가가치를 높이는 데도 목적을 두고 있다.
3) 사회적 교류(축하, 감사, 기념, 의사소통 등), 행사 분위기의 연출, 경제적 목적을 가진다.
4) 기본적으로 자연성을 지니며 조형적 표현으로 공간성과 시간성을 가지고 있다.
5) 치료 분야에도 적극 활용되어 원예치료, 향기치료 등 더욱 넓은 분야로 확대되고 있다.

2. 화훼장식의 기능

(1) 장식적 기능
1) 절화장식물이나 분식물은 주변 환경과 어울리는 장식을 구성하여 생활공간을 아름답게 하고 시각적 즐거움을 주고 아름다운 분위기를 만들어 낸다.
2) 분식물로 장식된 공간은 식물의 생장과정에서 오는 변화하는 아름다움과 경제성이 있는 장

식적 효과를 가지며 그 형태와 범위는 더욱 다양해지고 있다.
3) 호텔, 상업 디스플레이, 강당, 교회, 극장, 행사장의 특수 장식 또는 일상 생활공간의 분위기 조성 효과가 있다.
4) 시야차단, 공간 분할, 유도 동선 등의 기능을 가진 공간 구성의 효과가 있다.

(2) 심리적 기능

1) 녹색식물이 있는 공간은 휴식공간으로 제공되어 스트레스 해소에 도움을 주며 도시의 메마른 환경에서 건강한 생활을 유도한다.
2) 공동체의 주거환경을 개선시켜주며 구성원들 간의 이해와 공동체의식을 형성시켜준다.
3) 꽃의 향기나 녹색의 환경은 정신적, 심리적으로 편안함과 안정감을 주어 삶의 질을 향상시켜 준다.
4) 자연과 격리된 도시환경에서 아름다운 공간을 창조함으로써 긍정적 감정과 사고를 증진시킨다.
5) 원예활동을 통해 성취감을 얻게 하여 자아 정체감을 향상시키고 책임감, 자립 능력을 배양한다.

(3) 환경적 기능

1) 식물은 광합성 작용을 통해 주변의 이산화탄소와 포름알데히드, 벤젠 등의 휘발성 유기물질들을 흡수하고 산소와 물을 배출해서 공기를 정화하는 효과를 가지고 있다.
2) 실내 공간에 배치된 분식물은 증산작용을 통해 물을 수증기의 형태로 배출해서 습도를 조절하는 기능이 있다.
3) 식물은 증산작용을 통해 주변의 열을 흡수하기 때문에 온도를 낮추는 효과가 있으며 또한 열을 방출하여 온도 저하를 막는 기능이 있다.
4) 광합성이나 증산작용이 왕성한 곳에서 다량 발생되는 음이온은 자율신경 진정, 불면증 해소, 신진대사 촉진 등의 기능을 한다.
5) 방향성 식물은 좋은 향을 제공할 뿐만 아니라 휘발성 방향물질을 방출하여 스트레스 해소, 우울증 치료 등에 효과를 보인다.
6) 실내공간에 배치된 식물은 전자파 차단, 방음 등의 환경을 개선시키는 효과를 제공한다.

(4) 교육적 기능

1) 화훼장식이 있는 공간에서의 생활은 미적 감각을 증진시키는 효과를 제공한다.
2) 지속적으로 유지되는 분식물 장식은 관리에 필요한 지식을 습득하게 되며 이러한 과정을 통하여 문제해결 능력과 식물의 관리능력이 증진된다.
3) 사물에 대한 관찰력과 집중력을 높이고 환경교육을 통해 생태계에 대한 이해를 높일 수 있다.
4) 도시환경의 아이들에게 자연학습의 기회가 제공되어 식물의 생장에 대해 체험을 할 수 있다.
5) 창조적 표현의 환경이 되는 역사, 사회, 종교, 문화 등에 대한 관심과 전반적인 흐름을 이해

하게 된다.

(5) 치료적 기능
1) 방향성 식물의 향기치료는 심리적인 안정을 유발해 부정적, 감정적 반응의 완화 및 스트레스 해소에 도움이 된다.
2) 창조적 예술 활동으로 감각적 능력을 키우며 자신감과 자기 성취감을 갖게 된다.
3) 대인 관계를 형성하는 능력이 향상 되며 책임감 및 협동심을 기를 수 있게 된다.
4) 원예치료를 통하여 정서적 안정과 함께 운동효과 및 재활효과도 얻을 수 있다.

3. 화훼장식의 활용

(1) 화훼 장식가
1) 플로리스트로 불리면서 화원의 경영자나 직원으로서 일하며 화훼 장식 교육을 병행하기도 한다.
2) 호텔, 백화점, 무대 등의 다양한 화훼장식공사나 결혼식, 파티, 디스플레이 등의 공사를 전문적으로 수주하는 장식업체에서 디자이너로 활동하기도 한다.
3) 화훼도매상, 화훼상품 제조업체 등에서 근무하거나 프리랜서로 활동하기도 한다.

(2) 실내 조경가
1) 화훼 장식가로 표현할 수도 있으나 실내 분식물을 주 소재로 실내 공간의 경관을 설계, 시공, 관리하며 대형 실내 정원 조성에 중점을 둔다.
2) 실내 식물의 이용과 관리, 설계능력, 시공에 대한 지식이 필요하며 경영자로서는 실내조경공사의 수주 능력이 가장 중요하다.

(3) 화훼 장식 교육자
1) 직업적인 전문 지식을 습득하려는 사람들뿐만 아니라 취미나 교양을 목적으로 하는 사람들을 대상으로 학원, 문화 센터, 대학 등에서 교육하는 분야에 종사한다.
2) 국내에서는 학원에서 꽃꽂이를 가르치는 직업인이 매우 많으며 화원에서 교육을 병행하고 있는 사람들도 많다.
3) 최근에는 취미교육에서 직업교육으로 바뀌는 경향이다.

(4) 화훼 생산자
1) 재배 관리, 생산관리, 온실 유지관리, 판매관리, 온실작업 등의 업무를 맡아 화훼 식물을 생산한다.
2) 식물 생산에 관한 원예지식과 경영, 판매, 마케팅에 대한 지식, 화훼장식에 대한 내용 등의

충분한 이해가 필요하다.
3) 화훼식물의 이용목적과 사람들의 기호도를 이해한다면 유행성이 있는 화훼식물의 생산전략에 강한 사람이 될 수 있다.

(5) 화훼 유통업자
수출입 업무, 식물 소재의 저장, 판매 관리, 절화도매, 관련 자재 유통 등에 종사한다.

(6) 화훼장식 소재 판매자
1) 화훼 장식의 식물 소재 및 식물 외 소재 등의 판매업에 종사할 수 있다.
2) 소재판매업은 판매기술, 대인 기술, 화훼장식에 대한 지식이 있어야 고객의 의도를 쉽게 파악할 수 있다.
3) 고객의 의도를 쉽게 파악할 수 있으면 변화하는 디자인에 대한 소재 공급에 빠르게 대처할 수 있다.

(7) 화훼 가공업자
1) 화훼식물은 구입 후 꽃다발과 같은 상품으로 가공하거나 건조 가공하여 화훼장식품을 제작하거나 장식효과를 겸한 다양한 식품, 화장품 등으로 가공될 수 있다.
2) 다양한 화훼 가공 기술과 함께 화훼 장식에 관련된 지식과 기술의 습득으로 화훼 가공업자로 종사할 수 있다.

(8) 원예 치료사
1) 원예치료란 식물과 관련된 여러 활동을 통하여 신체와 정신 및 삶의 질 향상을 촉진하는 치료방법이다.
2) 원예치료사는 모종심기, 꽃가꾸기, 꽃꽂이 등과 같은 다양한 원예활동을 통해 상대에게 적합한 원예 활동과 재료를 선정한 뒤 원예치료를 위한 수업을 진행하는 것이 원예치료사의 주요 업무이다.

2. 화훼장식의 역사

1. 동양

(1) 한국

- 꽃의 사용은 인간의 의식주 발달과 더불어 신을 모시고 숭배하는 신수사상에서 그 기원을 찾을 수 있다.
- 신수사상 외에도 사람이 죽은 경우와 무당의 굿 등에도 꽃을 사용하였는데 후에 지화의 형태로 사용되기도 하였다.
- 그밖에도 소나무 가지, 복숭아 나뭇가지 등으로 벽을 장식하고 기우제를 지낼 때 버드나무 가지를 꽂아 놓기도 하였다.

1) 삼국시대
- 불교의 전래와 함께 불교의식의 일부로서 불전에 꽃을 바치는 불전헌공화가 전래되었다.
- 선적인 양식, 양감적 양식, 산화(꽃을 그릇에 담고 주변에 흩뿌리는 형식)의 세 가지 표현 양식이 나타나고 있다.

① 고구려 시대
- 쌍영총 주실 북벽의 벽화에는 당초문과 봉우리가 꽂혀 있는 모습이 나타나 있다.
- 안악 2호분 동벽비천상에는 수반에 꽂힌 연꽃이 있다.
- 강서대묘 현실북벽의 비천상에는 꽃잎을 뿌리는 선녀가 등장한다.

쌍영총 주실 북벽의 벽화

안악 2호분 동벽비천상

강서대묘 현실북벽에 비천상

② 백제 시대
- 무녕왕릉 금제왕관식의 꽃나무와 초화 문양이 나타나 있다.
- 칠지도에 새겨진 절지 형식의 입지모양으로 추상화된 형태로 나타난다.
- 왕과 왕비의 금제관식은 꽃과 풀을 순금으로 장식하였다.

③ 신라 시대
- 막새기와와 달 상징 수막새기와의 꽃문양이 등장하고 있다.
- 신흥사의 돌조각에 국화무늬 공화가 있다.
- 소녀를 원화, 소년을 화랑이라고 하여 사회생활에서도 꽃과 밀접한 관계를 맺고 있다.
- 보상문화전은 꽃무늬를 아름답게 보여주고 있다.
- 불전공화가 발전하였으며 자연적인 묘사와 좌우대칭, 양감적인 형태도 보였다.

④ 통일신라 시대
- 신흥사 대웅전 서측에 국화로 보이는 불전공화가 조각되어 있다.
- 수막새기와에 항아리에 꽂혀있는 대칭적인 꽃그림을 볼 수 있다.
- 석굴암 십일면관음보살 입상에 삼존형식의 불전공화가 보인다.
- 인동문 암막새의 나무 열매 문양이 나타나고 있다.

2) 고려 시대
① 귀족문화의 전성기로 화훼장식도 화려한 경향이 나타나고 있다.
② 수반, 화병에 꽂는 것 외에 장식적 목적에 따라 일상생활 속에서 꽃 예술이 자리를 잡게 되었다.
③ 벽화, 그릇 등에서도 생활 속에서의 꽃 예술을 엿볼 수 있다.
④ 초기 형태는 삼존형식, 후기에는 반월형 삼존형식으로 자연스러움과 부드러움으로 표현되었다.
⑤ 사서, 시가 등에 꽃 예술에 관한 기록들이 나타난다.
⑥ 고려사오례의, 고려사에 따르면 궁중에 꽃을 꽂거나 관리하는 관직을 두었다.
- 압화사(화주궁관) : 꽃을 간직하는 것
- 권화사 : 꽃을 담당하는 역할
- 인화담원 : 꽃을 거두는 역할
- 선화주사 : 임금이 하사하는 꽃을 가져다주는 역할

⑦ 궁중 의식용으로 꽃이 사용되었고 하사품으로 꽃을 사용하였다.
⑧ 대표적인 공화의 소재로 연, 대나무, 버드나무가 있다.
⑨ 해인사 대적광전의 벽화를 보면 꽃이 가득 담겨져 있는 꽃바구니 그림이 있다.

해인사 대적광전의 벽화

⑩ 헌공화의 표현양식은 자연묘사적 표현(수월관음도, 대방광불화엄경)과, 양감적인 좌우대칭의 표현(수덕사 대웅전의 야생화도 및 수생화도), 절충적인 표현(도금모란문소호), 산화양식(법화경서사보탑도)이 있다.

⑪ 수덕사 대웅전의 야생화도 및 수생화도에는 연꽃, 어송화, 수초와 모란, 작약, 맨드라미, 치자, 들국화 등이 수반에 가득 담겨 있는 그림이 그려져 있다.

수월관음도

수덕사 대웅전의 수생화도

수덕사 대웅전의 야생화도

3) 조선 시대

① 화훼장식은 종교적, 장식적 목적 뿐 만 아니라 정신수양을 위한 방법으로 인식되었다.
② 꽃 예술은 궁중에서 일반 서민의 모든 계층의 삶속에 깊숙이 자리 잡게 되었다.
③ 꽃이 상행위의 대상이었고 꽃을 기르는 기술이 발전하였다.
④ 조선왕조실록, 양화소록, 이인로의 파한집 등에 꽃을 궁중에 헌납용, 조공용으로 사용한 기록이 있다.
⑤ 조선시대의 전문적 꽃 담당관직으로 화장, 분화관이 있었다.
⑥ 기록속의 꽃 예술은 다음과 같다.

- 양화소록(강희안) : 현존하는 꽃에 관한 최초의 전문서적으로 화초재배법을 소개하였다.
- 화암수록(강희인) : 양화소록의 부록으로, 화목의 **품종들을** 9등으로 **나눈** 9등품제와 회목을 9품으로 나눈 화품평론이 나와 있다.
- 산림경제(홍만선) : 잡법(온실에서 기르는 방법), 요수법(물주는 법) 외에 30종류에 가까운 목류와 초화류의 재배법이 소개되어 있다.
- 성소복부고(허균) : 꽃예술을 감상하는 태도를 수록한 문집으로 꽃예술의 기술 뿐 만 아니라 정신적 가치가 중요하게 인식되고 있다.
- 오주연문장전산고(이규경) : 일종의 백과사전으로 꽃을 빨리 피게 하는 법, 장화(꽃을 갈무리하는 법), 기한방예(추위에 꽃을 피우는 법), 갈고최발(북을 쳐서 꽃을 피게 하는 법) 등의 방법과 세포(가는 창포), 외초(파초를 작게 한 것) 등의 변종작출법 및 제철 뒤에 꽃을 피게 하거나 핀 꽃을 오래가게 하는 방법이 상세하게 언급되어 있다.
- 동국세시기(홍석모) : 우리나라의 연중행사 및 풍속을 설명하고 있다.
- 임원십육지(서유구) : 농사에 관한 백과사전으로 병품조(꽃예술에 사용되는 기명으로 설명), 화품조(꽃을 여러 등급의 품격으로 나누어 일품 구명에서 구품 일명까지 분류), 절지조(가지 꺾는 방법에 대해 상세하게 기술), 제화삽법조(중국의 꽃에 대한 책등이 소개)로 구분하여 설명하고 있다.

(2) 일본

1) 일본 문화는 세분화된 양식과 격식의 과정 속에서 미를 찾는 인공적인 기교미라 할 수 있다.
2) 불전에 꽃이나 향을 바치고 꾸미는 방식은 불교의 전래(AD 538년)와 함께 전해진 불전 꽃꽂이에서 찾을 수 있다.
3) 최초 화훼장식가들은 승려들이었으며 이께노보의 형식들도 사찰에서 발전되었다.
4) 일본 전통 꽃꽂이를 총칭하는 말로 이께노보는 에도시대 후반에 릿가에 대신하여 이께바나가 유행된 이래로 오늘날까지 전해지고 있다.
5) 꽃꽂이의 기본사상은 선택한 소재의 배치가 아닌 배합을 통해 자연의 경관을 완전하게 묘사한다는 것이다.
6) 꽃꽂이의 발생이래로 다찌바나, 릿까(立花), 나게이레바나(投入花), 세잇까(生花), 모리바나(盛花) 등의 다양한 양식들이 발전하였다.
7) 다도 의식을 위해 개발된 차바나(茶花)라는 화훼장식이 있었다.
8) 일본의 모든 꽃꽂이를 고전적이고 형식적인 느낌의 릿까와 이케노보, 자연스럽고 비형식적인 성격의 나게이레바나와 모리바나로 나눌 수 있다.
9) 메이지유신이후 서양의 문물을 받아들여 서양 꽃과 화훼양식이 도입되기 시작하였으며 여학교의 교과과정에 채택되기도 하였다.
10) 일본 주택의 토코노마(화훼장식품 등을 두는 공간)는 일본인들에게 자연스럽게 화훼장식이 생활화 되도록 만든 공간이라고 할 수 있다.

(3) 중국

불교의 불전공화로 발전하였으며 정원화, 봉화, 머리장식, 옷깃장식, 바구니 장식 등이 성행하였다.

1) 당대
   ① 꽃을 예찬한 예술작품, 문인꽃꽂이, 병꽂이가 성행하였다.
   ② 당시의 화훼장식 용기, 가위, 침수법, 화대 등을 기술한 화훼장식 전문서적으로 '화구석'이 있었다.
2) 송대
   ① 화훼장식이 민간, 일상의 사교생활로 발전되었다.
   ② 수반꽃꽂이가 시작되고 식탁화도 성행하였다.
   ③ 남송의 문인인 장방창의 '묵장만록'은 화훼장식의 유형, 꽃의 종류에 대해 기록한 전문서적이다.
   ④ 장익의 '화경'은 구품구령에 의해서 꽃을 등급으로 나누었다.
   ⑤ 유묵재의 화보에서는 꽃이름을 나열하였다.
   ⑥ 송대 이후 많은 꽃시장이 생겼으며 전국 대도시에서 수반화, 병화, 조화, 벽화, 남화(바구니)를 전시한 꽃전시회(만화회)가 열리기도 하였다.

3) 원대
   ① 송대보다 성행하지 못했으나 개인의 명상에 중점을 둔 화훼장식이 있었다.
   ② 구속에서 벗어나고자 하는 자유, 낭만 등의 의미를 담은 심상화, 자유화가 등장하였다.
4) 명대
   ① 화훼장식 발달의 성숙기라 할 수 있으며 기예, 화형의 참신함과 품격, 예술적인 이론 등 높은 수준으로 발전하였다.
   ② 화훼장식 전문 이론서로 병화보가 출판되었다.
   ③ '병사'에는 꽃의 선택, 화기와 물 관리법, 구성법, 감상태도 등에 대한 기록이 있어 병꽃이에 영향을 주었다.
   ④ 병화가 성행하고 재료가 다양하며 구조가 호화롭고 장중했다.
5) 청대
   ① 현대적인 화훼장식의 면모를 갖추게 되었으나 말기에 문화대혁명을 거치면서 쇠락하게 되었다.
   ② 심복의 '부생육기'에는 꽃의 선택, 구성법, 기술적인 면, 작품의 배치 등에 대한 방법에 대한 기술이 있었다.

2. 서양

(1) 고대 이집트(Agypt)
1) 꽃 예술에 관한 구체적인 기록은 없으나 고분 벽화의 그림에서 꽃에 관한 다양한 흔적을 찾을 수 있다.
2) 의식 중의 공물, 사원 봉헌물, 연회테이블장식 등 줄기는 보이지 않게 꽃과 잎의 단순성과 양식화된 반복 디자인이 주로 사용되었다.
3) 빨강, 노랑, 파랑의 강하고 원색적인 색감이 사용되었다.
4) 화훼장식으로는 갈런드(garland), 리스(wreath), 꽃다발(bouquet), 신체장식용(어깨에 걸리는 칼라(collar), 화관(chaplet)등이 있다.
5) 사용된 소재는 글라디올러스, 나리, 나팔꽃, 루핀, 밀짚꽃, 수선화, 연꽃, 아카시아, 양귀비, 장미, 제비꽃, 아이비, 서양협죽도, 야자, 파피루스, 갈대, 올리브, 월계수 등이 있다.

이집트시대 화기

(2) 고대 그리스와 로마(Greek & Roman, BC 600 ~ AD 325)

1) 종교축제, 시민축제, 선물용 등으로 갈런드, 리스, 화관이 주로 쓰이는 형태였다.
2) 리스는 충성과 헌신의 상징으로 운동가, 시인, 영웅들에게 수여되었으며 결혼식, 몸 장식용, 집안과 밖, 동상, 무덤 등에 장식되었다.
3) 상위계층의 남자들이 화관을 쓰고 있는 벽화나 서적 등 그리스인들의 생활에서 중요하게 존재하였다.
4) 기념일이나 축제 때 꽃잎을 연회테이블이나 길과 호수 등에 뿌리는 산화 양식이 이루어졌다.
5) 코르누코피아(cornucopia, 풍요의 뿔)는 꽃, 과일, 채소 등을 세워 넣어 장식하며 추수감사절에 추수를 상징하는 가을꽃이나 열매들도 함께 꽂아 이용하였다. 플렌티 혼(horn of plenty)이라고도 부른다.
6) 기둥(열주)의 구성이 매우 발달되었으며 기둥머리에는 연꽃, 파피루스 등의 부조가 많이 쓰였다.
7) 로마시대에는 갈런드와 리스가 더 커지고 정교해지며 장미 리스를 선호하였다. 겨울에도 알렉산드리아로부터 장미를 구입하고 로마 남쪽에는 온실이 있었다.
8) 현존하는 로마시대 모자이크에서 많은 꽃들을 조화시킨 바스켓이 처음으로 발견되었으며 이는 자연적인 부케를 처음 선보인 것이라고 할 수 있다.
9) 사용된 소재는 히아신스, 아이리스, 장미, 인동덩굴, 제비꽃, 백합, 수선화, 데이지, 크로커스, 양귀비, 허브류, 아이비, 올리브, 월계수, 오크, 포도, 솔방울, 도토리, 베리, 석류 등이 있다.

코르누코피아

(3) 비잔틴(Byzantine)과 고딕

1) 비잔틴은 동로마 제국의 도시 비잔티움에서 따온 이름으로 그리스와 로마 시대의 전통이 이어졌다.
2) 대칭적으로 균형 잡힌 전형적인 원추형 디자인이 특징으로 비잔틴 콘이라 부르며 지금까지 전해지고 있다.
3) 갈런드는 잎으로 변화를 주고 꼬불꼬불한 나선형 효과를 낸 꽃과 과일들을 좁게 묶는 형식으로 만들었다.
4) 화훼류를 이용한 음식, 음료, 약재 등의 일상용품으로 사용한 기록이 있는 정도로 이 시기의 화훼장식에 대한 자료가 많지 않다.
5) 수도원이나 정원에서 약용식물과 교회장식용으로 백합과 장미 등이 재배되었다.
6) 화훼장식은 이 시대 고딕 건물처럼 수직적 상승감을 주고 대칭적인 식물문양이 사용된 것처럼 날씬하고 우아하며 존엄을 갖추고 있었다.
7) 식물은 의미 있고 상징적으로 꽂혀졌다(장미-성모마리의 꽃, 포도

비잔틴 콘

덩굴-그리스도와 그 제자, 제비꽃-겸손).
8) 향기 나는 꽃들이 인기였으며 갈런드나 리스, 방향제로 사용되기도 하였다.
9) 꽃의 소중함을 강조하기 위해 꽃이 몇 송이 달린 가지를 상징적으로 사용하였다.

(4) 르네상스(Renaissance, 15~16c)

1) 이탈리아에서 시작된 르네상스는 그리스, 로마 문명의 재생과 부흥이라는 의미를 갖으며 중세에서 새로운 시대로 넘어갔음을 의미한다.
2) 화훼장식이 교회, 국가행사, 일상생활 등에서 본격적으로 사용되었으며 그리스, 로마시대에 유행하였던 갈런드, 화관, 산화도 이용되었다.
3) 르네상스 시대의 그림에는 꽃의 상징성을 강조하였다(장미-희생적이거나 세속적인사랑, 백합-고결함과 풍요의 상징 등).
4) 꽃과 과일, 채소 등과 함께 사용하였으며 삼각형, 타원형, 원형, 원추형 등 빈 공간이 없이 빽빽하게 꽂아 줄기가 보이지 않게 구성하였다.
5) 꽃의 색상과 모양을 촘촘하게 배열하여 밝은 색의 꽃과 풍만한 형태를 구성하였다.
6) 뚜껑에 구멍이 있어서 꽃을 삽입하여 고정할 수 있는 특수한 고정 방식의 화기 그림이 나타나 있다.
7) 바닥과 몸통, 목, 손잡이의 형태가 잘 잡혀있는 금속용기 사용이 처음 시도되고 청도 화기, 대리석 화기, 도자기, 베니스 유리화기 등 모양과 재질이 다양한 화기가 사용되었다.
8) 사용된 소재는 루핀, 아이리스, 장미, 제비꽃, 백합, 수선화, 양귀비, 카네이션, 석죽, 앵초, 아네모네, 캄파눌라, 스톡, 은방울꽃, 메리골드, 팬지, 아이비, 올리브, 월계수, 회양목, 소귀나무, 과일류, 채소류, 솔방울 등이 있다.

지오반니 바티스타 페라리

르네상스시대 화기

(5) 바로크와 더치플레미쉬(Baroque & Flemish, 17C)

1) 바로크란 '허세부리다, 지나치게 과장되어 있다' 라는 뜻으로 사치스럽고 화려한 시대였다.
2) 바로크의 정원에서는 하우스와 정원이 통일성을 이루었으며 하우스 뒤에 있는 파르테르 화단은 낮은 생 울타리로 둘러친 진기하게 조성된 화단으로 구성되었다.
3) 연회 때 테이블에 꽃바구니를 놓았고 갈런드로 벽이나 테이블 앞에 늘어지게 장식하여 화려함을 더했다.

4) 모든 예술 성향이 비대칭적이고 곡선적, 대각선적이며 드라마틱한 특성으로 우람하고 풍만한 형태가 주를 이루었다.
5) 순수하고 선명한 보라, 황금, 백색 등의 꽃들을 사용하여 흰색의 도자기 그릇에 디자인하였다.
6) 영국의 화가이자 판화가인 윌리엄 호가스(Willam Hogarth)에 의해 호가스라인이 유행하였다.
7) 호가스 라인이라고 하는 S자, 초승달 모양의 비대칭적이고 운동감이 나타난 형태가 주로 사용되었다.
8) 수입・수출에 의해 식물소재 및 다양한 액세서리가 사용되었다.
9) 17C 바로크 양식이 네델란드 화가들에게 영향을 준 것으로 더치 플레미쉬 스타일이 나타난다.

※ 더치 플레미쉬
- 화가들이 자신들의 마음 속 구상을 그림으로 표현한 것이다.
- 구근 식물의 꽃들을 열대과일이나 기타 어울리지 않는 재료와 함께 그렸다.
- 많은 종류의 꽃과 잎이 거대한 대칭 디자인에 사용되었다.
- 큰 꽃이 어레인지의 맨 위에 위치한다.
- 풍부한 색상, 다양한 질감, 자연의 액세서리들이 디자인의 완성도를 높였다.
- 꽃그림 아랫부분에 과일, 새 둥지, 조개, 곤충 기타 장식효과를 지닌 재료들로 꾸며놓았다.
- 주지가 짧은 꽃들을 높이 꽂았으며 모든 계절의 꽃들을 나란히 꽂았다.

10) 사용된 소재로는 장미, 라일락, 튤립, 수선화, 과꽃, 팬지, 은방울꽃, 매리골드, 히아신스, 카네이션, 라넌큘러스, 양귀비, 아카시아, 양치류, 금어초, 글라디올러스, 아네모네, 아마릴리스, 데이지, 자스민 등이 있다.

(6) 로코코와 프렌치(Rococo & French, 18C)

1) 프랑스의 황금시기이며 바로크시대의 무겁고 육중한 형태들이 가벼워지고 세련되며 우아한 분위기의 디자인으로 연출되었다.
2) 실내장식은 부드럽고 화려하며 곡선문양을 이용한 장식이 즐겨 이용되었다.
3) 꽃의 양은 적어지고 빈공간이 생기면서 디자인 내에 줄기가 보이기 시작하였으며 외곽은 기하학적 형태지만 그 안에서 선들이 느슨해지기 시작했다.
4) 로코코시대 대표적 화훼장식은 큰 삼각형 또는 부채 모양의 디자인, 원형이나 초승달 같은 모양을 이루었다.
5) 상류사회 여성들 사이에서 손에 드는 부케와 부점보틀(bosom bottle, 가슴용 화병에 꽃을 꽂아 신체를 장식하는 것)이 유행하였다.
6) 밝은 파스텔 색상의 꽃들과 유사조화의 배색과 흰색의 도자기 그릇이 특히 선호되었다.
7) 사용된 소재는 장미, 라일락, 튤립, 수선화, 금어초, 팬지 등이 있다.

로코코스타일의 화훼장식

8) 로코코양식의 특징에 따라 우아하고 가벼운 느낌의 색채를 사용하고 장식과 곡선이 많이 사용된 화훼장식용 전용화기가 만들어졌다.

로코코시대 화기

(7) 조지아와 빅토리아(Victorian, 18C~19C)

1) 조지아시대
    ① 영국 조지왕 Ⅰ, Ⅱ, Ⅲ세가 통치하는 시대로 꽃에 대한 수요가 많았고 식물 수집가들과 식물 삽화가 많았다.
    ② 꽃의 향기에 대한 관심이 매우 높았으며 꽃향기가 악취나 전염병으로부터 보호해 준다고 믿었기 때문에 손으로 들고 다닐 수 있는 꽃다발(노즈게이)을 만들어 사용하였다.
    ③ 여성들의 머리, 목, 허리, 어깨 위, 가슴 등의 장식용으로 꽃을 사용하였다(노즈게이 부케(nosegay bouquet), 터지머지(tussie-mussies, tuzzy-muzzy)).
    ④ 꽃꽂이는 다양한 종류의 꽃들을 사용하여 형식적이고 대칭적인 형태가 일반적이었고 테이블 중앙에 센터피스를 처음으로 꽂기도 하였다.
    ⑤ 다양한 소재와 색채사용의 소형디자인으로 대형장식을 축소시킨 버드 베이스 디자인(bud vase)을 이용하였다.
    ⑥ 영국 화훼장식의 한 형태로서 난방이 필요 없는 몇 달간은 벽난로에 꽃을 장식하는 풍습이 있었는데 벽난로 안에 꽃을 담는 용기를 바우팥(bough pot)이라고 하였다.
    ⑦ 화기는 도자기, 유리, 금속, 웨지우드(wedgwood, 영국 도공의 이름을 딴 정교한 세라믹 도자기)라는 도자기가 특히 유행하였으며 고대 그리스, 로마 문화에 대한 취향을 반영한 디자인 이었다.
    ⑧ 벽에 부착되는 벽걸이용 월 포켓(wall pockets)이라는 화기도 제작되었다.

조지아시대 화기

2) 빅토리아시대

① 로맨틱시대로 화훼장식사에 있어 매우 중요하며 꽃과 식물, 원예가 매우 번성했던 시기이다.

② 로맨틱한 분위기나 낭만적 분위기를 내기 위해 늘어지는 듯한 식물소재를 사용하였으며 깃털, 종이, 조개껍질, 털 등으로 만들어진 조화도 사용되기 시작하였다.

③ 정식 학교교육으로서 화훼장식을 배웠으며 잡지와 책들이 급격하게 확산되었고 디자인 형태와 기술이 공식화되었으며 전문직으로 인정받게 되었다.

④ 조지아시대에 쓰이기 시작한 노즈게이는 사용 범위가 확대되고 크게 번성하였으며 향기용으로서의 역할만이 아니라 꽃의 감성적 표현장식으로서 적극적으로 사용되었다.

⑤ 포지홀더(posy holder, 옷이나 손가락에 낄 수 있는 부케 홀더)는 금속이나 유리, 진주조개 등 다양한 재료로 만들어졌으며 보석, 거울 등으로 장식되기도 하였다.

⑥ 여성들의 드레스, 가슴부위를 장식하거나 허리, 머리에 달기도 하였고 싱싱한 꽃을 유지하기 위한 다양한 부점보틀(bosom bottle)도 유행하였다.

⑦ 빅토리안 시대의 꽃꽂이 형태는 일반적으로 비어 있는 공간을 최소화하고 양감을 강조하는 것이 특징인 원형이나 타원형, 이편화기를 이용한 디자인이 주로 이용되었다.

⑧ 유리가 인기 있는 화기의 재료였으며 도자기, 금속화기, 설화석고 등의 재료도 이용되었다.

⑨ 주로 이용된 화기는 이편화기, 코르누코피아, 바스켓, 월포켓, 부케홀더, 부점보틀 등 장식적이고 화려하였다.

이편화기를 이용한 꽃장식

빅토리아시대 화기

※ 비더마이어(1815~1848)

- 1850년 시인 L.아이히로트가 독일 잡지 속에 등장한 2인조 소시민적 속물 '비더맨'과 '분메르 마이어'의 이름을 조합시켜 '비더마이어'라는 이름을 만들었다.
- 소시민적 속물의 상징으로 사용되었으며 당시 시민 계급을 풍자하던 것에서 유래하였다.
- 작고 귀여운 것, 깔끔함, 평온함, 로맨틱한 전원 풍경을 즐겨 추구하는 사고방식을 나타내었으며 꽃무늬가 주로 사용되었다.
- 꽃을 공간이 없는 라운드형으로 빽빽하게 디자인한 것으로 비더마이어 시대에 유행하였다.

※ 아르누보(Art Nouveau, 1890~1910)

- 아르누보란 '새로운 예술, 신 미술'이라는 뜻으로 영국, 미국에서의 호칭이며 독일에서는 유겐트스틸(Jugendstil), 프랑스에서는 기마르 양식(Style Guimard), 이탈리아에서는 리버티 양식(Stile Liberty)이라고 불리었다.
- 식물의 줄기를 연상케 하는 유기적인 형태와 장식적인 곡선을 사용한 아르누보는 꽃의 양식, 물결의 양식, 당초양식 등으로 불리기도 한다.
- 평면장식을 출발점으로 하여 수선화, 단풍나무, 담쟁이덩굴, 백조, 학, 뱀 등 자연을 표본으로 한 장식적으로 추상화 한 문양을 즐겨 이용하였다.
- 복고적인 장식에서 벗어나 여성의 우아하고 곡선적인 선을 이용한 비대칭의 구성을 표현하였다.
- 다른 시대를 모방하거나 영감을 얻는 것을 반대하고 건축 재료로 철을 즐겨 사용하였으며 회화, 고예, 건축, 인테리어, 그래픽 등의 분야에 영향을 미쳤다.

※ 아르데코

- 파리를 중심으로 1920-30년대에 걸쳐 일어난 장식미술로 아르데코라티브(Art Decoratif:장식미술)의 약칭이며 1925년 양식이라고도 한다.
- 고대 이집트와 아즈텍 문명, 재즈시대, 신산업시대, 그 외 사회적인 면의 영향을 두루 받으면서 서로 혼합된 형태의 디자인 양식이다.
- 양식적 특징은 기본 형태의 반복, 동심원, 피라미드형, 구름 사이로 해가 비추는 듯한 형태, 지그재그 등 기하학적인 것에 대한 취향이 두드러지게 나타난 것으로 곡선을 즐겨 썼던 아르누보와는 대조적이었다.
- 아르데코는 대칭으로 기계적인 추상적 형태와 기하학적인 직선을 지향하였고 강하고 단순한 형상을 적절히 표출하기 위해서 밝은 색상과 강렬하고 뚜렷한 색채 대비를 구사하였다.

※ **미국의 양식**
- 초기 미국양식(1620-1720)
  - 초기 미국양식은 유럽 스타일의 전통을 가져오긴 했지만 18세기 중반까지는 꽃꽂이 역사에 대한 기록이 거의 남아 있지 않다.
  - 미국 이주자들은 정원 가꾸기에 관심이 있었고 음식과 약의 재료로 식물을 사용하였다.
  - 항아리, 주전자, 냄비 등에 야생화나 곡식, 풀을 평범하고 단순하게 꽂았다.
- 식민지 양식(1714-1780)
  - 윌리엄스버그(williamsburg) 식민지 시대라고 알려졌으며 무역이 시작되고 많은 사람들과 다양한 예술의 영향으로 새로운 스타일이 생겨나기 시작했다.
  - 재배된 꽃, 건조화나 풀 등을 뭉치의 형태로 아주 소박하게 꽂았으며 식탁에는 과일과 꽃으로 장식하였다.
  - 원형, 부채형이 자주 이용되었고 이 시기에 사용된 플로랄 양식을 콜로니얼 스타일이라고 한다.
- 신고전주의 양식(Neoclassic, 1790-1825)
  - 신고전주의 양식의 화기에 커다란 대칭적인 꽃꽂이로 장식하는 것이 유행되었다.
  - 대부분 대칭적인 작업으로 정확한 형태를 선호했으며 피라미드 스타일이나 부채꼴 모양의 프랑스 양식에 영향을 받았다.
  - 장미, 제라늄, 늘어진 아이비를 많이 선호하였다.
- 그리스식의 부흥(Greek revival 1825-1845)
  - 신고전주의 마지막 양상으로 연방주의식과 비슷한 고전시대의 부활이다.
  - 큰 파티와 만찬은 웅대하게 식물로 장식했으며 신고전주의 양식의 화기에 커다란 대칭적인 형태로 장식하였다.
- 미국식 빅토리안 양식(1845-1900)
  - 유럽의 빅토리안 시대의 스타일이 그대로 전해졌으며 낭만주의 시대로 일컬어진다.
  - 바로크와 로코코의 과장성이 사라지고 명확한 형태와 직선이 강조된 형태가 19세기 양식의 특징이다.
  - 1862년 가든 클럽, 1864년 미국화훼협회(Society of America florists) 등의 꽃 관련 단체들이 생겨나고 활동하기 시작했다.
  - 꽃과 과일로 장식한 이펀(epergnes)과 은쟁반이 유행하였으며 많은 양의 꽃이 소비되었다.

3. 화훼장식 디자인

1. 디자인 요소

(1) 선(Line)

1) 디자인의 본질을 결정하는 가장 중요한 요소로서 개인의 감정에 따라 자유롭고 무한하게 변화할 수 있다.
2) 대상을 표현하는 동시에 디자인을 통하여 한 지점으로부터 다른 지점으로 옮겨가는 시각상의 행로를 만든다.
3) 형상적, 시각적 요소 뿐 만아니라 물체의 윤곽을 나타내며 동세와 같은 심리적, 시지각적 효과에도 중요하게 작용한다.
4) 길이, 방향, 위치의 특징을 갖을 뿐 만 아니라 점의 확장으로 운동감, 위치와 폭, 방향성을 지닌다.
5) 꽃, 나무줄기, 잎줄기 등 소재가 갖고 있는 자연적인 선의 흐름을 살려 작품 구성상의 틀 작업이나 균형 또는 율동감 등을 표현하는데 중요한 역할을 한다.
6) 선의 구성이 많은 동양 꽃꽂이에서는 주된 선이 어느 방향으로 세워지는가에 따라서 형태를 결정하게 된다.
7) 움직임을 표현하는 선으로는 물체의 선, 암시적인 선, 심리적인 선이 있다.

① 물체의 선(Actual line)
- 화훼장식물이 놓여 질 공간의 바닥, 벽, 천장, 창문, 가구 등과 용기의 가장자리 선으로서 실제 존재하는 사실적, 자극적인 선이라고 할 수 있다.
- 골격과 구조를 형성하는 꽃의 줄기와 식물의 전체 모양에서 보이는 선이며 시각적인 운동감을 만들어 낸다.
- 꽃꽂이에서 꽃줄기의 선은 초점에서 방사형이나 수직으로 뻗어나가는 실제 선으로서 시선을 움직이게 하면서 감정의 변화를 일으킨다.

② 암시적인 선(Implied line)

- 실제 존재하는 선은 아니나 일련의 반복적인 요소에 의해 만들어지며 시선을 움직이도록 한다.
- 같은 꽃이나 식물, 색, 형태 등의 같은 요소의 반복적인 배치에 의해 만들어 낼 수 있는 선이다.

③ 심리적인 선(Psychic line)
- 실제 존재하지 않으나 마음으로 두 물체를 연결하게 될 때 이뤄지는 선이다.
- 화훼장식물 내의 꽃이나 물체에 시선을 끌게 함으로써 만들 수 있으며 서로 바라보는 꽃에 의해 두 꽃 사이의 선이 만들어진다.
- 선의 유형뿐만 아니라 선의 방향은 감정을 조절하여 시각적인 만족감을 높여준다.

8) 선은 크게 정적인 선과 동적인 선으로 나눌 수 있다.
① 정적인 선
- 디자인의 길이, 넓이, 깊이를 따르며 구성 형태 속에서 정적으로 존재한다.
- 수직과 수평을 이루는 선으로 디자인에서 시각적인 에너지가 부족해 보일 수 있으므로 과장해서 드러내지 않는 한 단조롭고 정지된 것처럼 보일 수 도 있다.

② 동적인 선
- 가상의 틀의 측면과 평행을 이루지 않는 구성의 선들은 디자인 안에서 보여지는 주된 선에 대조적인 성향을 보이는 선이다.
- 활발한 움직임을 표현함으로써 시각적인 자극을 만들어 낸다.
- 디자인 안에서 동작의 특징을 주도하며 이것은 디자인의 원형보다 새로운 움직임을 만들어 낸다.

9) 정적인 선은 수직, 수평으로 구분하며 동적인 선은 사선, 곡선으로 세분할 수 있다.

정적인선 (Static line)	수직선(Vertical line)	공식적이며 근엄하고 엄숙한 이미지, 수직적 운동감이 강하게 표현된다.
	수평선(Horizontal line)	안정감, 고요함, 무게감을 주며 높이 보다는 폭이 강조된 형태로 평화로운 분위기를 표현한다.
동적인 선 (Dynamic line)	사선(Diagonal line)	운동성이 가장 강한 동적인 선으로 움직임과 흥분의 느낌을 준다.
	곡선(Curve line)	여성적인 유연함, 우아함, 가냘프고 신비한 부드럽고 편안한 느낌을 준다.

(2) 형태 (Form 혹은 Shape)

1) 물체를 둘러싸고 있는 선들로 이루어진 시지각의 영역을 말하며 어떤 물체의 외형선을 뜻한다.
2) 평면적 구성과 입체적 구성, 공간적 구성 등 모든 조형과 디자인의 가장 중요한 기본요소가 된다.
3) 입체적인 장식이 주체가 되는 장식원예에서는 공간, 선 및 여러 개의 평면에 의해 형성되므로 작품의 구상이나 장식에는 여러 각도에서 관찰할 필요가 있다.

4) 화훼장식물은 기본적으로 용기, 꽃이나 식물, 식물 외 장식물, 공간 연출 등 형태가 다른 물체들의 배열이다.
5) 형태의 일반적 구분은 다음과 같이 크게 4가지로 분류할 수 있다.
   ① 기하학적 형태: 삼각형, 사각형, 원형 등 안전성과 질서를 의미한다.
   ② 자연적 형태: 자연의 사물을 모방한 유기적 형태로 대칭적, 비대칭적 형태, 비정형적 형태가 있다.
   ③ 추상적 형태: 자연적인 모양이 그 본질로 환원하는 방식으로 왜곡된 형태이다.
   ④ 비구상적 형태: 자연의 어떤 특정한 대상과 관련이 없는 독창적인 형태이다.
6) 디자인에 따라서 전통적인 형(Classic form)과 응용형(Interpretive)으로 나눌 수 있다.
   ① 전통적인 형
      • 고전적 스타일로 단순한 조화미를 표현한 형태로 화형이 분명하다.
      • 방사선형을 이루며 윤곽이 분명하다.
      • 안정적이고 뚜렷한 형태를 보이며 음성적 공간을 최대한 작게 한다.
   ② 응용형
      • 전통적인 디자인과 같이 화형의 형태가 분명하나 음성적 공간이 있다.
      • 기존의 고전적 스타일에서 작가의 주장과 해석에 따라 형태의 변형과 결합을 표현하는 형태이다.
7) 분식물은 다양한 모양을 가지고 있으며 식물의 전체 형태는 줄기나 가지에서 보여 지는 선에 많은 영향을 받는다.
8) 화훼재료의 형태적 분류는 특성에 따라 라인, 폼, 매스, 필러로 나눌 수 있다.
   ① 라인형 꽃과 잎(Line flower · foliage)
      • 꽃의 줄기가 곧고 키가 커서 선의 형태를 나타낼 수 있는 꽃을 말한다.
      • 한줄기에 많은 꽃들이 이삭모양으로 붙어있는 형태가 많으며 작품의 형태나 윤곽을 만들어 주는 역할로 디자인의 골격이 되는 꽃이다.
      • 꽃: 글라디올러스, 리아트리스, 용담, 드리도마, 델피늄, 스톡, 금어초, 루피니스 등
      • 잎: 소철, 네프로네피스, 산세베리아, 자스민, 부들, 버들류, 꽃나무류 가지 등

글라디올러스   리아트리스   용담   트리토마   당아욱   소철   네프로네피스   산세베리아

   ② 폼형 꽃과 잎(Form flower · foliage)
      • 모양이 뚜렷하고 개성적 특징이 있는 분명한 꽃으로 형태적 가치가 매우 높은 꽃이다.
      • 시각상의 초점 역할로 사용되는 경우가 많아 작품의 무게 중심이 되기도 한다.

- 꽃 : 칼라, 안스리움, 극락조화, 나리류, 아마릴리스, 카틀레야, 해바라기, 심비디움, 아이리스 등
- 잎 : 알로카시아, 몬스테라, 안스리움 잎, 칼라디움, 팔손이 등

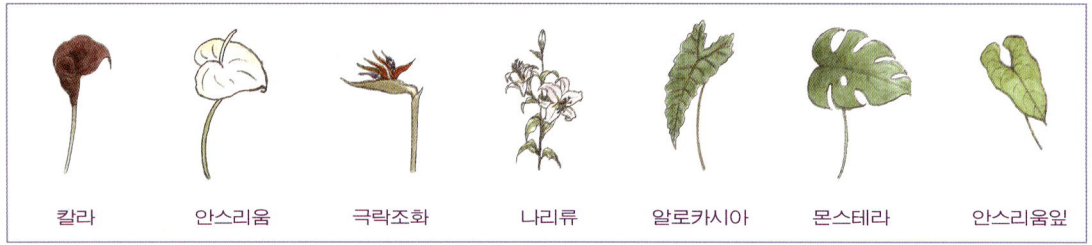

칼라 안스리움 극락조화 나리류 알로카시아 몬스테라 안스리움잎

③ 매스형 꽃과 잎(Mass flower · foliage)
- 꽃송이가 약간 크고 하나의 줄기에 한 송이의 꽃으로 이루어져 있다.
- 작품 속에서 부피감을 주고 싶을 때 주로 사용되며 한 송이보다는 여러 송이를 함께 사용하는 것이 효과적이다.
- 디자인할 때 선의 표현이나 연결 또는 중심으로 이용범위가 가장 넓은 꽃이다.
- 꽃 : 거베라, 다알리아, 튤립, 카네이션, 장미, 러넌큘러스, 금잔화, 백일홍, 국화, 수국 등
- 잎 : 크로톤, 디펜바키아 마리안느, 동백잎, 고무나무잎 등

거베라 다알리아 튤립 카네이션 장미 크로톤 마리안느

④ 필러형 꽃과 잎(Flier flower · foliage)
- 하나의 줄기에 여러 개의 작은 꽃들이 붙어 있는 형태를 가지고 있다.
- 꽃과 꽃 사이의 빈 공간을 메워 주거나 연결 또는 율동감이나 색감을 부드럽게 해주는 꽃으로 입체감을 보완해 주는 역할을 한다.
- 꽃 : 카네이션(스프레이형), 소국류, 스타티스, 프리지아, 플록스, 안개꽃, 공작초, 석죽, 솔리다고 등
- 잎 : 루스커스, 아스파라거스류(미리오크라다스), 히페리쿰, 편백, 아디안텀, 공작고사리, 회양목 등

스프레이카네이션 소국 스타티스 프리지아 플록스 루스커스 미리오크라다스 히페리쿰

9) 화훼재료의 움직임을 갖는 소재는 다음과 같다.
    ① 상승/직선형
        • 태양을 향하여 힘차게 자란 것이 특징이다.
        • 힘이 좋고 지배적이며 때로는 공격적인 인상까지 주는 남성적인 모양이다.
        • 부들, 리아트리스, 미나리아재비 등이 있다.
    ② 상승/오픈형
        • 곧바로 뻗은 긴 줄기 끝에서 힘차게 핀 꽃은 끝이 사방으로 퍼지는 성질을 갖고 있다.
        • 주위에 넓은 공간이 필요하며 꽃 모양은 상당히 권위가 있다.
        • 백합, 아이리스, 안스리움, 극락조화, 유카, 아마릴리스 등이 있다.
    ③ 스윙형
        • 꽃대 끝이 곡선을 그리듯이 활모양으로 굽어 있다.
        • 부드러운 곡선은 우아함과 단순함, 독특함을 나타낸다.
        • 유포르비아, 프리지아, 호접란, 초화류 등이 있다.
    ④ 발산형
        • 수목에서 많이 볼 수 있는 형태이다.
        • 크고, 견고하며 기발한 인상과 공격적인 인상을 주는 소재이다.
        • 꽃은 빈약하여 불균형적이지만 긴장감이 있다.
        • 아카시아, 피라칸사, 서양개암나무 등이 있다.
10) 화훼재료의 정적인 소재는 다음과 같다.
    ① 라운드형
        • 꽃의 윤곽 자체가 둥글고 밀집되어 피며 전체적으로 균등하고 묵직한 느낌을 준다.
        • 수국, 국화, 프리뮬러, 글록시니아 등이 있다.
    ② 전방위형
        • 양치류와 같이 자유분방하게 뻗은 식물로 활발함과 자유스러움을 지니고 있다.
        • 딱딱한 디자인을 부드럽게 하는 데 좋다.
        • 아이비, 부겐빌레아, 클레마티스, 스위트피 등이 있다.
    ③ 폭포형
        • 태양빛과는 반대의 방향으로 뻗어가는 소재이다.
        • 애수, 감상, 낙담, 무력, 정숙이라는 이미지가 있다.
        • 화훼장식에서는 폭포형과 대조적인 상승형의 꽃이 잘 어울린다.
        • 색비름, 러브체인 등이 있다.

(3) 깊이(Depth)

1) 깊이 감을 연출하기 위해 각도를 조절하는 방법과 꽃을 겹치게 배열하는 방법이 있다.
2) 꽃을 배열할 때 부분적으로 다른 꽃을 가리거나 높낮이의 변화를 줌으로서 자연스러운 느낌을 만들어 낼 수 있다.

3) 크기, 색, 명도, 질감 등의 변화를 이용하여 전체적인 디자인의 균형감각에 도움이 될 수 있다.
4) 큰 꽃은 아래로, 작은 꽃은 위로, 큰 것에서 작은 것으로 점진적으로 변하도록 배열하면 역동적인 시각적 패턴을 나타낼 수 있다.
5) 밝고 짙은 색은 앞부분에 낮게 배치하며 옅고 가벼운 색은 뒤편에 배치함으로 원근감이나 무게감이 느껴지는 작품을 구성할 수 있다.

(4) 색(Color)

1) 색이란
   ① 빛은 파장으로 나타나는데 우리 눈에 보이는 빛은 380nm~780nm의 파장에 해당하는 영역으로 가시광선이라고 한다.
   ② 눈에 보이는 색이 바로 유채색이며 빛을 전부 반사시키면 흰색이 되고 전부 흡수하면 검정색이 되며 흰색과 검정색 사이에 각 파장의 빛을 균일하게 반사하면 회색이 되는데 이 세 가지 색을 무채색이라고 부른다.
   ③ 색채는 광원으로부터 나오는 빛이 물체에 비추어 반사, 투과, 흡수될 때 눈의 망막과 여기에 따르는 시신경의 자극으로 감각되는 현상에 의해 나타난다.

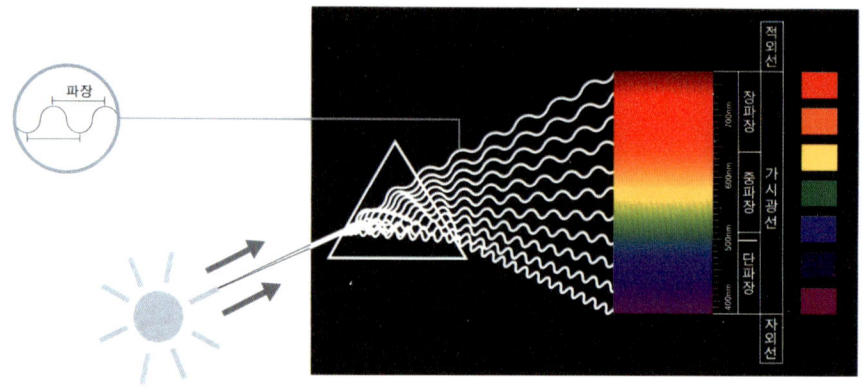

스펙트럼

2) 색명
   ① 색명이란 색 이름으로 색을 표시하는 표색의 일종으로 감성적이어서 부르기 쉽고 기억하기에 좋아 일상생활에서 가장 일반적으로 사용된다. 색명은 크게 관용색명과 일반색명으로 나뉜다.
   ② 관용색명
      • 관습적으로 사용된 색명 : 하양, 검정, 빨강, 노랑, 보라, 흑, 백, 적, 황 등
      • 자연현상, 지명, 인명에서 유래된 색명 : 하늘색, 바다색, 황토색 등
      • 자연, 광물, 식물에서 유래된 색명 : 살색, 쥐색, 금색, 은색 등
   ③ 계통색명(일반색명)
      • 색채를 색의 3속성에 따라 분류한 색명이다.

- 기본 색명에 색상, 명도, 채도를 나타내는 수식어를 붙여서 표현한다.
- 아주 연한(very pale), 연한(pale), 빨간색 띤(reddish), 노란색 띤(yellowish) 등

※ 이텐의 12색상환
- 1차색(3원색)
  빨강, 노랑, 파랑(모두 섞으면 회색이 된다)
- 2차색 (두개의 1차색 혼합 색)
  주황(빨강+노랑), 초록(노랑+파랑), 보라(빨강+파랑)
- 3차색 (1차색과 2차색의 혼합 색)
  다홍(빨강+주홍), 귤색(노랑+주황), 연두(노랑+초록), 청록(파랑+초록), 남색(파랑+보라), 자주(빨강+보라)

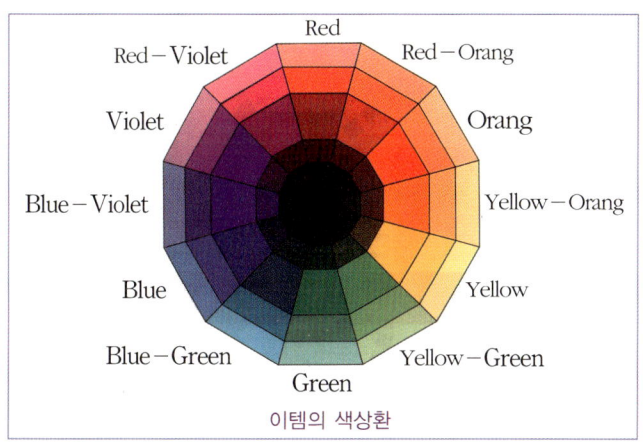

이텐의 색상환

3) 색의 3속성
  ① 색상(Hue)
  - 색을 구별하기 위한 색의 명칭, 색의 이름을 말한다.
  - 빨강, 노랑, 녹색, 파랑, 보라 등 유채색에만 있는 다른 색과 구별되는 고유의 성질을 말한다.
  - 색상환에서 가까운 거리에 있는 색상차가 작은 색을 유사색이라고 한다.
  - 색상환에서 멀리 떨어져 있어 색상차가 큰 색을 반대색이라고 한다.
  - 서로 마주보고 있어 색상차가 가장 큰 색을 보색이라고 한다.
  ② 명도(Value)
  - 색의 밝고 어두움을 나타내는 척도이다.
  - 유채색, 무채색에서 모두 나타나며 무채색이 명도를 나타내는 기준이 된다.
  - 명도가 가장 높은 색은 흰색 가장 낮은 색은 검정이다.
  - 밝기의 정도에 따라 고명도, 중명도, 저명도로 구분한다.
  - 명도는 11단계로 0(검정)에서 10(흰색)까지로 구분한다.
  ③ 채도(Chroma)
  - 색의 맑고 탁한 정도, 순수한 정도를 말한다.

- 유채색에만 있으며 가장 순수한 순색이 가장 채도가 높다.
- 채도를 '순도' 또는 '포화도' 라고도 한다.
- 유채색에 무채색을 섞을수록 채도는 낮아진다.
- 먼셀의 색입체에서 1에서 14단계로 구분한다.

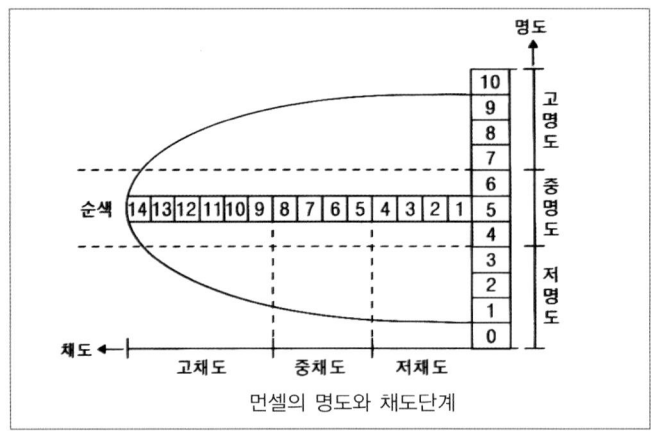

먼셀의 명도와 채도단계

※ 순색, 청색, 탁색
- 유채색 중에서 채도가 가장 높아 깨끗하고 순수한 색을 순색
- 명암에 따라 밝은 색을 명색, 어두운 색을 암색
- 색의 순수한 정도에 따라 맑은 색을 청색, 흐린 색을 탁색
  - 명청색 (순색+흰색, 흰색 량이 많아짐에 따라 명도가 높아짐)
  - 암청색 (순색+검정, 검정 량이 많아짐에 따라 명도가 낮아짐)
  - 명탁색 (청색+밝은 회색, 채도가 낮아짐)
  - 암탁색 (청색+어두운 회색, 채도가 낮아짐)

4) 색 체계
 ① 먼셀 색 체계
  - 우리나라가 채택한 표색계(공업용,교육용)이다.
  - 미국의 색채연구가인 먼셀(Munsell)에 의해 창안 되었다.
  - 색상환 (10색상환)
    - 빨강(R), 노랑(Y), 녹색(G), 파랑(B), 보라(P)의 5가지 색상을 기본으로, 기본색을 혼색하여 10가지 색상을 만들고, 10색상을 다시 10등분하여 100가지 색상을 만들어 숫자와 기호로 색상을 표시한다.
    - 하나의 색은 1-10까지 10단계로 나타내며 기준이 되는 기본색은 5에 해당한다.

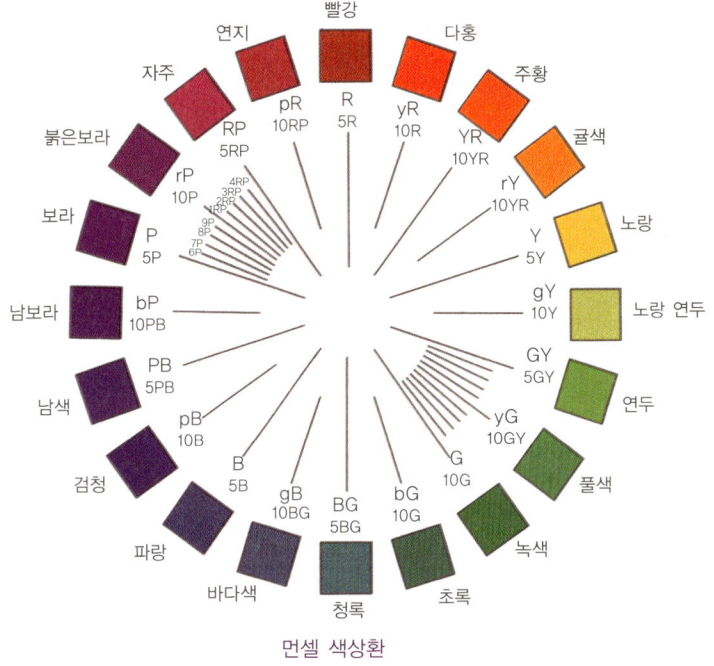

먼셀 색상환

- 색 입체
    - 색의 3속성인 색상(H), 명도(V), 채도(C)를 3차원의 공간 속에 배열한 것을 말한다.
    - 색상은 원으로, 명도는 수직 중심축으로 위로 갈수록 고명도, 아래쪽은 저명도, 채도는 방사선으로 배열되어 있으며 외부로 갈수록 고 채도를 나타낸다.
    - 채도의 단계는 1에서 14단계로, 명도는 10단계로 나뉘어진다.

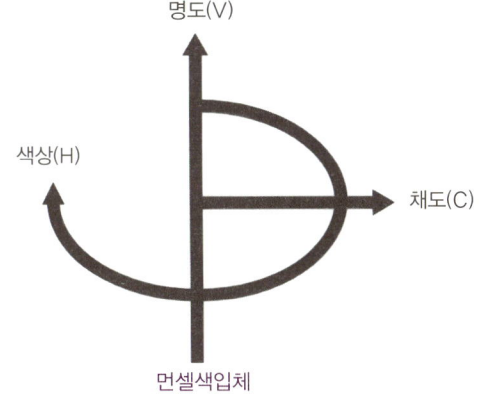

먼셀색입체

- 색의 표기
    - 색상(H), 명도(V), 채도(C)순으로 표기 한다.
        예) H V/C 5R 4/14
    (색상은 빨간색 5R , 명도는 4, 채도는 14)

② 오스트발트 색 체계
- 독일의 오스트발트(W. Ostwald)에 의해 창안된 표색계로서 회전혼색기의 색채 분할면적의 비율을 변화시켜 만든 색들을 색표로 나타낸 원리이다.
- 표색계의 원리는 검정(B), 흰색(W), 순색(C)을 기본 3요소로 하고 검정(B)+흰색(W)+순색(C)=100인 혼합비로 구성된다.
- 무채색 단계는 가장 밝은 색인 흰색을 a, 가장 어두운 색인 검정을 p로 하여 a-p까지 8단계로 나타낸다.
- 색상환 (24색상환)
  - 노랑(Yellow), 남색(Ultramarine Blue), 빨강(Red), 청록(Sea Green)을 기본으로 하며 주황, 청록, 보라, 연두를 더하여 8개의 색을 만든 다음 이 8색상을 3단계로 나누어 24색상이 되도록 하였다.

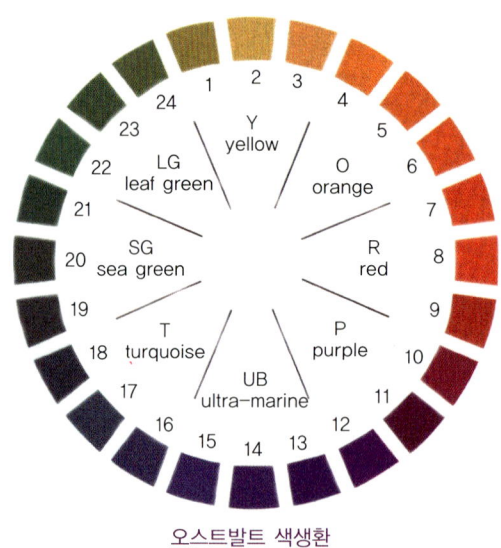

오스트발트 색생환

- 색 입체
  - 원뿔 2개를 맞붙여 놓은 복원추체 형태로 같은 기호인 색이라 하더라도 명도나 채도가 일치하지 않으며 색의 단계가 시각적으로 고르게 나타나지 않는다.
- 색의 표기
  - 색상기호, 흰색 (W), 검정 (B)의 순으로 표기한다.
    예) 14 gc
  (14 남색계열 색상, g 흰색, c 검정)
  - 흰색+검정+순색=100% 이므로 순색은 100-22-44=34%가 된다.

기호	a	c	e	g	i	l	n	p
흰색량(W)	89	56	35	22	14	8.9	5.6	3.5
검정량(B)	11	44	65	78	86	91.1	94.4	96.5

③ NCS 색 체계
- 스웨덴에서 개발되어 스웨덴 표준협회(SIS)에서 채택된 NCS(Natural Color System)는 인간의 색 지각을 기초로 완성한 논리적인 색체계이다.
- 표색계의 원리는 흰색, 검정, 노랑, 빨강, 파랑, 녹색의 6가지 색상을 기본으로 한다.
- 모든 색상은 기본 6색상과 어느 정도 근접했는지에 따라 표현한다.
- 색상환
  - 빨강(R), 노랑(Y), 녹색(G), 파랑(B)의 4가지 순색을 기본으로 하며 각 기본색들 사이를 10단계로 나누어 40가지의 색으로 나타낸다.
  - 이웃한 색상간의 혼합량을 %로 나타낸다.
- 색 공간
  - 복원추체 형태를 띠며, 세로축의 흰색과 검정, 가로축의 노랑, 빨강, 파랑, 녹색의 6개 색상 안에서 인간이 상상할 수 있는 모든 색상을 위치시킬 수 있고 이에 따른 정확한 NCS 표기가 가능하다.
- 표기법
  - 검정량(S), 순색량(C), 색상 순으로 표기한다.
    예) S 2030-Y90R
    (S) NCS 색표집 제 2판(second edition)
    (20) 검정량 20%
    (30) 순색량 30%
    (Y90R) 빨강이 90%포함된 노랑
  - 흰색량(W)+검정량(S)+순색량(C)=100%이므로 흰색량은 100-20-30=50%가 된다.

※ **색 지각설**
① 영,헬름홀츠(Herman von Helmholtz)의 3원색설 : 빛의 3원색인 R,G,B를 인식하는 시신경이 있어 이 색의 강도에 따라 컬러를 만든다는 색 지각설이다.
② 헤링의 4원색설(반대색설) : 색을 본 후에 반대색의 잔상이 일어나는 것에 의하여 색의 지각을 말한 학설로 반대색설이라고도 한다. 무채색을 제외한 적,녹,황,청에 의한 색을 말한다.
③ 돈더스의 단계설 : 3원색이 망막층에서 지각되고 다른 색은 대뇌 피질층에서 지각된다는 학설이다.

5) 색의 자극과 반응
① 시감도 : 가시광선이 주는 밝기의 감각이 파장에 따라서 달라지는 정도를 말한다.
- 박명시 현상 : 날이 저물어 엷은 어둠이 드리워졌을 때 추상체와 한상체의 작용으로 상이 흐려져 보기 어렵게 되는 현상을 말한다.
- 푸르키네 현상 : 주위 밝기의 변화에 따라서 물체의 색의 명도가 변화되어 보이는 현상으로 밝은 상태에서 어두운 상태로 옮겨질 때 빨간색 계통의 색은 어둡게 보이고 파란색 계통의 색은 밝게 보이는 현상을 말한다.
② 명암순응

- 명순응 : 갑자기 밝은 광선을 대할 때 눈부심이 있다가 정상으로 회복되는 기능을 말한다.
- 암순응 : 밝은 곳에 있다가 어두운 곳으로 들어가면 처음에는 물체가 잘 보이지 않다가 약 15분정도 지나면 차차 보이게 되는 현상을 말한다.

③ 색순응
- 색광에 순응하는 것으로 색광이 물체의 색에 영향을 주어 순간적으로 물체의 색이 다르게 느껴지지만 나중에는 물체의 원래 색으로 보이게 되는 것을 말한다.

④ 광원의 연색성(Color rendering)
- 조명이 물체의 색감에 영향을 미치는 현상으로 같은 물체색이라도 조명에 따라서 색이 달라져 보이는 성질을 말한다.

⑤ 조건등색설
- 두 가지의 다른 물체색이라도 특수한 조건의 조명 아래에서는 같은 색으로 느껴지는 현상을 말하며 메타메리즘(Metamerism)이라고도 한다.

6) 색의 대비
- 하나의 색이 주위의 색이나 먼저 본 색의 영향을 받아 색상, 명도, 채도 등이 다르게 보이는 현상을 말한다.
- 색은 단독으로 보이는 경우는 거의 없으며 인접한 색과의 관계 속에서 인지된다.

① 계시대비
- 시간적 차이를 두고 일어나는 대비로 계속대비, 연속대비라고도 한다.
- 하나의 색을 보고 자극을 받은 후 계속해서 다른 색을 보면 그 색이 다르게 보인다

② 동시대비 : 시간의 간격 없이 인접한 두 개의 색을 동시에 볼 때 일어나는 대비 현상을 말한다.
- 색상대비
  - 색상의 차를 강조하는 대비를 색상대비라 한다.
  - 서로 다른 두 가지 색을 대비시켰을 때, 원래의 색보다 차이가 더욱 크게 느껴지는 것을 말한다.
  - 주황색 위에 초록색을 놓으면 주황색은 더욱 붉게 보이고 초록색은 청록으로 보인다.
  - 대비의 효과가 큰 것은 3원색의 대비이다.
- 명도대비
  - 주위의 색에 따라 실제 밝기보다 밝게 보이거나 어둡게 보여 지는 현상을 가르키는 것이다.
  - 주위 색과의 명도차가 클수록 이 현상은 확실하게 나타난다.
  - 우리의 눈은 색의 3속성이 동시에 일어날 경우 명도 대비를 가장 강하게 느끼게 된다.
  - 주위의 명도가 높으면 본래의 명도보다 낮게 보이고 주위의 명도가 낮으면 본래보다 높은 명도로 보인다.
- 채도대비
  - 채도가 다른 두 색이 서로 대조가 되어 두 색 간의 채도차가 크게 보이는 현상을 말한다.

- 주위의 채도가 높으면 본래의 채도보다 낮게 보이고 채도가 낮으면 본래보다 높은 채도로 보인다.
- 무채색끼리는 채도대비가 일어나지 않으며 이는 색상대비도 일어나지 않는다는 것을 의미한다.
- 보색대비
  - 서로 반대되는 보색끼리 배색을 하였을 때 각자의 색은 원래 색보다 선명하게 보이는 현상을 말한다.
  - 보색끼리의 색은 서로의 잔상에 의하여 상대 쪽의 채도를 높이며 색을 강하게 드러나 보이게 한다.
  - 청록의 숲 속에 있는 빨강 지붕, 바다 위의 노란 돛이 선명한 대조를 이루는 것도 보색대비이다.

③ 기타대비
- 연변대비
  - 둘레, 테두리, 경계부분의 의미로 어떤 두 색이 맞붙어 있을 때 그 경계 부분에는 멀리 떨어져 있는 부분보다 색상, 명도, 채도 대비 현상이 더 강하게 나타나는 현상이다.
  - 색을 명도단계별로 나열할 때 3단계 이상을 나열시키면 명도가 높은 색과 접하고 있는 부분은 어둡게 보이고 반대로 낮은 명도의 색과 접하는 부분은 밝게 보인다.
- 면적대비
  - 같은 색이라도 면적의 크기에 따라 명도, 채도가 다르게 보이는 현상이다.
  - 면적이 커지면 명도, 채도가 증가하여 그 색은 실제보다 더 밝고 선명하게 보이고 반대로 면적이 작아지면 명도, 채도가 감소되어 보이는 현상을 말한다.
- 한난대비
  - 차고 따뜻한 색을 서로 같이 놓았을 때 이루어지는 대비를 말한다.
  - 따뜻한 색은 차가운 색과 함께 있을 때 더욱 따뜻하게 느껴지고 차가운 색은 더욱 차갑게 느껴지는 현상을 말한다.
  - 원근을 암시하는 요소를 포함하고 있으므로 멀리 있는 물체일수록 한색을 가까이 있는 물체일수록 난색을 많이 사용한다.

7) 색의 동화
① 대비현상과는 반대의 현상으로 옆에 있는 색과 닮은 색으로 변해 보이는 현상을 말한다.
② 전파효과, 혼색효과라고도 한다.
③ 인접색이 유사색일 경우, 명도 차이가 적을 경우, 변화되는 색의 면적이 아주 작을 경우에 잘 일어난다.

8) 색의 잔상
- 망막에 주어진 색의 자극이 생긴 후 자극을 제거하여도 시각 기관에 흥분 상태가 계속되어 시각작용이 잠시 남아 있는 현상을 말한다.
① 정의 잔상

- 원래의 감각과 같은 정도의 밝기 혹은 색상을 가질 때를 말한다.
- 망막에 주어진 색의 자극이 없어졌을 때도 원래의 자극과 비슷한 잔상이 계속 지속되는 현상을 말한다.
- 정의 잔상은 부의 잔상보다 자극이 더 오래 지속된다.
- 영화, 팽이, 애니메이션 등이 자연스럽게 움직이는 것도 이 때문이다.

② 부의 잔상
- 원래의 감각과 반대의 밝기 또는 색상을 가질 때를 말한다.
- 일반적으로 많이 느끼는 잔상으로 자극이 사라진 후 형태는 원래의 자극과 비슷하게 나타나나 명도는 정반대로 나타나며 색상이 보색으로 되는 것도 있다.
- 부정적 잔상, 소극적 잔상이라고도 하며 보색잔상이 이에 속한다.
- 형광등을 응시한 후 천정을 보았을 경우 나타나는 그림자를 발견할 수 있다.

9) 색의 혼합

① 가산혼합(색광혼합)
- 빛의 혼합을 말하며 빛의 색을 더해 점점 밝아지는 원리를 이용한 혼합이다.
- 혼합하는 색이 많을수록 명도는 높아지고 채도는 낮아진다.
- 색광의 3원색 : Red , Green, Blue

② 감산혼합(색료의 혼합)
- 색료의 혼합으로 색을 더하면 밝기가 감소하는 원리를 이용한 혼합이다.
- 물감은 혼합하기 이전의 색의 명도보다 혼합할수록 색의 명도가 낮아진다.
- 색료의 3원색 : Cyan, Magenta, Yellow

가산 혼합   감산 혼합

③ 중간혼합(회전, 병치혼합)
- 두 개 이상의 색을 빠르게 회전시키면 색이 혼합되어 보이는 것을 회전혼합이라 한다.
- 두 개 이상의 색을 병치하고 일정한 거리에서 바라보면 망막상에서 혼합되어 보이는데 이를 병치혼합이라 한다.

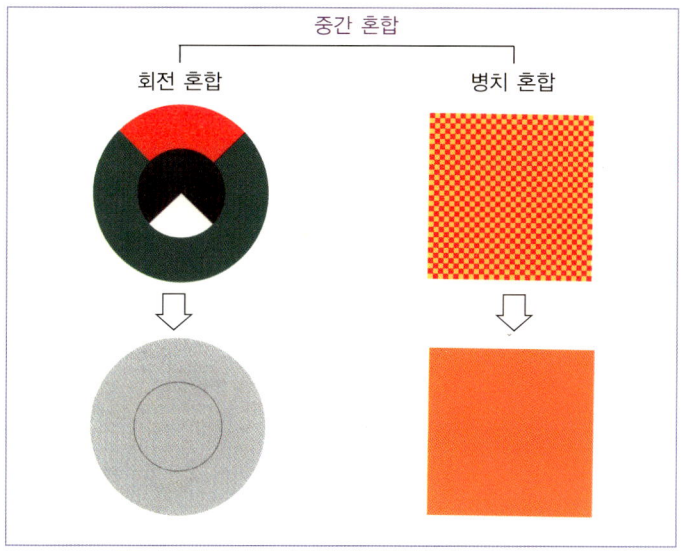

10) 색의 배색 조화
- 배색을 통하여 균형 있는 통일감과 변화를 갖출 때 색의 조화가 있다.

  ※ 미국의 색채학자 D.B.Judd(저드)의 색채조화론
  - 질서의 원리 : 색채의 조화는 의식할 수 있고 효과적인 반응을 일으키는 질서 있는 계획에 따라 선택된 색채의 조화에서 생긴다는 원리이다.
  - 친근성의 원리(familiarity) : 아무리 질서가 있는 배색이라도 눈에 익숙한 것이 더 조화되어 보이고, 눈에 어색한 것은 덜 조화되어 보이는 원리를 말한다.
  - 공통성의 원리(similarity) : 공통성은 실용상 네 가지 원리 가운데 가장 기본적인 것으로 배색된 색채들이 서로 공통되는 속성을 가질 때 그 색채군은 조화된다는 원리이다. 명도, 채도보다는 색상이 같으면 공통성이 가장 뚜렷해진다.
  - 명백성의 원리(unambiguousness) : 배색된 색채의 차이가 애매모호하지 않고 명료한 것이 조화된다는 원리이다. 실제 대비(contrast)를 뜻하는 경우가 많다.

① 동일색상의 배색조화
  - 동일색상 중에서 명도와 채도가 다른 배색으로 전체적으로 공통성이 있어 융화감을 얻을 수 있는 배색이다.
  - 단조로운 느낌이 들 수 있으므로 악센트적인 요소가 필요하다.
② 유사색상의 배색조화
  - 주조색의 인접한 3가지 색상에 다양한 색조를 사용하는 것으로 단일색 조화보다 부드럽고 풍부한 느낌이다.
③ 보색 색상의 배색조화
  - 색상환에서 주색과 반대되는 보색의 이웃한 두 색을 함께 배색하는 것이다.
  - 흥미롭고 다양한 느낌이지만 자칫 지나치게 강렬해 보일 수 있다.

④ 인접 보색의 배색조화
  • 색상환에서 주색과 반대되는 보색의 이웃한 두 색을 함께 사용한다.
⑤ 삼색의 배색조화
  • 색상환에서 같은 간격(삼각형 형태)에 위치한 세 가지 색의 조화로 화려한 느낌을 준다.
⑥ 사색의 배색조화
  • 색상환에서 색의 정사각형 또는 직사각형 꼭 지점에 해당되는 색들의 조화로 화려한 느낌을 준다.
⑦ 명도의 배색 조화
  • 높은 명도끼리의 배색으로 명도차가 작으며, 맑고 깨끗한 느낌을 줄 수 있으나 좀 약한 느낌이다. 부분적으로 어두운 색을 넣어주면 좋다.
  • 중간 명도끼리의 배색으로 명도차가 작으며 무겁고 음침한 느낌을 준다.
  • 낮은 명도끼리의 배색으로 중간명도와 마찬가지로 명도차가 작으며, 무겁고 음침한 느낌을 준다.
  • 명도차가 중간인 배색으로 대체로 무난하고 조화되기 쉬운 배색이다
  • 명도차가 큰 배색으로 개운하고 뚜렷한 배색이다.
⑧ 채도의 배색 조화
  • 순색이나 순색에 가까운 색끼리의 배색으로 매우 화려하고 채도끼리의 배색이 있다.
  • 무채색에 가까운 색끼리의 배색으로 부드럽고 온화한 느낌을 주는 낮은 채도끼리의 배색이 있다.
  • 순색과 탁색, 순색에 가까운 색과 무채색끼리의 배색으로 기분 좋고 세련된 느낌을 주는 채도차가 큰 배색이 있다.
⑨ 배색 효과
  • 분리 효과(Separation)
    – 두색 또는 다색의 배색에서 그 관계가 모호하든지 대비가 지나치게 강할 경우에 접하고 있는 색과 색의 사이에 분리 색을 한 가지 삽입하는 것으로 조화를 이루는 기법이다.
    – 분리 색으로는 무채색이 무난하다.
  • 강조 색 효과(Accent)
    – 단조로운 배색에 강조 색을 소량 덧붙임으로써 전체 상태를 돋보이도록 하는 배색기법이다.
    – 악센트의 색상으로 대조적인 색상이나 톤을 사용함으로서 단조로움을 피할 수 있다.
  • 연속 배색 효과(Gradation)
    – 단계적인 변화를 의미하며 색이 연속적으로 변화해가는 것을 말한다.
    – 색상, 명도, 채도, 톤의 변화를 이용할 수 있다.
  • 반복 배색 효과(Repetition)
    – 두 색 이상을 사용하여 일정한 질서에 기초한 조화를 부여함으로서 통일감이나 미적인 감각을 이끌어내는 기법이다(예로 타일의 배색을 들수 있다).

- 톤의 효과(Tone)
  - 톤 온 톤(tone on tone) : 톤을 겹치게 한다는 의미로 동일 색상에서 두 가지 톤의 명도차를 비교적 크게 둔 배색이다.
  - 톤 인 톤(tone in tone) : 동일 색상이나 유사색의 배색으로 명도와 채도 차가 적게 배색하는 기법이다.

⑩ 오방색
  ① 한국 전통색의 근본이 된다고 할 수 있는 오방정색의 다섯 가지 색상과 간색, 잡색의 생성원리를 음양오행의 원리로 풀이하고 있다.
  ② 조선시대에 오정색은 양기의 상징으로 공적인 업무시나 궁궐, 사찰 등 하늘과 땅의 양기와 음기가 모두 만나는 곳에 주로 사용되었다.
  ③ 오방정색 : 청, 적, 황 (양의 색), 백, 흑 (음의 색)

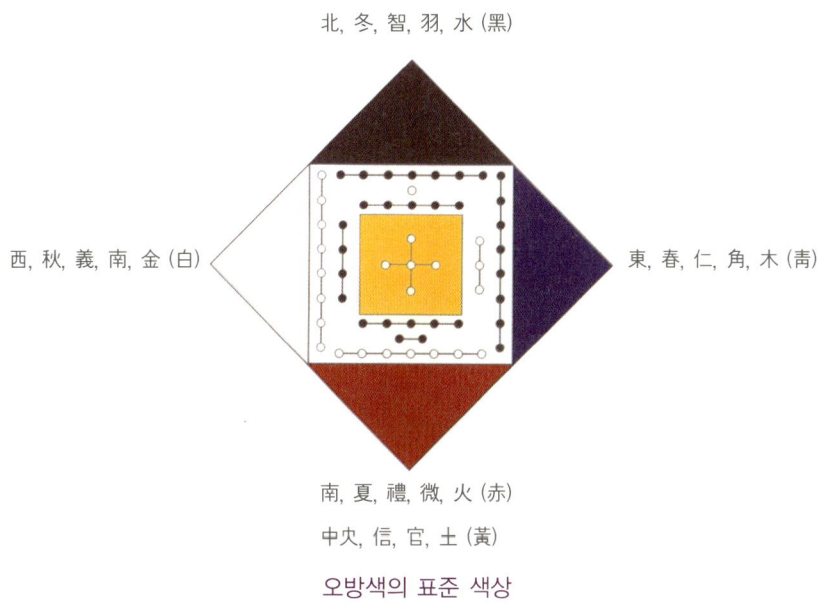

오방색의 표준 색상

  ④ 오방간색 : 녹, 벽, 홍, 자, 유황(모두 음의 색)
    • 녹색은 청황색으로 동방의 간색
    • 홍색은 적백색으로 남방의 간색
    • 벽색은 청백(담청)색으로 서방의 간색
    • 자색은 적흑색으로 북방의 간색
    • 유황색은 황흑색으로 중앙의간색
  ⑤ 잡색
    • 오방간색은 다시 70색의 잡색을 이루게 되는데 아무나 사용할 수 있었고 의미 또한 정식으로 부여되지 않았다.

(5) 질감

1) 직물(Textile)에서 나온 말로 짜는 방식에 따라 거칠음, 부드러움, 딱딱함, 무거움 등의 시각적, 혹은 촉각적 표면의 특성을 말한다.
2) 재료의 조직, 색채, 광택의 정도, 무늬, 재료의 재질에 따라 식물을 이용한 질감의 느낌은 다르다.
3) 꽃, 가지, 잎 등의 식물 각 부분의 재질감이 디자인에 미치는 영향은 크고 중요한 요소이다.
4) 비슷한 질감을 적절히 혼합하면 조화와 통일감을 주지만 다양한 질감 또는 반대되는 질감을 잘 배열하면 디자인 효과는 강조되어진다.
5) 한 가지 색으로 디자인 하는 경우에는 질감으로 리듬을 만들 수 있다.
6) 바구니, 도기, 목재 등과 같은 거친 질감을 가진 용기나 장식물은 자연적이고 비공식적인 질감을 나타낸다. 이러한 용기와 식물 외 장식물의 질감은 꽃과 식물소재의 질감과 조화를 이루어야 하며 식물소재를 돋보이게 해야 한다.
7) 황금색이 지니는 질감은 귀하고 값진 느낌을 준다. 작은 꽃은 귀엽고 섬세한 느낌이 있고 큰 물체는 엄청나고 우람하여 장엄한 느낌이 든다.
8) 질감의 통일은 한 가지 기법으로 질감의 변화를 표현할 때 나타나며 지나치게 다양한 기법의 사용은 오히려 그 특성을 잃을 수도 있다.
9) 화훼장식에서는 콜라주나 아쌍블라쥬(Assemblage)등의 기법을 이용하여 촉감적 질감을 나타내기도 한다.
10) 질감과 색을 동시에 돋보이게 하기는 어렵다. 같은 색채라도 표면의 질감에 따라 색조가 다르게 보일 수 있다.
11) 작품의 통일로 인한 지루함을 극복할 수 있는 방법이다. 최근의 화훼장식에서는 파베, 필로잉, 위빙, 밴딩, 바인딩 등 다양한 기법으로 질감의 변화를 주는 것을 개발하고 있다.
12) 구조적 디자인은 질감을 잘 표현할 수 있는 디자인 양식이다.
13) 식물재료의 질감은 다양한 종류로 구분할 수 있다.

직물 재질	• 실크 같은	• 아디안텀, 코스모스, 벚꽃, 스위트피 잎
	• 울 같은	• 맨드라미, 팜파스그래스, 아게라텀, 에델바이스, 아스틸베
	• 벨벳 같은	• 팬지, 아네모네, 카틀레야, 장미, 고데치아, 백일홍, 스타티스, 글록시니아
	• 가죽 같은	• 태산목 잎, 루모라. 아나나스, 갈락스, 동백 잎
도자기 재질	• 매끄러운, 진주 같은	• 스테파노티스, 네린, 부바르디아, 백합, 수련, 히아신스, 치자 꽃, 자스민, 연꽃
	• 탁하고 둔한	• 흰 수련, 칼라
	• 거칠고 소박한	• 베고니아 잎
금속성 재질	• 무딘, 딱딱한, 거친 윤기 나는, 매끄러운	• 베고니아, 헬리코니아, 극락조화, 호야, 유카, 범의 귀 잎, 안스리움, 크로톤, 천남성 잎, 트리토마
유리 재질	• 투명하고 매끄러운	• 루나리아, 금낭화, 캄파눌라, 베고니아
	• 투명감은 있고 광택이 없는	• 제라늄, 아이리스
목재 재질	• 나무 같은	• 대나무, 루드베키아, 쏠리다고, 말린 프로티아, 톱풀 꽃, 해바라기, 바크, 나무껍질
	• 거칠은	• 해바라기 씨, 프리뮬러, 베고니아 잎

(6) 향기(Fragrance)

1) 화훼장식에서 필수적인 요소는 아니지만 후각적 자각을 높여주어 감각적인 즐거움을 증대시킨다.
2) 고대에는 식물의 향기가 질병을 막아주는 것으로 생각해 왔으며 꽃에 있어서 중요한 부분으로 간주되어졌다.
3) 기호에 따라 그 느낌의 차이가 있으므로 꽃과 식물을 선택할 때 향기의 느낌을 잘 전날할 수 있어야 한다.
4) 눈에 보이지 않는 조형요소로서 화훼장식에는 꽃의 조형상 분위기를 조성하기 위해서는 필요한 요소이다.
5) 히아신스나 프리지어의 향기는 봄을 연상시키며 가데니아나 자스민의 향기는 분위기를 차분하게 해주며 시나몬과 여러 가지 허브의 향이 크리스마스를 연출하는데 큰 몫을 담당했다.

(7) 공간(Space)

1) 디자인을 계획할 때 3차원으로 된 전체의 공간은 디자인의 크기와 형태, 방향에 영향을 미치므로 고려되어야 한다.
2) 디자인에 허용된 전체 공간, 디자인에 있어 사용되는 꽃 소재와 다른 성분들의 범위내의 공간들이 점유할 공간 등에 대한 고려가 필요하다.

3) 공간의 반복을 통해 리듬을 만들 수 있으며 중심점에서 가장자리까지 점차적인 공간이 확보된 경우 균형의 안정감을 가진다.
4) 구체적으로 어떠한 형태의 공간을 구성할 것인지를 결정하는 것이 적극적인 공간 계획의 첫걸음이다.
5) 공간은 크게 양성적 공간과 음성적 공간, 빈 공간으로 나눌 수 있다.
   ① 양성적인 공간(Positive space)
   - 작품에서 소재들이 사용된 부분으로 꽃은 양성적 공간의 절대적인 부분을 차지한다.
   - 외곽에 프레임을 정하고 질서 있게 내부로 향하는 공간이며 힘이 있고 강도가 높은 공간이다.

   ② 음성적인 공간(Negative space)
   - 소재와 소재 사이에 공간으로 재료가 차지하지 않는 소극적인 공간이다.
   - 음악을 더욱 흥미롭게 하는 음률사이의 쉼표와 같은 역할을 한다.
   - 음성적 공간을 만듦으로서 소재가 더욱 강조된다.

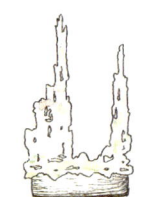

   ③ 빈 공간 (Voids)
   - 현대적인 디자인 양식에 사용되는 연결 부분으로서의 빈 공간은 소재들을 다른 디자인 부분과 연결하는 선명하고 뚜렷한 선들이다.
   - 꽃과 축 또는 중심선 사이의 줄기를 예로 들수 있다.

2. 디자인의 원리

(1) 조화(Harmony)

1) 어원은 그리스어 'harmonia'로 결합과 조직의 의미로 '적합하다'라는 뜻을 가지며 전체로서 결합과 변화를 뜻한다.
2) 서로 다른 것들이 대립하면서도 통일된 인상을 주는 미적 원리로 형식적인 질서와 완전성을 추구하며 작품을 구성하는 각각의 요소들 또는 전체의 공간과 하나의 작품이 서로 잘 어울리게 구성되는 것을 말한다.
3) 형태, 패턴, 크기, 질감, 재료, 색채의 질적·양적인 질서 속에서 변화와 통일성으로 이루어진 균형을 이루는 상태를 뜻하며 면적효과, 재질효과, 공간효과 등이 연계적으로 계획되었을 때 나타나게 된다.
4) 조화적 표현에는 같은 성질에 의한 동등(Identity)조화, 유사(Similarity)한 성질에 의한 조화, 상반(Contrast)되는 요소에 의한 조화, 상태(Condition)에 따른 조화, 감각의 조화가 있다.
5) 조화를 이루기 위한 고려사항은 작품 전체와 각각의 요소들이 가지는 비율, 놓이는 장소와

작품의 분위기, 계절의 적합성, 꽃과 화기, 주제와 모양, 질감, 크기, 색과의 적합성을 들 수 있다.

(2) 통일(Unity)

1) 통합이 되거나 완전해진 하나의 상태로서 전체 구성이 개개의 부분에 비해 훨씬 두드러진 것을 의미한다. 통일을 이루기 위해서는 화훼장식물이나 화훼장식공간을 부분의 조합으로서가 아니라 하나의 단위로 보는 것이 필수적이다.
2) 통일감의 표현 방법으로 근접, 반복, 전이가 가장 잘 표현되어진다.
3) 근접(Proximity)은 통일을 이루는 가장 쉬운 방법으로 디자인에 일종의 규칙성을 부여하는 것이며 같은 간격, 질감, 형태, 크기 등으로 표현한다. 고전적 디자인의 밀르드플레르를 예로 들 수 있다.
4) 반복(Repetition)은 통일감을 이루기 위한 가장 일반적이고 효과적인 방법으로 같은 물체나 형태, 크기, 색, 질감 등의 요소들이 반복에 이용될 수 있다. 그러나 지나친 반복은 단조로울 수 있다.
5) 전이(Transition)는 한 요소에서 다른 요소로의 점진적인 변화와 색의 연결이나 형태의 연계성을 의미한다. 색은 전이를 만들기 가장 쉬운 요소로 주황색 꽃은 빨강 꽃과 노랑꽃을 시각적으로 연결시켜 시선의 흐름을 부드럽게 만들며 통일감을 이루어 낸다.
6) 통일이 잘 이루어지면 논리적인 관계가 명백하고 부적절하게 보이지 않는다.
7) 단조로움을 피하기 위하여 강한 강조점을 만들거나 장식물 전체 윤곽의 변화를 주면 흥미를 유발시킬 수 있다.

 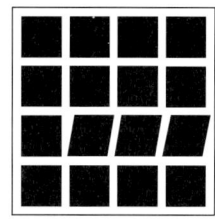

(3) 균형(Balance)

1) 균형이란 사실적 또는 시각적으로 감지되는 구조적 강도의 평형상태와 안정감을 의미한다.
2) 사실적·물리적 균형(Actual·Physical balance)은 작품의 구성 요소간의 실질적인 무게의 균형을 말하며 재료의 분량, 무게, 위치, 방향에 의해 작용한다. 화기와 꽃의 무게가 서로 균형을 이루어야 작품의 실제적인 안정감을 이룰 수 있다.
3) 시각적 균형(Visual balance)은 실제적인 안정감과 관계없이 눈으로 보여 지는 균형을 말하며 구성되는 재료의 크기, 위치, 방향, 색, 질감에 영향을 받는다. 사실적 균형이 맞더라도 시각적 균형이 맞지 않으면 그 작품은 불안정해 보인다.
4) 균형의 기본적인 두 개의 유형은 대칭과 비대칭이다.

① 대칭 균형(Symmetrical Balance)
- 기하학상의 중심축을 기점으로 작품을 구성하는 기본 요소가 축의 좌우에서 균등한 대칭인 것이다.
- 규칙성, 엄격, 명확, 단조, 존엄 등 분명한 기하학적 구성과 비교적 폐쇄적인 윤곽을 갖는다.
- 좁은 의미로는 축을 경계로 하여 색·형태·크기·무게·재질 등 각 요소와 여러 똑같은 개체가 거울에 비추듯이 실제로 좌우의 같은 거리에서 균형을 이루고 있을 때 이것이 기본적인 대칭이다.

② 비대칭 균형(Asymmetrical Balance)
- 좌우가 대칭형이 아닌 자유로운 질서로 물리적 중심축을 수직축의 왼쪽이나 오른쪽으로 이동시켜 비대칭적인 균형을 만든다.
- 기하학적 중심에서 벗어난 위치에 관련되어 있는 여러 가지 개체의 크기, 형, 무게, 거리 등 서로 다른 모든 요소와 소재가 자연스런 느낌으로 배치되어 비대칭을 이루게 된다.
- 자연스럽고 비정형적이며 시각적 움직임으로 인한 생동감은 흥미로움과 긴장감을 만들어낸다.
- 구성 내 공간의 대부분은 강조된 부분과 비대칭 균형을 이루기 위해 빈 공간이 필요하다.

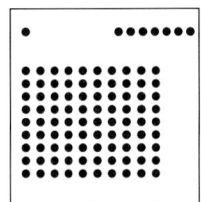  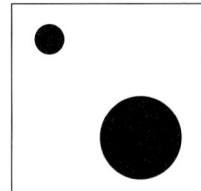

(4) 규모(Scale)

1) 전체 공간이나 구성 내에서 구성 요소인 물체의 상대적인 크기이며 작품이 지닌 외형크기와 내부적인 구성부분 간의 균형적인 비율을 뜻한다.
2) 작품의 크기와 그것이 놓일 공간과의 규모관계는 균형, 안정, 강조에서 중요하게 작용하므로 의도하는 강세의 정도에 따라 적합한 비율로 계획되어야 한다.
3) 규모에 영향을 주는 요소로는 공간의 높이, 공간과 작품의 비율, 색의 비율, 질감의 비율, 화기와 꽃의 비율을 들 수 있다.

(5) 비율(Proportion)

1) 디자인 전체와 한 부분의 비교 관계(양, 크기, 색)를 비율이라 한다. 즉 대소의 분량, 장단의 차이, 부분 간 또는 부분과 전체 간의 상대적인 수량관계를 뜻한다.
2) 어느 선분을 둘로 분할하였을 때 양쪽이 같은 비례는 흥미로움이 결여되는 반면 지나치게 극단적인 비례에서는 규제미가 깨어진다.

3) 근조 화환의 직경과 스탠드 높이는 균제적 비례를 적용한다.
4) 동양꽃꽂이의 경우 작품의 크기는 화기의 높이와 넓이를 더한 값에 1.5배에서 2배로 정하고 꽃꽂이의 넓이는 장식의 높이에 따라 그 값이 결정되며 장식의 앞뒤 폭 역시 장식의 높이와 넓이에 따라 길이 값이 정해진다.
5) 웨딩 부케의 크기가 신부의 체형과 드레스의 양감에 관계한다.
6) 부케의 각 규모별 길이가 전면 2/3, 후면1/3, 양측면이 각각1/3의 비례를 유지한다.
7) 꽃다발에서 바인딩 포인트 이하의 줄기 길이가 전체의 1/3 비례를 유지한다.
8) 황금 비율은 고대 피라미드에서 찾아볼 수 있듯이 가장 이상적인 비율로(1:1.618...) 일상생활에서도 다양하게 사용되고 있다. 화훼장식에서는 황금 비율과 가장 근접한 비율인 3:5:8(1:1.6)로 사용하고 있다.

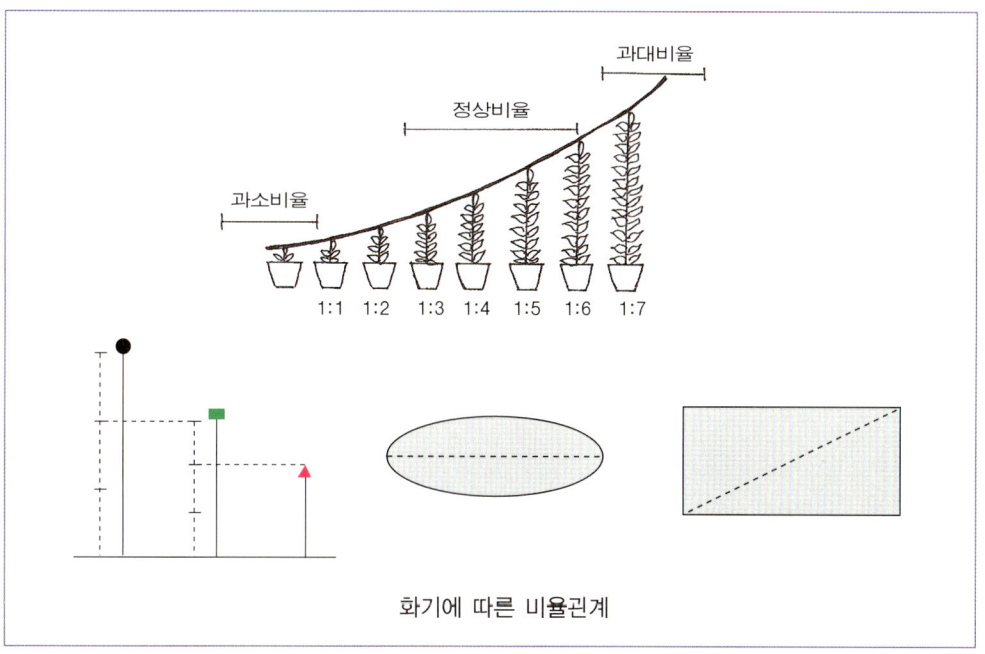

(6) 강조(Emphasis)

1) 강조점은 디자인의 나머지 부분에 비해 두드러지기 때문에 가장 먼저 보게 되는 부분으로 다른 재료들과 대비를 이룰 때 이루어지며 구성 내에서 디자인의 크기, 모양, 위치에 따라 강조 요소는 한 개 또는 여러 개가 될 수 도 있다.
2) 꽃꽂이에서 강조점의 위치는 중앙이거나 비대칭일 경우에는 중앙에서 약간 벗어난 곳에서 화기부위의 아래쪽인 경우가 많다.
3) 작품의 요소(형태, 크기, 색 등) 중에서 강조하고자 하는 한 부분으로 가장 돋보여야 할 부분이기도 하다. 강조는 한 지점(Focal Point)이 될 수도 있고 그보다 큰 하나의 구역(Focal area)이 될 수도 있다.
4) 포컬 포인트(Focal Point)는 완성된 작품에서 눈을 끌게 하는 한 지점으로서 작품의 중심점을

말하며 초점부분은 색채적으로 강하고 꽃도 크고 아름다우며 형태가 특이한 꽃을 사용한다.
5) 작품을 볼 때 양적으로나 색채적으로 꽃이 집중적으로 모이는 부분인 시각상의 초점과 줄기가 전부 모이는 부분인 기구상의 초점이 있다.
6) 강한 통일감으로 강조하여 긴박감과 일정한 요소들의 반복으로 특정 부분의 착시효과를 조성한다.
7) 색의 밀도가 높은 강한 색으로 구성하며 수렴과 확산에 의해 강한 집중력으로 유인한다.
8) 특이한 구조, 형태, 질감, 광택 등의 이색적인 차이가 두드러지게 한다.

(7) 리듬(Rhythm)

1) 리듬은 같은 요소들에 의한 시각적인 움직임을 말하며 선, 색, 형태 등의 요소들이 규칙적이거나 조화 있는 순환으로 나타나는 통제된 운동감이다.
2) 반복(Repetition)
   ① 같은 요소와 단위가 시간적, 공간적으로 되풀이 될 때 일어나는 현상을 말하며 개체보다는 그룹과 그룹간의 반복으로 나타난다.
   ② 작품에 사용된 재료의 형태와 구조에 의한 연속적인 반복은 기법과 형태가 포함되며 율동감을 만든다.
3) 계조(Gradation)와 변이(Transition)
   ① 계조는 재료의 크기, 색, 형태의 점진적인 전환, 변화를 뜻하며 변이는 이러한 계조적인 한 요소에서 다른 형태, 크기, 방향, 색, 질감으로의 시각적 이동에 의한 변화를 의미한다.
   ② 화훼장식에서의 계조적 변화는 자연적, 생장적인 표현으로 나타낼 수 있으며 작은 것에서 큰 것으로 혹은 옅어지거나 짙어지게 하는 방법으로 소재의 크기나 색의 변화를 보여준다.
4) 확산(Radiation)
   ① 평행형을 제외한 대부분의 화훼장식 구성에서는 모든 재료들이 어느 한 점에서 퍼져 나가듯이 구성되어 표현한다. 그 예로 꽃꽂이의 도구로 사용하는 침봉이나 폼은 줄기의 얽힘이 없이 한 지점으로부터 확산하여 안정적이고 정리되어 보이는 구성을 한다.
   ② 부케의 경우에는 바인딩 포인트로부터 각 방향으로 확산시키며 조립해 나간다. 이러한 구성으로 제작된 부케는 질서 있는 방향에 의한 리듬감으로 작품성을 나타나게 한다.

(8) 단순(Simplicity)

1) 단순한 디자인에서는 강조점을 비롯한 주제가 명확해질 수 있으며 강한 인상을 줄 수 있다.
2) 혼잡한 디자인은 리듬을 잃게 되고 주제를 불분명하게 하여 다른 요소들에게까지 역효과를 초래한다.

(9) 대비(Contrast)

1) 대비는 전혀 다른 성질, 혹은 분량을 달리하는 둘 이상의 것이 공간적, 시각적으로 접근하여 나타날 때 일어나는 현상이다.

2) 대비는 조화보다 훨씬 강렬한 배열이며 반대되는 대립과 변화 등으로 흥미를 자극하고 흥분시키는 극적인 효과의 기본이 된다.
3) 전체적으로 어두운 톤의 작품 속에 밝은 꽃을 함께 사용하면 그 꽃은 더욱 밝은 색으로 보이지만 밝은 톤의 작품에 사용한 경우에는 실제 색보다 더 어두워 보이는 경우와 같다.
4) 대비는 반대(Opposition), 대립(Conflict), 다양함(Variety) 등으로 흥미를 자극시키는 동적인 효과를 지닌다. 흥미는 변화에 의해 생기고 변화는 불균등에 의해 생긴다.

3. 화훼장식 디자인 과정

(1) 주제의 결정
1) 장식물, 장식 공간의 용도나 목적을 파악한다.
2) 생활공간 장식용, 축하용, 행사용, 디스플레이용, 전시회용 등의 용도와 의미를 전달할 수 있는 주제를 결정한다.
3) 양식과 예산 및 공간 특성 조사 및 포트폴리오를 활용한다.

(2) 공간의 특성 조사 분석
1) 원래의 용도, 크기, 환경조건(광도, 온도), 가구, 조명에 따른 장식물의 규모, 수량, 색상 결정 등의 공간의 특성을 분석한다.
2) 이용자 특성과 시각 구조의 특성으로 장식물이 배치될 위치와 문제점, 개선 방안 등을 파악한다.
3) 결혼식장식의 예로 식장의 크기, 바닥, 벽, 천장 등의 색과 재질, 하객의 수, 조명 등을 조사하고 신부의 체형과 드레스 등을 파악한다.

(3) 구체적인 구상과 스케치
1) 전체 디자인 공간의 규모, 유형, 배색, 소재의 종류와 배치되는 장식물의 크기, 수량, 형태, 색상, 질감 등 구체적으로 구상한다.
2) 주제나 의미 전달을 위한 디자인의 문제점과 해결 방안을 탐색한다.
3) 아이디어를 형태와 재료, 색상, 배치 등으로 스케치한다.
4) 일방화형, 사방화형, 대칭, 비대칭형, 자연적, 추상적 구성, 식물의 선과 윤곽의 표현 등을 고려한다.

(4) 도면과 서류 작성
1) 규모가 작은 장식은 스케치로 가능하다.
2) 배치도(장식물을 놓을 자리), 평면도(전체의 배치를 수평으로 그린 그림), 입면도(정면에서 보는 관점), 단면도(전체의 공간을 수직으로 잘라 수평의 관점), 전개도(각 부분의 입면을 전

개해서 그린그림)등의 도면을 작성한다.
3) 견적 내역서로 장식물별로 소재의 종류와 수량, 규격, 색상 등 필요한 내용을 작성한다.

(5) 연습
1) 섬세한 작업을 위해 제작 기술의 연습이 필요하다.
2) 제작 과정의 경험은 디자인 문제점을 해결하는 능력을 길러준다.

(6) 소재의 구입과 준비
1) 견적서 소재는 모두 합산하여 정확하게 구입한다.
2) 절화는 신선도 유지를 위해 물올림 과정과 절화 보존제 처리, 건조 소재나 조화는 자연스러운 형태로 복구한다.
3) 작업대 정돈 후 도구와 재료를 바른 위치에 놓아 작업준비를 한다.

(7) 장식물의 제작과 포장, 운반, 설치
1) 디자인 도면대로 제작한다.
2) 손상되지 않도록 적합한 포장재와 포장법을 적용하여 원형을 유지하여 운반을 한다.
3) 규모가 클 경우에는 장식할 장소로 이동하여 작업한다.
4) 사진 촬영 및 여러 사항을 함께 기록하거나 포트폴리오로 정리해 둔다.

(8) 평가
1) 계획에서 설치까지의 모든 과정을 평가한다.
2) 문제점과 개선 방안을 상세히 기록하고, 제작 년월일, 장식물명, 도면명, 주제, 사용재료, 색채 계획, 설치 장소의 특성 등을 사진과 함께 정리한다.

4. 화훼 가공

1. 건조가공

(1) 건조화(Dried flower)
건조화는 수분을 지나치게 많이 포함하고 있지 않은 식물을 채취하여 다양한 방법으로 건조, 가공하여 생산하는 것이다.

1) 자연건조법(Air drying)
  ① 가장 기본적인 식물의 건조방법으로 인위적인 방법을 가하지 않고 자연 그대로 건조된 꽃을 채집하거나 절화를 거꾸로 매달거나 바닥에 흩어놓아 말리는 것이다.
  ② 건조 장소는 건조하고, 어둡고, 서늘하며(10℃이상) 통풍이 잘 되어야한다.
  ③ 밀짚 꽃이나 별꽃, 스타티스, 아킬레아, 솔방울, 부들, 까치밥 등과 같은 소재들이 적합하다.
  ④ 활짝 피기 전의 꽃이 자연건조의 이상적인 조건이다.

2) 열풍건조(Hot air drying)
  ① 호흡으로 인한 양분손실이 많아지기 전에 빠르게 건조하게 되면 변색이 적어 많은 종류의 꽃에서 아름나운 색을 유시할 수 있다.
  ② 국내외 대부분의 건조소재 생산회사는 열풍건조 방법을 많이 이용하는 것으로 알려져 있으나 꽃의 종류에 따른 적절한 방법이 알려져 있지는 않다.
  ③ 장미는 색과 향기를 고려할 경우 40℃가 적절한 열풍건조 온도이며 향기를 고려하지 않을 경우에는 40~50℃가 적절하며 60℃에서 색이 잘 유지되는 품종도 있다.
  ④ 건조 시간이 짧으나 별도의 건조 시설이 필요하고 비용이 많이 든다.

3) 저온 건조법
  ① 소재를 0℃이상, 10℃이하의 건조한 곳에 두어 건조시키는 방법이다.
  ② 저온이 효소의 활성을 강력히 억제시키는 작용을 하기 때문에 비교적 좋은 색깔을 보존하나 건조시간이 오래 걸린다.

4) 동결 건조법(Freeze drying)
  ① 식물을 영하 50℃ 가량의 초저온에서 12시간 정도 동결시켜 수분을 승화시키는 방법으로

동결건조기(freeze dryer)를 이용하며 꽃의 형태나 색이 잘 유지된다.

② 보관과정에서 공기 중 습도를 흡수하여 변색되기 쉬워 밀폐된 곳에 보관해야 한다.

③ 장미, 작약, 카네이션 등에 이용된다.

5) 감압 건조법

① 공기를 건조매체로 이용하여 건조시키는 방법이다.

② 일정한 양의 공기를 추출하여 진공 상태로 만든 밀폐용기에 식물체를 넣어 식물체 내의 수분이 신속히 증발 또는 승화되도록 하는 것이다.

③ 건조속도가 빠르고 화색 유지효과가 좋은 장점이 있다.

6) 중압 건조법

① 식물체에 압력을 주어서 건조시키는 방법으로 주로 압화 소재를 건조시키는데 많이 이용된다.

② 책갈피에 소재를 넣은 다음 무거운 것을 책 위에 올려놓고 소재를 건조시키는 방법이다.

7) 글리세린 흡수 건조법(Preserving in glycerine)

① 식물이 글리세린을 흡수할 수 있도록 용액에 식물체를 넣어 흡수 시킨 후에 건조시키는 방법으로 식물의 탄성을 어느 정도 유지할 수 있다.

② 수확하자마자 처리해야 하며 절화의 줄기나 나뭇가지의 도관을 통하여 흡수시키는 방법과 용액에 담그어 흡수시키는 방법이 있다.

③ 글리세린을 40℃의 물과 1:2 또는 1:3으로 혼합한 후 계면활성제 0.5~1%를 혼합하면 물의 표면장력을 줄여 흡수가 용이해진다.

④ 줄기는 20~30℃ 정도의 실내에서 용액이 8cm 정도 되게 담구며 잎만을 이용할 때는 용액 속에 푹 담가 준다.

⑤ 흡수기간은 식물의 종류에 따라 3~4일 정도에서 1~2일 정도 걸리며 계면활성제의 처리 여부에 따라 큰 차이가 난다.

⑥ 대부분의 잎은 글리세린 흡수 후 건조시키면 갈색으로 변색되므로 수용성 녹색 염료를 글리세린 용액에 혼합해 준다.

⑦ 꽃과 잎은 아킬레아, 홍화, 천일홍, 안개꽃, 밀짚꽃, 수국, 라벤더, 장미, 루나리아, 맨드라미, 스타티스, 버드나무, 유칼립투스 등이 이용된다.

⑧ 재료가 유연하여 잘 부서지지 않으며 큰 재료들을 건조할 수 있고 한 번에 많은 양을 처리할 수 있다.

⑨ 원래의 색보다 어둡게 변색되는 단점이 있다.

9) 매몰건조(Drying in dessicant)

① 식물체를 매몰하여 건조하는 방법으로 수축현상에 의한 형태 변화가 적다.

② 건조 후 색상은 비교적 잘 유지되나 쉽게 부서지는 단점이 있고 건조제는 붓으로 깨끗이 제거해야 한다.

③ 적합한 재료는 꽃잎이 너무 두껍지 않고 꽃이 크지 않는 것이 좋으며 아네모네, 장미, 수선화, 프리지어, 스카비오사 등이 있다.

④ 건조재료는 실리카겔, 모래류, 버미큘라이트와 펄라이트, 붕사와 밀가루 등이 있다.
⑤ 실리카겔(silica gel)은 규산(SiO_2)의 건조 상태의 겔로 강한 흡수력을 지니며 자기 무게의 40%까지 수분을 흡수할 수 있고 건조시켜 재사용이 가능하다.
⑥ 백색과 청색 두 가지 제품이 있으며 청색은 수분을 흡수하면 분홍색으로 바뀌어 수분 함량을 알 수 있어 편리하지만 값이 비싸 백색과 청색을 섞어서 쓴다.
⑦ 노란색, 분홍색 꽃이 가장 변색이 적고 적색계통은 검붉게 변색되는 경우가 많다. 건조 전 2%의 주석산에 10분에서 1시간 정도 담궜다가 건조시키면 변색을 줄일 수 있다.
⑧ 모래류는 유기물과 불순물을 완전히 제거하고 건조시간이 오래 걸리므로 붕사나 실리카겔과 혼합하여 사용하면 효과적이다.
⑨ 버미큘라이트와 펄라이트는 다공성이 있어서 흡수율이 높으나 가벼워 재료의 섬세한 부분까지 밀착하지 않는 단점이 있다.
⑨ 붕사와 밀가루는 섬세한 재료에 사용하며 붕사와 밀가루를 2:10 비율로 섞어 사용하면 효과적이다.
⑩ 붕사는 흡수력이 매우 강하므로 건조에 주의하고 건조 후 제거되지 않은 붕사에 의해 수분이 재흡수 될 수 있으므로 철저히 제거해야 한다.

(2) 건조소재 보관방법
1) 빛과 습기에 약하므로 건조하고 어두운 곳에 보관한다.
2) 유리용기 속에 넣어 장식하거나 아크릴 상자 속에 건조제와 함께 보관한다.
3) 가능하면 피막 처리하여 보관한다.
4) 장마철에는 일시적으로 비닐에 싸두거나 상자 속에 넣어 보관한다.

2. 건조장식물

(1) 압화(Pressed flower)
1) 꽃이나 잎, 줄기, 덩굴 등을 물리적인 방법이나 약품처리로 눌러서 건조시킨 후 회화적인 느낌을 강조하여 평면적으로 구성한 조형예술이다.
2) 압화는 작은 액세서리에서 각종 생활용품이나 장신구, 가구에 이르기까지 다양한 장르로 활용 가능하다.
3) 예부터 고운 단풍잎이나 은행잎, 향이 있는 국화잎 등을 문창호지에 발라 장식하거나 재앙 방지용 벽장식에 이용했던 것은 전통적인 발달과정의 원천이 되기도 한다.
4) 압화의 재료 선택
   ① 색이 선명하고 꽃의 구조가 간단하거나 꽃잎의 수가 적은 꽃이 알맞다.
   ② 작거나 중간 정도의 크기나 수분량이 적고 두께가 적당한 꽃이 좋다.
   ③ 황색, 오렌지색, 남색, 자색, 홍색 등의 꽃이 적당하다.

④ 건조가 잘 되는 소재로는 팬지, 수선화, 안개, 국화, 다알리아, 코스모스, 국화, 수국, 매화, 제비꽃 등이 있고 어려운 소재는 꽃잎이 두텁고 수분이 증발하지 않는 꽃으로 호접란, 바이올렛, 해당화 또는 꽃잎이 너무 얇은 나팔꽃, 담쟁이풀 등이 있다.

5) 압화의 제작 조건
   ① 습도가 높은 날은 피하는 것이 좋다.
   ② 물올림이 좋은 상태의 꽃, 잎, 꽃대를 분리해서 물기를 잘 닦은 후 건조시킨다.
   ③ 이물질을 완전히 제거해야 하며 식물이 가장 아름다운 때 채취한다.
   ④ 분식물이나 야생화는 수분 함량 때문에 오전 10시 이후에 채취하는 것이 좋다.

6) 압화의 건조방법
   ① 책을 이용한 건조법 : 전통적인 방법으로 건조시간이 길고 색상이 변하기 쉽다.
   ② 누름판을 이용한 건조법 : 흡수지에 끼운 소재를 누름판에 눌러 말리는 방법으로 빠르게 건조할 수 있다.
   ③ 실리카겔을 이용한 건조법 : 3~5일 정도 소요되며 두꺼운 꽃을 빠른 건조나 자연색을 남기고 싶을 때 사용하는 방법이다.
   ④ 다리미 건조법 : 다리미로 다리면 색의 선명도에 영향을 줄 수 있으므로 온도에 유의한다.
   ⑤ 전기 건조기를 이용한 건조법 : 단시간에 건조시킬 수 있는 장점이 있으나 열로 인해 색상이 변할 우려가 있다.

7) 자연그대로의 색을 오래 보존하는 것이 중요하므로 건조 상태를 유지시키고 햇빛에 노출되지 않도록 한다.

(2) 염색

1) 염료를 사용하여 자연색으로 볼 수 없는 특별한 색을 원할 때 사용한다.
2) 채색도가 높은 무색의 재료를 얻기 위해 탈색을 시킨 후에 염색을 하는 것이 좋다.
3) 염색은 자연색상 이외에 색상이나 식물에서 볼 수 없는 특수한 색을 색료를 이용하여 식물체 조직에 들어가게 하는 염료염색과 식물체의 표면에 부착시키어 착색되게 하는 도료염색이 있다.
4) 염색방법
   ① 생화
      • 절단부의 도관을 통하여 염료를 흡수시키는 방법이다.
      • 색소를 꽃에 직접 분무하는 방법이다.
   ② 건조화
      • 끓이는 염색법 : 염료액 조성→색을 고정→물로 세척→건조의 순으로 염색한다.
      • 침적시켜 염색하는 방법 : 위의 과정에서 가온의 과정만 제외한다.
      • 도색법 : 염료를 붓으로 칠하거나 분무하는 방법, 매직 펜 등으로 칠하는 방법이 있다.
5) 재료에 따라서 염색액에 처리하는 시간이 다르다.
   ① 10~30초 : 스타플라워, 아킬레아, 다복쑥, 유채, 라그라스, 천일홍, 익모초 등

② 30~60초 : 오크라, 방크시아, 프로테아, 루카덴드론 등
6) 생화 염색 시 산성염료가 가장 좋고 재료는 백색이나 연한계통의 꽃을 이용하는 것이 좋다.
7) 약품을 이용한 망사 잎(스켈톤 잎) 만들기는 물 200ml에 수산화나트륨 20g을 넣고 20~30분 가량 끓인 후 흑갈색으로 변하면 엽육을 긁어내고 과산화수소 원액이나 락스 원액에 20~30분 정도 담가 탈색시킨다.
8) 염색화를 제작시에 사용되는 표백제는 하이포아염소산염, 아염소산나트륨, 과산화수소 등이 있다.

(3) 포푸리(Potpourri)

1) 프랑스어로 발효시킨 항아리라는 뜻으로 사전적 의미는 '방향을 향료와 섞어서 단지에 넣은 것'이다.
2) 건조된 꽃이나 잎, 향나무, 조각, 식물의 뿌리에 플라워 오일을 섞어 재료의 색상, 모양, 질감, 향기를 즐길 수 있는 혼합물로 현재 보편화되어 있는 포푸리는 그 이용 범위가 상당히 넓다.
3) 이용목적에 따라 향, 방취, 방역, 불면증 치료, 장식용 포푸리 등 다양하다.
4) 용기에 따라 꽃잎이나 향료를 방취 또는 방역의 목적으로 작은 구멍이 뚫린 금속제의 작은 상자 또는 도자기 등의 항아리에 넣은 포맨더(Pomander)와 재료를 잘게 부숴서 헝겊 주머니에 예쁜 수를 놓거나 레이스를 만들어서 넣은 새세(Sachet)가 있다.
5) 만드는 방법에 따라 완전히 건조한 재료를 이용한 드라이 포푸리와 건조시킨 식물의 꽃, 잎, 나무껍질 등에 에센셜 오일을 첨가하여 수개월간 숙성시킨 습윤 포푸리가 있다.
6) 주재료가 되는 것은 장미, 자스민, 라벤더 등의 꽃이지만 과일 껍질, 나무껍질, 허브, 향료 식물 등도 주재료가 될 수 있다.

기출문제 Ⅲ

2005~2007 6회 수록

1. 다음 중 "화훼장식가"에 대한 설명으로 가장 거리가 먼 것은?
① 호텔, 백화점, 무대 등의 다양한 화훼장식공사를 담당한다.
② 화원의 경영자나 직원으로 일 할 수 있다.
③ 화훼상품 제조업체 등에서 근무하거나, 프리랜서로 활동 할 수 있다.
④ 시설 내에서 화훼식물 생산자도 화훼장식가이다.

해설 화훼장식가 플로리스트로 불리면서 화원의 경영자나 직원으로서 일하며 화훼장식교육을 병행하기도 한다.

2. 플라워 디자인을 할 때 우선적으로 구체적인 용도에 맞도록 몇 가지 고려사항이 있는데 그 중 포함되지 않는 것은?
① 시간
② 장소
③ 목적 및 동기
④ 독창성

3. 화훼장식에 대한 설명으로 옳지 않은 것은?
① 화훼식물을 주소재로 활용하여 공간을 장식한다.
② 자연미를 배경으로 하여 인간이 미학적 조형미를 창출하는 조형예술이다.
③ 각종 행사에서 상징적인 메시지 전달 효과는 화훼장식의 주요기능 중의 하나이다.
④ 절화 소재만을 사용하는 것을 원칙으로 한다.

해설
- 화훼장식(floral design)은 화훼식물을 주소재로 하여 실내·외공간의 효율적 기능과 미적 효과를 높여주는 장식물을 제작하거나 설치, 유지, 관리하는 종합적인 조형 예술이다.
- 디자인의 요소와 원리를 기본으로 작가의 의도를 반영하여 시간과 장소, 주제에 맞게 장식하는 것을 말한다.

01 ④　　02 ④　　03 ④

4. 다음 중 화훼장식에 대한 설명으로 틀린 것은?
   ① 화훼장식은 모양, 색채, 질감 등의 시각적 요소가 주를 나타내는 조형예술이다.
   ② 화훼장식은 식물만을 이용하여 제작, 설치, 관리, 유지하는 종합적 조형예술이다.
   ③ 화훼장식은 때와 장소, 목적에 따라 조형원리에 맞게 장식 되어야 한다.
   ④ 화훼장식물은 인간의 창의력과 표현능력을 이용한 미적 감각을 볼 수 있다.

5. 화훼장식 디자인을 할 때 가장 먼저 실행해야 하는 것은?
   ① 장식 공간의 용도와 목적 파악
   ② 도면과 서류 작성
   ③ 소재의 종류와 배치
   ④ 장식물의 크기, 형태, 색상구상

   해설 ① 주제의 결정: 장식물, 장식 공간의 용도나 목적을 파악한다.
   ② 공간의 특성 조사 분석   ③ 구체적인 구상과 스케치
   ④ 도면과 서류 작성   ⑤ 연습
   ⑥ 소재의 구입과 준비   ⑦ 장식물의 제작과 포장, 운반, 설치
   ⑧ 평가

6. 화훼장식에 관련된 설명으로 틀린 것은?
   ① 주로 절화 장식은 장식 기간이 일시적이다.
   ② 절화 장식은 생화와 건조화를 함께 사용할 수 없다.
   ③ 분식물은 기본적으로 용기와 토양, 식물, 첨경물로 구성된다.
   ④ 실내정원은 분식물을 반복적으로 배치하거나 고정된 플랜터에 꾸밀 수 있다.

7. 다음 중 화훼장식을 바르게 설명한 것은?
   ① 실외 공간의 기능과 미적 효율성을 높여주는 장식물을 제작하는 것을 말한다.
   ② 절화장식에는 꽃꽂이, 갈란드, 포푸리, 행잉바스켓, 테라리움, 화환, 건조화 등이 해당된다.
   ③ 분식물은 절화와 같이 일시적으로 이용될 때 주로 사용한다.
   ④ 주 소재인 화훼식물은 관상을 대상으로 하는 초본 식물과 목본식물을 총칭한다.

8. 특정한 공간에 화훼장식을 하고자 할 때 사전에 고려해야할 점이 아닌 것은?
   ① 공간의 면적이나 인테리어와의 적합성을 고려한다.
   ② 장식물의 계속적인 유지관리 방법과 보존기간을 미리 염두에 둔다.
   ③ 장식물의 장식효과나 기능이 전체 이미지에 적절한지 고려한다.
   ④ 장식물의 견고성과 안정성은 중요하지 않다.

04 ②   05 ①   06 ②   07 ④   08 ④

9. 다음 중 화훼장식의 정의로 가장 적절한 것은?
① 담이나 울타리가 있는 땅 안에서 화훼식물을 재배하는 것.
② 식물을 심고 가꾸고 이용하는 것
③ 화훼식물을 주소재로 미적인 장식물을 제작, 설치, 유지, 관리하는 것
④ 절화와 분식물을 이용하여 실내를 장식하는 것

10. 청량한 음향효과를 내며 주변의 소음을 흡수하는 역할을 하는 분식물 장식의 첨경 소재로 가장 적당한 것은?
① 수경소재
② 가공소재
③ 자연소재
④ 동물소재

11. 다음 중 화훼장식의 육체적, 정신적 치료효과로 거리가 먼 것은?
① 정서적으로 안정감을 준다.
② 녹색식물은 눈의 피로를 덜어준다
③ 분식물의 배치는 사람들의 통행을 조절해준다.
④ 향기식물은 우울증이나 스트레스를 줄여준다.

12. 다음 중 화훼장식의 기능에 대한 내용으로 거리가 먼 것은?
① 스트레스를 줄이고 일의 효율과 창의력을 높여준다.
② 실내공간의 공기를 정화시켜준다.
③ 정서적 안정과 같은 정신적인 치료효과를 준다.
④ 시각적인 혼란으로 상업공간에서 구매의욕을 저하시키는 효과를 준다.

13. 다음 중 화훼장식의 역할 중 공기 중 습도와 기온의 조절, 공기정화 능력의 기능을 하는 것으로 가장 적당한 것은?
① 치료효과
② 정서함양
③ 환경조절
④ 공간장식

해설 환경적 기능
- 식물은 광합성 작용을 통해 주변의 이산화탄소와 포름알데히드, 벤젠 등의 휘발성 유기물질들을 흡수하고 산소와 물을 배출해서 공기를 정화하는 효과를 가지고 있다.
- 실내 공간에 배치된 분식물은 증산작용을 통해 물을 수증기의 형태로 배출해서 습도를 조절하는 기능이 있다.

09 ③   10 ①   11 ③   12 ④   13 ③

14. 인간의 지각기능을 적절히 자극해 창조성을 높이거나 스트레스를 해소시켜 주는 것으로 화훼장식이 가지고 있는 기능 중 해당되는 것은?
① 정서함양과 치료 효과
② 교육
③ 환경조절
④ 공간장식

15. 화훼장식의 기능이 바르게 연결된 것은?
① 심리적 기능- 오감 자극
② 경제적 기능- 홍보효과
③ 신체적 기능- 신체장식
④ 지적 예술적 기능- 정서함양

16. 자연과 격리된 도시에서 사무공간에 이루어진 화훼장식은 사원들의 스트레스를 줄이고 일의 효율과 창의성을 높여주는데, 이러한 화훼장식의 기능으로 가장 적당한 것은?
① 환경적 기능
② 심리적 기능
③ 장식적 기능
④ 교육적 기능

해설 심리적 기능
- 녹색식물이 있는 공간은 휴식공간으로 제공되어 스트레스 해소에 도움을 주며 도시의 메마른 환경에서 건강한 생활을 유도한다.
- 공동체의 주거환경을 개선시켜주며 구성원들 간의 이해와 공동체의식을 형성시켜준다.

17. 화훼장식의 치료적 효과에 대한 설명으로 틀린 것은?
① 꽃과 식물의 관리로 인한 신체적인 움직임은 건강을 증진시킨다.
② 녹색의 식물은 시각적인 눈의 피로를 줄여준다.
③ 화훼장식은 정서안정의 효과를 보여준다.
④ 향기치료는 큰 효과를 주지 못한다.

해설 치료적 기능
- 방향성 식물의 향기치료는 심리적인 안정을 유발해 부정적, 감정적 반응의 완화 및 스트레스 해소에 도움이 된다.
- 창조적 예술 활동으로 감각적 능력을 키우며 자신감과 자기 성취감을 갖게 된다.
- 대인 관계를 형성하는 능력이 향상 되며 책임감 및 협동심을 기를 수 있게 된다.
- 원예치료를 통하여 정서적 안정과 함께 운동효과 및 재활효과도 얻을 수 있다.

18. 다음 중 화훼장식의 기능이 아닌 것은?
① 장식적 기능
② 건축적 기능
③ 언어적 기능
④ 교육적 기능

14 ①   15 ②   16 ②   17 ④   18 ③

19. 화훼장식의 환경조절 기능에 대한 설명으로 틀린 것은?
① 휘발성 물질을 방출하여 유해한 병균의 발생을 억제시킨다.
② 식물의 광합성 능력으로 인해 오염된 공기를 정화시킬 수 있다.
③ 식물의 호흡작용에 의해 실내의 산소 부족현상을 초래할 수 있다.
④ 증산작용에 의한 기화열을 위해서는 여러 요소의 결합보다는 색상을 강조한다.

20. 다음 중 한국의 분식물 장식에 대한 역사적인 설명으로 가장 거리가 먼 것은?
① 한국의 전통적인 분식물은 자생 목본식물이 주종을 이룬 분재나 분경이었다.
② 고려후기에는 소나무를 비롯한 매화나무와 대나무가 주종이었다.
③ 오늘날 실내공간에서 가장 일반적으로 이용되고 있는 식물은 자생식물이다.
④ 1970년대 경제발전으로 인한 생활의 여유와 주거 양식의 변화로 분식물장식에 대한 관심이 높아졌다.

21. 우리나라에서 화훼장식이 발생하게 된 원인으로 옳은 것은?
① 미의 창조
② 생활공간의 장식목적
③ 불교의식에서 불전공화
④ 자연숭배 사상에 의해 제의식에서 헌공화

해설 꽃의 사용은 인간의 의식주 발달과 더불어 신을 모시고 숭배하는 신수사상에서 그 기원을 찾을 수 있다.

22. 고려시대 수덕사 대웅전에 그려진 수화도와 야화도에 나타나지 않은 식물은?
① 치자
② 작약
③ 장미
④ 계관화

해설 연꽃, 어송화, 수초와 모란, 작약, 맨드라미, 치자, 들국화 등이 수반에 가득 담겨 있는 그림

23. 조선시대 초기에 성행했던 일지화 꽃꽂이 형식을 가장 잘 설명한 것은?
① 병에 한 가지의 꽃을 꽂은 형태
② 넓은 수반에 초화류를 꽂은 형태
③ 경사지게 꽂은 산화 형태
④ 반월형 삼존 형식으로 꽂는 형태

19 ③   20 ③   21 ④   22 ③   23 ①

24. 조선시대 강희안이 지은 대표적인 원예서적은?

① 조선왕조실록
② 양화소록
③ 산림경제
④ 임원십육지

해설
- 양화소록(강희안): 현존하는 꽃에 관한 최초의 전문서적으로 화초재배법을 소개
- 화암수록(강희안): 양화소록의 부록

25. 삼국시대의 꽃꽂이에 관한 기록으로 옳지 않은 것은?

① 강서대묘 현실북벽의 비천상
② 해인사 대적광전 벽화
③ 무용총의 벽화
④ 안악2호분 동벽의 비천상

해설
① 고구려 시대
 - 쌍영총 주실 북벽의 벽화   - 안악 2호분 동벽비천상
 - 강서대묘 현실북벽의 비천상
 - 길림성 집안현 여산 남분의 무용총 지붕의 천장벽화(반구형 꽃작품)
② 백제 시대
 - 무녕왕릉 금제왕관식의 꽃나무와 초화 문양
 - 칠지도의 새겨진 절지 형식의 입지모양
 - 왕과 왕비의 금제관식은 꽃과 풀을 순금으로 장식
③ 신라 시대
 - 막새기와 달 상징 수막새기와의 꽃문양이 등장
 - 신흥사의 돌조각에 국화무늬 공화
 - 보상문화전은 꽃무늬를 아름답게 보여주고 있다.
 - 불전공화가 발전, 자연적인 묘사와 좌우대칭, 양감적인 형태

26. 일반적인 동양과 서양의 전통 화훼장식의 작품 비교가 바르게 된 것은?

① 동양은 정신적 수양을 강조하고, 서양은 생활공간장식의 실용성을 강조한다.
② 동양은 꽃의 색과 모양을 강조하고, 서양은 선과 여백을 강조한다.
③ 동양의 주재료는 꽃이고, 서양은 나뭇가지가 주재료가 된다.
④ 동양은 기하학적인 이론을 이해하고, 서양은 정신적인 요소를 이해해야 한다.

해설 동양은 주재료가 나뭇가지, 서양은 꽃이며, 동양은 선과 여백을 강조하고, 서양은 색과 모양을 강조하는 실용적인 화훼장식이다.

27. 다음 중 삼국시대의 화훼장식 역사를 알 수 있는 것은?

① 쌍영총의 부부도
② 수월관음도
③ 수덕사 대웅전 벽화
④ 기명절지화

해설 고려시대 : 수월관음도, 수덕사 대웅전의 야생화도 및 수생화도, 조선시대의 그림 : 기명절지화, 기명절지도, 일지화

24 ②   25 ②   26 ①   27 ①

28. 화훼식물의 재배와 관리에 대한 강희안 저서는?
① 임원십육지   ② 양화소록
③ 동국세시기   ④ 오주연문장전산고

29. 유럽의 신부용 부케의 기원에서 사용된 '벼이삭'의 의미는?
① 행복   ② 다산   ③ 약속   ④ 순종

30. 더치 플레미쉬(Dutch-flemish) 양식을 잘못 설명한 것은?
① 다양한 액세서리를 과일과 새둥지, 조개껍질을 포함한 사치스러운 부케 주변을 장식하였다.
② '천송이 꽃'이라는 의미로 풍요로운 인상을 표현한다.
③ 17세기 네델란드와 벨기에 화가들의 그림에서 보여 지는 양식이다.
④ 이들 어레인지먼트는 헐겁거나 바로크 스타일처럼 개방적이지는 않지만 비율이 적용되었고 더욱 컴팩트하게 만들었다.

[해설] 더치 플레미쉬
- 화가들이 자신들의 마음 속 구상을 그림으로 표현한 것이다.
- 구근 식물의 꽃들을 열대과일이나 기타 어울리지 않는 재료와 함께 그렸다.
- 많은 종류의 꽃과 잎이 거대한 대칭 디자인에 사용되었다.
- 큰 꽃이 어레인지의 맨 위에 위치한다.
- 풍부한 색상, 다양한 질감, 자연의 액세서리들이 디자인의 완성도를 높였다.
- 꽃그림 아랫부분에 과일, 새 둥지, 조개, 곤충 기타 장식효과를 지닌 재료들로 꾸며놓았다.
- 주지가 짧은 꽃들을 높이 꽂았으며 모든 계절의 꽃들을 나란히 꽂았다.

31. 영국의 예술가 윌리엄 호가스(William Hogarth, 1697~1764)에 의해 창시 되었다고 보는 화형은?
① 초승달형   ② 부채형
③ S커브형   ④ 원추형

32. 다음 중 바로크시대에 처음 소개된 화훼장식의 디자인은?
① 호가디안 선   ② 토피아리
③ 코누코피아   ④ 타원형

[해설] 호가스 라인이라고 하는 S자, 초승달 모양의 비대칭적이고 운동감이 나타난 형태가 주로 사용되었다.

28 ② 29 ② 30 ② 31 ③ 32 ①

33. 다음 중 영국 조지 왕조 시대 때 꽃 문화에 대한 설명으로 틀린 것은?

① 전염병을 예방해준다는 향기 있는 꽃을 손에 들고 다니는 꽃다발(Nosegay)이 유행했다.
② 꽃장식이 머리, 목, 허리, 가슴 등의 몸 장식용으로도 이용되었다.
③ 길고 가는 병(Bud-vase)에 꽃을 꽂거나, 테이블중앙의 정형적인 꽃꽂이 장식이 유행하기 시작했다.
④ 꽃꽂이는 정형적인 대칭구조를 벗어나 비대칭형의 형태가 일반적이다.

해설 꽃꽂이는 다양한 종류의 꽃들을 사용하여 형식적이고 대칭적인 형태가 일반적이었고 테이블 중앙에 센터피스를 처음으로 꽂기도 하였다.

34. 비더마이어(Biedermeier)시대에 대한 설명으로 틀린 것은?

① 약 1815~1848년대를 비더마이어 시대라고 한다.
② Ludwing Eichrot 의 풍자소설집의 제목에서 최초로 등장 했다.
③ 상류층을 위한 예술의 시대이다.
④ 주로 사용한 꽃은 국화, 팬지 등의 작고 둥근 형태의 꽃이다.

해설 비더마이어(1815~1848)
- 1850년 시인 L.아이히로트가 독일 잡지 속에 등장한 2인조 소시민적 속물 '비더맨'과 '분메르 마이어'의 이름을 조합시켜 '비더마이어' 라는 이름을 만들었다.
- 소시민적 속물의 상징으로 사용되었으며 당시 시민 계급을 풍자하던 것에서 유래하였다.
- 작고 귀여운 것, 깔끔함, 평온함, 로맨틱한 전원 풍경을 즐겨 추구하는 사고방식을 나타내었으며 꽃무늬가 주로 사용되었다.
- 꽃을 공간이 없는 라운드형으로 빽빽하게 꽂은 것으로 디자인한 것으로 비더마이어 시대에 유행하였다.

35. 코뉴코피아(cornucopia)의 설명으로 틀린 것은?

① 풍요의 의미를 갖고 있다.
② 원뿔모양의 바구니(화기)이다.
③ 크리스마스 장식에 어울린다.
④ 그리스 로마 신화에서 유래 되었다.

해설
- 풍부함을 상징하는 코르누코피아(cornucopia, 풍요의 뿔)는 꽃, 과일, 채소 등을 넣어 장식하며 추수감사절에 추수를 상징하는 가을꽃이나 열매들도 함께 꽂는다.
- 플렌티 혼(horn of plenty, 풍요의 뿔)이라고도 부른다.

36. 영국 조지아 시대(AD1714~1760)에 꽃의 향기가 전염병을 예방해 주는 것으로 인식되어 손에 들고 다녔던 것은?

① 포푸리   ② 코사지
③ 노즈게이   ④ 갈란드

33 ④   34 ③   35 ③   36 ③

37. 다음 중 우리나라 화훼장식에 대한 설명으로 가장 거리가 먼 것은?

① 우리나라의 화훼장식은 꽃꽂이로부터 시작되었다.
② 문헌이나 벽화 조형물들을 통해 역사적인 배경을 알 수 있다.
③ 조선시대부터 일지화, 문인화 등의 전문용어가 생겼다.
④ 한국의 화훼장식은 종교적인 배경과는 관련이 없다.

38. 조선시대의 문헌 중 화훼장식에 대해 서술한 전문서적이 아닌 것은?

① 홍만선의 산림경제   ② 강희안의 양화소록
③ 김홍도의 단원아집도   ④ 서유구의 임원십육지

해설
- 양화소록(강희안): 현존하는 꽃에 관한 최초의 전문서적으로 화초재배법을 소개
- 화암수록(강희안): 양화소록의 부록
- 산림경제(홍만선): 잡법(온실에서 기르는 방법), 요수법(물주는 법), 목류와 초화류의 재배법
- 성소복부고(허균): 꽃 예술을 감상하는 태도를 수록한 문집
- 오주연문장전산고(이규경): 일종의 백과사전
- 동국세시기(홍석모): 우리나라의 연중행사 및 풍속을 설명
- 임원십육지(서유구): 농사에 관한 백과사전

39. 다음 중 고려시대의 화훼양식과 관계가 없는 것은?

① 수월관음도   ② 수덕사 대웅전의 야화도
③ 불교문화   ④ 산화도

해설 ① 삼국시대
- 선적인 양식, 양감적 양식, 산화(꽃을 그릇에 담고 주변에 흩뿌리는 형식)의 세 가지 표현 양식이 나타나고 있다.
② 고려 시대
- 귀족문화의 전성기로 화훼장식도 화려한 경향이 나타나고 있다.
- 궁중 의식용으로 꽃이 사용되었고 하사품으로 꽃을 사용하였다.
- 대표적인 공화의 소재로 연, 대나무, 버드나무가 있다.
- 해인사 대적광전의 벽화를 보면 꽃이 가득 담겨져 있는 꽃바구니 그림이 있다.
- 헌공화의 표현양식은 자연묘사적 표현(수월관음도, 대방광불화엄경)과, 양감적인 좌우대칭의 표현(수덕사 대웅전의 야생화도 및 수생화도), 절충적인 표현(도금모란문소호), 산화 양식(법화경서사보탑도)이 있다.

40. 화훼장식에 영향을 미친 미술양식의 연대순 중 옳은 것은?

① 바로크→비잔틴→로코코→로맨틱
② 비잔틴→르네상스→바로크→로코코
③ 고딕→비잔틴→로코코→르네상스
④ 비잔틴→르네상스→로코코→바로크

해설 고대이집트-그리스-로마-비잔틴-르네상스-바로크-로코코-조지아-빅토리아

37 ④   38 ③   39 ④   40 ②

41. 다음 아래 설명이 의미하는 양식은?

> 꽃들을 촘촘히 구성하여 양감(mass)을 강조하는 돔(dome)형의 어렌지먼트(arrangement)를 압축한 양식으로 1815~1848년 독일, 오스트리아에서 사용되었던 양식이다.

① 비더마이어 ② 플레미시
③ 핸드타이드 ④ 보태니컬

42. 바로크 시대에 직선보다는 곡선을 중시하면서 나타난 꽃꽂이 형태와 관련이 가장 깊은 것은?

① S자형 ② 원추형
③ 대칭삼각형 ④ 일자형

43. 다음 중 꽃 색이 흰색계열이 아닌 것은?

① 오리엔탈백합 몽블랑(Lillium 'Mont Blanc')
② 은방울꽃(Convallaria Keiskei Miq.)원종
③ 극락조화(Strelitsia reginae Ait.)원종
④ 안개초(Gypsophylla elegans Bieb.)원종

44. 다음 중 늘어지는 부케를 만들기 위해 라인 플라워로 이용되는 관엽성의 덩굴식물로 가장 적당한 것은?

① 골드하트아이비 ② 사계장미
③ 개나리 ④ 백목련

45. 다음 중 서양식 꽃꽂이에 골격을 형성하는 선형꽃(line flower)으로 이용하기에 적당치 못한 형태를 갖고 있는 화훼종류는?

① 스토크 ② 장미
③ 아이리스 ④ 금어초

[해설] 라인형 꽃과 잎(line flowe · foliage)
- 꽃의 줄기가 곧고 키가 커서 선의 형태를 나타낼 수 있는 꽃을 말한다.
- 한줄기에 많은 꽃들이 이삭모양으로 붙어있는 형태가 많으며 작품의 형태나 윤곽을 만들어 주는 역할로 디자인의 골격이 되는 꽃이다.
- 꽃 : 글라디올러스, 리아트리스, 용담, 트리토마, 델피늄, 스톡, 금어초, 루피너스 등
- 잎 : 소철, 네프로네피스, 산세베리아, 자스민, 부들, 버들류, 꽃나무류 가지 등

41 ① 42 ① 43 ③ 44 ① 45 ②

46. 다음 꽃 중 형태별 구분 시 라인(line)형에 속하지 않는 것은?
① 글라디올러스　　② 리아트리스
③ 스토크　　　　　④ 스타티스

47. 덩어리 꽃 (mass flower)으로 작품의 중심에 꽂는데 많이 이용하는 꽃은?
① 안스리움　　② 안개초
③ 수국　　　　④ 프리지어

[해설] 매스형 꽃과 잎(mass flower · foliage)
- 꽃송이가 약간 크고 하나의 줄기에 한 송이의 꽃으로 이루어져 있다.
- 작품 속에서 부피감을 주고 싶을 때 주로 사용되며 한 송이보다는 여러 송이를 함께 사용하는 것이 효과적이다.
- 디자인할 때 선의 표현이나 연결 또는 중심으로 이용범위가 가장 넓은 꽃이다.
- 꽃 : 거베라, 다알리아, 튤립, 카네이션, 장미, 러넌큘러스, 금잔화, 백일홍, 국화, 수국 등
- 잎 : 크로톤, 디펜바키아 마리안느, 동백잎, 고무나무잎 등

48. 다음 중 형태적으로 줄기가 방사상으로 자라는 표준형 식물이 아닌 것은?
① 마란타　　　② 페페로미아
③ 렉스베고니아　　④ 산세베리아

49. 꽃모양과 크기에 따라 분류한 것이다. 다음 중 연결이 옳은 것은?
① Line flower- 뭉치꽃-장미
② Mass flower- 선꽃- 칼라
③ Filler flower- 채우는 꽃- 스타티스
④ Form flower- 모양꽃- 소국

[해설] 폼형 꽃과 잎(form flower · foliage)
- 모양이 뚜렷하고 개성적 특징이 있는 분명한 꽃으로 형태적 가치가 매우 높은 꽃이다.
- 시각상의 초점 역할로 사용되는 경우가 많아 작품의 무게 중심이 되기도 한다.
- 꽃 : 칼라, 안스리움, 극락조화, 나리류, 아마릴리스, 카틀레야, 해바라기, 심비디움, 아이리스 등
- 잎 : 알로카시아, 몬스테라, 안스리움 잎, 칼라디움, 팔손이 등

50. 다음 중 절화의 형태적 특성이 잘못 짝지어진 것은?
① 라인플라워-리아트리스
② 폼 플라워- 백합
③ 매스 플라워- 글라디올러스
④ 필러 플라워- 안개초

46 ④　47 ③　48 ④　49 ③　50 ③

51. 디자인의 골격이 되어 선을 구성하거나 윤곽을 잡는데 사용되는 것은?
① 라인 플라워
② 매스 플라워
③ 폼 플라워
④ 필러 플라워

52. 꽃꽂이 소재로서 이용 시 숙근 안개초가 속하는 꽃 형태상의 분류군으로 옳은 것은?
① 선형 꽃(라인 플라워)
② 덩어리 꽃(매스 플라워)
③ 형태 꽃(폼 플라워)
④ 채우기 꽃(필러 플라워)

해설 필러형 꽃과 잎(flier flower · foliage)
- 하나의 줄기에 여러 개의 작은 꽃들이 붙어 있는 형태를 가지고 있으며
- 꽃과 꽃 사이의 빈 공간을 메워 주거나 연결 또는 율동감이나 색감을 부드럽게 해주는 꽃으로 입체감을 보완해 주는 역할을 한다.
- 꽃 : 카네이션(스프레이형), 소국류, 스타티스, 프리지아, 플록스, 안개꽃, 공작초, 석죽, 솔리다고 등
- 잎 : 루스커스, 아스파라거스류(미리오크라다스), 히페리쿰, 편백, 아디안텀, 공작고사리, 회양목 등

53. 장식품의 전시에서 이용되는 조명 중 광원의 빛을 대부분 천장이나 벽에 부딪혀 확산된 반사광으로 비추는 방식으로 효율이 떨어지지만 그늘짐이나 눈부심이 없는 것은?
① 전반확산조명
② 간접조명
③ 반간접조명
④ 직접조명

해설 배광 방식에 의한 분류
① 전반 확산 조명: 공간 전체에 확산되도록 하는 조명방법으로 눈부심은 거의 일어나지 않고 그림자도 매우 약하다. 방 전체를 고루 밝게 하기 위한 천장 등에 적합하다.
② 간접조명: 대부분의 빛은 벽이나 천장에 비춤으로서 공간 전체가 거의 반사된 빛으로만 밝혀지게 된다.
③ 반간접조명: 반직접조명과 비슷하여 눈부심이 거의 없고 그림자도 매우 부드럽게 나타난다.
④ 직접조명: 비추고자 하는 면을 향해서 90%이상의 빛을 직접 모아 비추는 조명

54. 광원에 따라 물체의 색이 달라지는 광원의 특성을 무엇이라 하는가?
① 연색성
② 광도
③ 전광속
④ 조도

해설 광원의 연색성(color rendering)
- 조명이 물체의 색감에 영향을 미치는 현상으로 같은 물체색이라도 조명에 따라서 색이 달라져 보이는 성질을 말한다.

51 ① 52 ④ 53 ② 54 ①

55. 색의 삼속성의 하나로 색의 선명도를 나타내는 것으로 포화도라고도 하는 것은?

① 명도　　② 색상　　③ 채도　　④ 순색

[해설] 채도
- 색의 맑고 탁한 정도, 순수한 정도를 말한다.
- 유채색에만 있으며 가장 순수한 순색이 가장 채도가 높다.
- 채도를 순도 또는 포화도라고도 한다.
- 유채색에 무채색을 섞을수록 채도는 낮아진다.
- 먼셀의 색입체에서 1에서 14단계로 구분한다.

56. 다음 색상 중 따뜻한 색끼리 짝지어진 것은?

① 빨강-주황　　② 남색-보라
③ 노랑-파랑　　④ 연두-자주

57. 색의 속성 가운데 '채도'에 관한 설명으로 잘못된 것은?

① 색 입체의 중심축인 무채색의 축에 가까울수록 채도 번호는 점점 낮아진다.
② 한 색상 중에서 가장 채도가 높은 색을 그 색상 중의 순색이라고 한다.
③ 채도단계에서 중성화된 색상들을 "Hue"라 한다.
④ 채도의 단계는 1에서 14단계로 나뉘어진다.

[해설] 색상(Hue), 명도(Value), 채도(Chroma)로 표기한다.

58. 12개의 색상환에서 1색상씩 건너 뛰어 3색이 함께 조화되는 것을 가리키는 것은?

① 보색 조화　　② 유사색 조화
③ 이색 3조화　　④ 이색 6 조화

[해설] ① 보색조화
　　　색채 대비에서 가장 강한 느낌을 주는 조화
　　② 유사색조화
　　　색채의 대비가 가장 부드럽게 나타나는 조화로 색상환 바로 옆에 있는 근접 색체나 명도, 채도끼리 조화되는 것이다. 상호간에 공통 요소가 가장 많이 포함되어 있다.
　　③ 이색6조화
- 유사색조화보다 약간 강한 색채 조화의 효과를 얻을 수 있다.
- 12개의 색상환에서 1색상씩 건너 뛰어 3색이 함께 조화 될 수 있게 한다.
- 유사색 조화가 너무 단조로운 데 비하여 좀 더 변화 있는 조화미를 이루고 있다.

　　④ 이색 3조화
- 이색 6조화보다 더 강한 색채의 대비를 이루는 조화로 색상환의 색상 중 3색상을 뛰어 넘는 색이다.
- 120°의 위치에 있는 색과 함께 조화를 이루는 것으로 이상적인 색채 효과를 낼 수 있는 대담하고 강한 조화를 이룬다.

55 ③　56 ①　57 ③　58 ④

59. 주황색의 나리를 가지고 꽃다발을 제작할 때, 꽃을 보다 강하고 뚜렷하게 보이고자 할때 포장지의 색상으로 가장 적당한 것은?

① 보라
② 노랑
③ 파랑
④ 자주

60. 다음 설명 중 색상이 가지는 특성을 가장 잘 표현한 것은?

① 테이블 장식에서는 빨강, 주황, 노랑 색상의 꽃은 피하도록 한다.
② 고채도의 색상은 강하고 빠른 느낌을 준다.
③ 파스텔조의 색채는 동적이고 화사한 느낌을 준다.
④ 보라색 꽃은 자주색 배경보다 남보라색 배경에서 더 푸르게 보인다.

해설 색상
- 색을 구별하기 위한 색의 명칭, 색의 이름을 말한다.
- 빨강, 노랑, 녹색, 파랑, 보라 등 유채색에만 있는 다른 색과 구별되는 고유의 성질을 말한다.
- 색상환에서 가까운 거리에 있는 색상차가 작은 색을 유사색이라고 한다.
- 색상환에서 멀리 떨어져 있어 색상차가 큰 색을 반대색이라고 한다.
- 서로 마주보고 있어 색상차가 가장 큰 색을 보색이라고 한다.

61. 색에 대한 설명 중 옳지 않은 것은?

① 빨간 색은 활력이 넘치는 색으로 따뜻하고 강한 느낌을 준다.
② 흰색은 색상환의 제일 앞에 위치하며, 화훼디자인에 있어서 일반적인 색이라 할 수 있다.
③ 분홍색은 빨강에 흰색을 혼합한 색으로 낭만스럽고 여성스런 느낌을 준다.
④ 색상환에서 빨강과 청록은 보색관계에 있다.

62. 다음 중 먼셀 표색계의 "채도"에 대한 설명 중 옳지 않은 것은?

① 채도는 "C"로 표시한다.
② 색의 선명도를 나타내는 것으로 포화도라고 한다.
③ 채도가 높으면 색이 탁해진다.
④ 채도는 1에서 14단계로 나뉘어지며 색 입체의 중심축에서 바깥쪽으로 멀어질수록 채도번호는 점점 높아진다.

63. 다음 색채의 대비에 관한 내용 중 바르게 설명한 것은?

① 녹색과 청색은 같은 거리이지만 가깝게 느껴지고, 무채색은 유채색보다 진출되어 보인다.
② 노란색에서 빨간색까지의 단파장의 색상은 따뜻한 느낌을 준다.
③ 명도가 밝으면 작게 보이고 어두우면 크게 보인다.
④ 순색에서는 노랑색이 가장 크게 보인다. 명도가 밝으면 크게 보이고 어두우면 작게 보인다.

59 ③   60 ②   61 ②   62 ③   63 ④

64. 자극을 주어 색각이 생긴 후 자극을 제거해도 흥분이 남아 원자극의 형상과 닮았지만 밝기는 반대로 되는 현상은?

① 정의 잔상
② 색순응
③ 부의 잔상
④ 명암순응

해설 ① 명암순응
- 명순응 : 갑자기 밝은 광선을 대할 때 눈부심이 있다가 정상으로 회복되는 기능을 말한다.
- 암순응 : 밝은 곳에 있다가 어두운 곳으로 들어가면 처음에는 물체가 잘 보이지 않다가 약 15분정도 지나면 차차 보이게 되는 현상을 말한다.

② 색순응
- 색광에 순응하는 것으로 색광이 물체의 색에 영향을 주어 순간적으로 물체의 색이 다르게 느껴지지만 나중에는 물체의 원래 색으로 보이게 되는 것을 말한다.

③ 부의 잔상
- 일반적으로 많이 느끼는 잔상으로 자극이 사라진 후 형태는 원래의 자극과 비슷하게 나타나나 명도는 정반대로 나타나며 색상이 보색으로 되는 것도 있다.

④ 정의 잔상
- 망막에 주어진 색의 자극이 없어졌을 때도 원래의 자극과 비슷한 잔상이 계속 지속되는 현상을 말한다.
- 정의 잔상은 부의 잔상보다 자극이 더 오래 지속된다.

65. 미국의 색채학자 저드(D.B.judd)의 색채 조화론에서 주장한 색채 조화의 원리로 옳지 않은 것은?

① 질서의 원리
② 친근성의 원리
③ 유사성의 원리
④ 모호성의 원리

해설 저드의 색채조화론은 모호성의 원리가 아니라 명백성의 원리이다.

66. 화훼장식디자인 요소로서 향기에 대한 설명으로 옳은 것은?

① 자스민의 향기는 부드러운 분위기를 연출한다.
② 후리지아 향기는 가을을 연상시킨다.
③ 장미의 향기는 소화를 촉진시킨다.
④ 소나무의 향은 자극적이며 흥분을 유도한다.

67. 색의 대비에 대한 설명으로 틀린 것은?

① 색상이 다른 두 색의 영향으로 인해 색상차가 크게 보이는 것이 색상대비이다.
② 면적이 커지면 실제보다 명도는 높게 채도는 낮게 보인다.
③ 연변 대비를 방지하기 위해서는 색과 색 사이에 무채색을 사용한다.
④ 옆에 있는 색과 닮은 색으로 보이는 것은 동화현상이다.

해설 면적대비 : 면적이 커지면 명도, 채도가 증가하여 그 색은 실제보다 더 밝고 선명하게 보이고 반대로 면적이 작아지면 명도, 채도가 감소되어 보이는 현상을 말한다.

64 ③   65 ④   66 ①   67 ②

68. 지루한 느낌이 들 수 있으나 톤의 변화를 주어 배색하면 부드럽고 우아한 느낌을 주는 색의 조화는?

① 보색조화
② 유사색조화
③ 다색조화
④ 삼색대비조화

해설
- 유사색상의 배색조화 : 주조색의 인접한 3가지 색상에 다양한 색조를 사용하는 것으로 단일색 조화보다 부드럽고 풍부한 느낌이다.

69. 다음중 중성색이 아닌 것은?

① 다홍색
② 연두색
③ 보라색
④ 자주색

해설 빛깔의 성질을 나타낼 때에 중간적인 성질을 나타내는 색. 흥분색(興奮色)과 침정색, 따뜻한 느낌을 주는 색과 차가운 느낌을 주는 색의 중간에 있는 색으로, 녹색이나 자주색 따위를 이른다.

70. 다음 중 오스트발트 색상환의 색상배치에 기본이 된 이론은?

① 먼셀의 5 원색설
② 헤링의 4 원색설
③ 영- 헬름홀츠의 3 원색설
④ 뉴턴의 프리즘설

해설 색 지각설
- 영,헬름홀츠(Herman von Helmholtz)의 3원색설–빛의 3원색인 R,G,B를 인식하는 시신경이 있어 이 색의 강도에 따라 컬러를 만든다는 색 지각설이다.
- 헤링의 4원색설(반대색설)–색을 본 후에 반대색의 잔상이 일어나는 것에 의하여 색의 지각을 말한 학설로 반대색설이라고도 한다.무채색을 제외한 적,녹,황,청에 의한 색을 말한다.

71. 한국의 전통적인 오방색과 방위표시가 잘못 연결된 것은?

① 청 – 동쪽
② 흑 – 북쪽
③ 황   남쪽
④ 백 – 서쪽

해설 동(청색), 서(백색), 남(적색), 북(흑색), 중앙(황색)

72. 다음 중 먼셀 표색계에 대하여 바르게 설명한 것은?

① 색상:H, 명도;V, 채도;C로 표기한다.
② 표기순서는 CV/H이다.
③ 먼셀 표색계의 채도는 10단계이다.
④ 먼셀 색상환의 최초 색상기준은 3원색이다.

해설 먼셀 표색계
- 색상(H), 명도(V), 채도(C)순으로 표기 한다.
- H V/C 5R 4/14(색상은 빨간색 5R , 명도는 4, 채도는 14)
- 빨강(R), 노랑(Y), 녹색(G), 파랑(B), 보라(P)의 5가지 색상을 기본으로 한다.

68 ②   69 ①   70 ②   71 ③   72 ①

73. 다음 색의 혼합 결과 명청색은?

① 흰색+순색 ② 회색+순색
③ 검정+순색 ④ 청색+순색

해설
- 유채색 중에서 채도가 가장 높아 깨끗하고 순수한 색을 순색
- 명암에 따라 밝은 색을 명색, 어두운 색을 암색.
- 색의 순수한 정도에 따라 맑은 색을 청색, 흐린 색을 탁색
  - 명청색 (순색+흰색, 흰색 량이 많아짐에 따라 명도가 높아짐)
  - 암청색 (순색+검정, 검정 량이 많아짐에 따라 명도가 낮아짐)
  - 명탁색 (청색+밝은 회색, 채도가 낮아짐)
  - 암탁색 (청색+어두운 회색, 채도가 낮아짐)

74. 가법혼색(additive color mixture)의 삼원색에 속하는 색이 아닌 것은?

① 노랑색 ② 파랑색
③ 빨강색 ④ 녹색

해설
- 가법혼색(색광혼합)
  - 빛의 혼합을 말하며 빛의 색을 더해 점점 밝아지는 원리를 이용한 혼합이다.
  - 혼합하는 색이 많을수록 명도는 높아지고 채도는 낮아진다.
  - 색광의 3원색:Red , Green, Blue
- 감법혼색(색료혼합)
  - 색료의 혼합으로 색을 더하면 밝기가 감소하는 원리를 이용한 혼합이다.
  - 물감은 혼합하기 이전의 색의 명도보다 혼합할수록 색의 명도가 낮아진다.
  - 색료의 3원색:Cyan, Magenta, Yellow

75. 물체의 형태를 더욱 강하게 표현하며, 면적은 없지만 방향이 있으며, 방향에 감정을 표현할 수 있는 요소는?

① 점 ② 선
③ 면 ④ 명암

76. 다음 아래 설명이 의미하는 것은?

> 빨강색에 둘러싸인 주황색은 노랑색 기미를 띠고, 같은 주황색이라도 노랑색에 둘러싸이면 빨강색 기미를 띤다.

① 색상대비 ② 보색대비
③ 명도대비 ④ 계시대비

해설 색상대비
- 색상의 차를 강조하는 대비를 색상대비라 한다.
- 서로 다른 두 가지 색을 대비시켰을 때, 원래의 색보다 차이가 더욱 크게 느껴지는 것을 말한다.
- 주황색 위에 초록색을 놓으면 주황색은 더욱 붉게 보이고 초록색은 청록으로 보인다.
- 대비의 효과가 큰 것은 3원색의 대비이다.

73 ① 74 ① 75 ② 76 ①

77. 먼셀(Munsell)의 색입체의 기본모형이다. A,B,C축이 각 각 의미하는 것은?

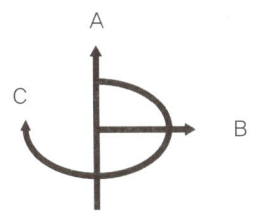

① A:색상 B:명도 C:채도
② A:명도 B:색상 C:채도
③ A:채도 B:명도 C:색상
④ A:명도 B:채도 C:색상

해설 색 입체
- 색의 3속성인 색상(H), 명도(V), 채도(C)를 3차원의 공간 속에 배열한 것을 말한다.
- 색상은 원으로, 명도는 수직 중심축으로 위로 갈수록 고명도, 아래쪽은 저명도, 채도는 방사선으로 배열되어 있으며 외부로 갈수록 고 채도를 나타낸다.

78. 우리나라와 같은 동양권에서 방위를 표시할 때 음양오행설에 따른 오방색으로 표현했을 때 그 연결이 옳은 것은?

① 적(赤)- 북쪽
② 청(靑)- 서쪽
③ 황(黃)- 중앙
④ 흑(黑)- 남쪽

해설 오방색
- 한국 전통색의 근본이 된다고 할 수 있는 오방정색의 다섯 가지 색상과 간색, 잡색의 생성원리를 음양오행의 원리로 풀이하고 있다.
- 조선시대에 오정색은 양기의 상징으로 공적인 업무시나 궁궐, 사찰 등 하늘과 땅의 양기와 음기가 모두 만나는 곳에 주로 사용되었다.
- 오방정색: 청, 적, 황 (양의 색), 백, 흑 (음의 색)

79. 다음 중 먼셀의 색표기법에서 "5Y8/10"의 의미로 적합한 것은?

① 명도는 5Y, 색상 8, 채도는 10이라는 색을 나타낸다.
② 색상은 5Y, 채도 8, 명도는 10이라는 색을 나타낸다.
③ 채도는 5Y, 명도 8, 색상은 10이라는 색을 나타낸다.
④ 색상은 5Y, 명도 8, 채도는 10이라는 색을 나타낸다.

해설 색의 표기
- 색상(H), 명도(V), 채도(C)순으로 표기 한다.
  예) H V/C 5R 4/14
  (색상은 빨간색 5R , 명도는 4, 채도는 14)

80. 식물학적 디자인에 대한 설명으로 틀린 것은?

① 식물학적 분류상 환경조건이 같은 종류를 선택하는 것이 좋다.
② 꽃봉오리, 개화, 만개, 결실 단계의 식물을 이용하여 그 식물의 일생을 표현한다.
③ 환경적 생육조건을 벗어난 소재를 선택한다.
④ 주변 환경에서 볼 수 있는 돌, 이끼 등을 사용하여 지면을 연출한다.

77 ④   78 ③   79 ④   80 ③

81. 다음 중 디자인의 요소가 아닌 것은?

① 선
② 질감
③ 형태
④ 향기

[해설] 디자인의 요소는 선, 형태, 깊이, 색, 질감, 향기 등으로 나눌 수 있다.

82. 다음 중 천일홍이 가지고 있는 질감을 가장 잘 나태 낸 것은?

① 매끈한 질감.
② 광택이 있는 질감
③ 거친 질감.
④ 부드러운 질감

83. 벽지가 분홍색인 방을 로맨틱한 분위기로 연출하고자 할 때 화훼장식의 색상조화로 적합한 것은?

① 노란색을 중심으로 한 유사색의 조화
② 노랑과 보라의 보색 조화
③ 빨간색의 단일색 조화
④ 파랑색의 단일색 조화

84. 먼셀(Albert H. Munsell) 색표계의 색을 표시하는 기호로 바른 것은?

① HC/V
② VH/C
③ CV/H
④ HV/C

85. 물체를 둘러싸고 있는 시지각의 영역이며, 어떤 물체의 외형선을 뜻하는 것은?

① 크기
② 질감
③ 형태
④ 비례

86. 보색 조화에 대한 설명으로 가장 알맞은 것은?

① 색상환에서 서로 반대편에 대립하는 색으로, 강한 느낌을 주는 색채 조화이다.
② 색채의 대비가 가장 부드럽게 나타나는 색채 조화이다.
③ 인상적인 색채 효과를 낼 수 있으며 통일감을 줄 수 있다.
④ 강한 결속을 나타내며 조화롭게 화려한 느낌을 나타낸다.

[해설] 보색대비
- 서로 반대되는 보색끼리 배색을 하였을 때 각자의 색은 원래 색보다 선명하게 보이는 현상을 말한다.
- 보색끼리의 색은 서로의 잔상에 의하여 상대 쪽의 채도를 높이며 색을 강하게 드러내 보이게 한다.
- 청록의 숲 속에 있는 빨강 지붕, 바다 위의 노란 돛이 선명한 대조를 이루는 것도 보색대비이다.

81 ④   82 ③   83 ③   84 ④   85 ③   86 ①

87. 평면 작품과는 달리 3차원 화훼장식 디자인에 대한 설명으로 틀린 것은?

① 작품을 주목받게 하는 요인은 작품자체이므로 높여지는 공간은 고려의 요소가 아니다.
② 3차원 작품에서 가장 분명하게 드러나는 디자인 요소는 형태(form)이다.
③ 3차원 작품에서는 실제로 작품에 빛이 비추어 지면서 극적인 효과를 발휘할 수도 있다.
④ 평범한 오브제의 스케일에 변화를 주어 예술적 표현을 할 수 있다.

88. 다음 그림과 같은 디자인의 원리는?

① 율동(Rhythm)　② 통일(Unity)
③ 균형(Balance)　④ 조화(Harmony)

[해설] ① 대칭 균형(Symmetrical Balance)
- 기하학상의 중심축을 기점으로 작품을 구성하는 기본 요소가 축의 좌우에서 균등한 대칭인 것이다.
- 규칙성, 엄격, 명확, 단조, 존엄 등 분명한 기하학적 구성과 비교적 폐쇄적인 윤곽을 갖는다.
- 좁은 의미로는 축을 경계로 하여 색·형태·크기·무게·재질 등 각 요소와 여러 똑같은 개체가 거울에 비추듯이 실제로 좌우의 같은 거리에서 균형을 이루고 있을 때 이것이 기본적인 대칭이다.

② 비대칭 균형(Asymmetrical Balance)
- 좌우가 대칭형이 아닌 자유로운 질서로 물리적 중심축을 수직축의 왼쪽이나 오른쪽으로 이동시켜 비대칭적인 균형을 만든다.
- 기하학적 중심에서 벗어난 위치에 관련되어 있는 여러 가지 개체의 크기, 형, 무게, 거리 등 서로 다른 모든 요소와 소재가 자연스런 느낌으로 배치되어 비대칭을 이루게 된다.
- 자연스럽고 비정형적이며 시각적 움직임으로 인한 생동감은 흥미로움과 긴장감을 만들어 낸다.
- 구성 내 공간의 대부분은 강조된 부분과 비대칭 균형을 이루기 위해 빈 공간이 필요하다.

89. 화훼장식의 디자인 원리에 대한 설명 중 틀린 것은?

① 대비는 성질이 서로 반대되는 요소에 적용할 수 있다.
② 강조는 변화나 흥미를 일으키고 생기를 준다.
③ 반복의 효과는 횟수가 많을수록 감소된다.
④ 통일은 미적 질서의 근본 원리이다.

90. 화훼장식에서 통일감의 표현을 위해 사용하는 방법으로 가장 거리가 먼 것은?

① 근접　② 연속
③ 반복　④ 강조

[해설]
- 근접(proximity)은 통일을 이루는 가장 쉬운 방법으로 디자인에 일종의 규칙성을 부여하는 것이다.
- 반복(repetition)은 통일감을 이루기 위한 가장 일반적이고 효과적인 방법이다.
- 전이(transition)는 한 요소에서 다른 요소로의 점진적인 변화와 색의 연결이나 형태의 연계성을 의미한다.

87 ①　88 ③　89 ③　90 ④

91. 다음 중 강조점에 대한 설명으로 틀린 것은?
① 강조점과 초점은 상호 밀접한 관계가 있다.
② 강조점은 한 가지 특성에 관심을 모으고 나머지는 모두 부수적으로 만드는 것을 말한다.
③ 강조점을 만들기 위해서는 여러 요소의 결합보다는 색상을 강조한다.
④ 강조점을 잘 사용하면 꽃꽂이 내부에 질서를 잡을 수 있다.

해설 강조점은 디자인의 나머지 부분에 비해 두드러지기 때문에 가장 먼저 보게 되는 부분으로 다른 재료들과 대비를 이룰 때 이루어지며 구성 내에서 디자인의 크기, 모양, 위치에 따라 강조 요소는 한 개 또는 여러 개가 될 수 도 있다.

92. 화훼장식디자인의 원리 중 리듬에 대한 설명으로 틀린 것은?
① 시선의 시각적인 움직임을 유도할 수 있다.
② 생명감, 존재성을 강하게 표현한다.
③ 직선보다 곡선적 형태가 부드럽고 자연스러운 느낌이 있다.
④ 색깔로 리듬감을 연출하기는 어렵다.

해설 리듬은 같은 요소들에 의한 시각적인 움직임을 말하며 선, 색, 형태 등의 요소들이 규칙적이거나 조화 있는 순환으로 나타나는 통제된 운동감이다.

93. 다음 중 디자인 원리에 대한 설명으로 틀린 것은?
① 화훼장식에서는 물리적, 시각적 균형 사이에 조화가 이루어져야 한다.
② 작품의 상관요소들을 선택, 정리하여 하나의 완성체로 단일화하는 것이 통일이다.
③ 주가 되는 것을 강하게 표현함으로써 단조로움을 벗어나게 하는 것이 강조이다.
④ 균형은 단위 형태가 주기성과 규칙성을 가지고 흐르거나 움직이는 상태를 말한다.

해설 균형이란 사실적 또는 시각적으로 감지되는 구조적 강도의 평형상태와 안정감을 의미한다.

94. 다음 중 대칭균형에 대한 설명으로 가장 거리가 먼 것은?
① 중심축을 기준으로 양쪽에 같은 요소로 동일하게 배열한다.
② 질서가 있어 안정된 느낌이다.
③ 공식적이고 위엄이 있어 보인다.
④ 자연스럽고 비정형적이며 생동감이 있다.

해설 비대칭균형 : 자연스럽고 비정형적이며 시각적 움직임으로 인한 생동감은 흥미로움과 긴장감을 만들어낸다.

95. 특별한 기술이나 도구 없이 꽃을 건조시키는 방법 중 가장 비용이 적게 들고 대량으로 만들 수 있는 방법은?
① 동결건조　　　　　　　　　　② 열풍건조
③ 자연건조　　　　　　　　　　④ 실리카겔건조

91 ③　92 ④　93 ④　94 ④　95 ③

해설 자연건조법(air drying)
- 가장 기본적인 식물의 건조방법으로 인위적인 방법을 가하지 않고 자연 그대로 건조된 꽃을 채집하거나 절화를 거꾸로 매달거나 바닥에 흩어놓아 말리는 것이다.
- 건조 장소는 건조하고, 어둡고, 서늘하며(10℃이상) 통풍이 잘 되어야한다.
- 밀짚 꽃이나 별꽃, 스타티스, 아킬레아, 솔방울, 부들, 까치밥 등과 같은 소재들이 적합하다.
- 활짝 피기 전의 꽃이 자연건조의 이상적인 조건이다.

96. 다음 중 건조 소재의 보존방법으로 적당하지 않은 것은?
① 건조하고 어두운 곳에 보관한다.
② 햇빛이 잘 닿는 곳에 걸어 놓아둔다.
③ 아크릴 상자 속에 건조제와 함께 보관한다.
④ 가능하면 피막 처리하여 보관한다.

97. 다음 중 화훼장식에서 건조용 소재의 설명으로 틀린 것은?
① 국내에서 가장 많이 이용된 건조소재는 다래 덩굴이다.
② 건조화는 꽃에만 국한되지 않고 꽃, 잎, 줄기, 뿌리, 나무껍질, 버섯, 이끼 등이 이용되고 있다.
③ 수분이 적고 꽃잎과 줄기가 딱딱하여 건조 후 변형이 잘 되지 않는 절화를 채집한다.
④ 홍화, 밀, 양귀비는 열매를 이용한다.

98. 다음 중 건조화로 많이 이용되는 꽃이 아닌 것은?
① 장미
② 아킬레아
③ 로단세
④ 국화

해설 로단세(Helipterum mangresii), 밀짚꽃(Helichrysum bracteatum) : 꽃이 규산질로 되어 있으며 꽃잎아래 1.5~2cm에서 줄기를 잘라내고 철사를 끼워 건조한다.

99. 건조시켜 화훼장식을 이용하는데 그 소재가 주로 열매로만 묶인 것은?
① 꽈리, 석류, 청미래 덩굴, 솔방울
② 레몬, 포피, 연밥, 솔방울, 페퍼민트
③ 월계수, 스프링게리, 다래, 토마토
④ 로즈마리, 조, 수수, 강아지풀

96 ②   97 ④   98 ④   99 ①

100. 다음 중 건조화에 대한 설명으로 옳지 않은 것은?
① 식물의 장식을 위한 건조에는 관상가치가 높은 꽃과 잎, 줄기, 열매에 이르는 모든 부위가 가능하다.
② 자연건조법은 건조방법 중에서 가장 특별한 기술과 재료를 요구하는 방법이다.
③ 건조에 적합한 장소는 공기의 유입과 순환이 자유로운 곳이 좋다.
④ 건조 재료는 가벼운 중량감으로 반영구적으로 사용 할 수 있다는 장점을 가지고 있다.

> [해설] 자연건조법은 가장 기본적인 식물의 건조방법으로 인위적인 방법을 가하지 않고 자연 그대로 건조된 꽃을 채집하거나 절화를 거꾸로 매달거나 바닥에 흩어놓아 말리는 것이다.

101. 다음 중 건조화로 사용하기에 가장 좋은 꽃으로 연결된 것은?
① 봉선화, 채송화
② 과꽃, 기린초
③ 해바라기, 유카
④ 밀짚꽃, 스타티스

102. 다음 중 건조소재를 이용한 장식에서 건조소재의 보존방법으로 잘못된 것은?
① 빛과 습기에 약하므로 건조하고 어두운 곳에 보관한다.
② 장마철에는 일시적으로 비닐에 싸두거나 상자속에 넣어 보관한다.
③ 유리용기 속에 넣어 장식하거나 아크릴로 만든 상자 속에 넣어 장식하면 방습시킬 수 있다.
④ 매몰건조나 동결 건조된 꽃은 습기에 강하므로 밀폐시킬 필요는 없다.

103. 건조화를 만들기 전에 글리세린을 처리하는 주된 이유는?
① 건조된 후 좋은 향이 나도록 하기 위해서
② 건조소재의 부서짐을 방지하고 유연성을 증가 시켜 보관되도록 하기 위해서
③ 건조가 잘 되도록 하기 위해서
④ 건조 시 색이 변하는 것을 방지하기 위해서

> [해설] 재료가 유연하여 잘 부서지지 않으며 큰 재료들을 건조할 수 있고 한 번에 많은 양을 처리할 수 있다.

104. 흡수성이 강하여 건조 과정 중에 변형을 최소화시키고 빠른 탈수를 유도하는 가장 효과적인 건조제는?
① 글리세린
② 실리카겔
③ 붕사
④ 모래

> [해설] 실리카겔(silica gel)은 규산(SiO_2) 의 건조 상태의 겔로 강한 흡수력을 지니며 자기 무게의 40%까지 수분을 흡수할 수 있고 건조시켜 재사용이 가능하다.

100 ②   101 ④   102 ④   103 ②   104 ②

105. 건조시키는 도중에 꽃의 크기 변화가 가장 적은 건조법으로 적당한 것은?

① 열풍건조
② 동결건조
③ 매몰건조
④ 자연건조

해설 동결 건조법(freeze drying)은 식물을 영하 50℃ 가량의 초저온에서 12시간 정도 동결시켜 수분을 승화시키는 방법으로 동결건조기(freeze dryer)를 이용하며 꽃의 형태나 색이 잘 유지된다.

106. 꽃의 건조방법에 대한 설명으로 틀린 것은?

① 열풍건조는 열풍건조기를 이용하여 많은 건조화를 생산하며, 빠르게 건조시키면서 변색이 적고 형태유지가 가능하다.
② 동결건조는 형태와 색상이 그대로 유지되고, 공기 중에서 수분흡수가 적어 밀폐되지 않은 공간장식에 많이 이용된다.
③ 실리카겔을 이용한 매몰건조는 형태와 색상변화가 적으나 공기 중 수분을 쉽게 흡수하므로 밀폐공간이나 피막 처리하여 장식해야한다.
④ 누름건조를 이용한 건조화를 누름 꽃이라 하고, 밀폐용 액자와 평면장식에 이용된다.

해설 동결 건조법(freeze drying)은 보관과정에서 공기 중 습도를 흡수하여 변색되기 쉬워 밀폐된 곳에 보관해야 한다.

107. 다음 중 건조화 및 건조법에 대한 설명으로 틀린 것은?

① 여러 가지 건조법을 통해 형태와 색상을 유지하며 건조시킬 수가 있다.
② 건조법 중에서 냉동건조법이 가장 일반적인 건조법이다.
③ 자연건조를 하기에 적당한 장소는 통풍이 잘 되고 반그늘인 곳이다.
④ 건조소재는 가볍게 제작이 가능하다는 장점을 가지고 있다.

해설 자연건조법(air drying)은 가장 기본적인 식물의 건조방법으로 인위적인 방법을 가하지 않고 자연 그대로 건조된 꽃을 채집하거나 절화를 거꾸로 매달거나 바닥에 흩어놓아 말리는 것이다.

108. 자연 건조 시 꽃 색과 형태의 변화가 적어 건조화를 만들기 가장 적합한 꽃은?

① 장미꽃
② 글라디올러스
③ 카네이션
④ 밀짚꽃

해설 밀짚 꽃이나 별꽃, 스타티스, 아킬레아, 솔방울, 부들, 까치밥 등과 같은 소재들이 적합하다.

109. 다음 중 압화로 만들기 쉬운 화훼장식품은?

① 꽃꽂이
② 갈란드
③ 평면장식
④ 리스

해설 꽃이나 잎, 줄기 등을 덩굴 등을 물리적인 방법이나 약품처리로 눌러서 건조시킨 후 회화적인 느낌을 강조하여 평면적으로 구성한 조형예술이다.

105 ②   106 ②   107 ②   108 ④   109 ③

110. 다음 중 압화용 누름꽃으로 이용하기에 가장 좋은 꽃은?
① 팬지
② 백일홍
③ 맨드라미
④ 해바라기

[해설] 건조가 잘 되는 소재로 팬지, 수선화, 안개, 국화, 다알리아, 코스모스, 국화, 수국, 매화, 제비꽃 등이 있다.

111. 다음 중 방향성 식물을 주로 이용하는 화훼장식품은?
① 포푸리
② 콜라주
③ 테라리움
④ 토피아리

[해설] 포푸리: 건조된 꽃이나 잎, 향나무, 조각, 식물의 뿌리에 플라워 오일을 섞어 재료의 색상, 모양, 질감, 향기를 즐길 수 있는 혼합물로 현재 보편화되어 있는 포푸리는 그 이용 범위가 상당히 넓다.

112. 자연 향을 오래 간직하기 위해서 말린꽃에 향기 나는 식물, 향료 등을 혼합하여 이것을 용기 속에 넣어 이용하는 장식화훼의 형태는?
① 포푸리
② 리스
③ 부토니어
④ 오브제

113. 꽃을 물들이는 방법으로 염료를 떨어뜨려서 방향에 따라 섞으면서 계속 반복한 다음 헹궈 말리는 방법과 카네이션이나 덴드로비움 줄기에 흡수염으로 집중적으로 줄기를 염색하는 방법은?
① 더미(dummy)
② 페틀레타(petaleta)
③ 틴팅(tinting)
④ 테일러드(tailored)

114. 염료 수용액을 직접 흡수시켜 다양한 색상의 염색화를 만들기에 가장 적합한 꽃은?
① 밀짚꽃
② 붉은색 카네이션
③ 스타티스
④ 흰색 카네이션

[해설] 생화 염색 시 산성염료가 가장 좋고 재료는 백색이나 연한계통의 꽃을 이용하는 것이 좋다.

115. 다음 중 압화를 만들 때 가장 적합한 꽃은?
① 극락조화
② 백합
③ 팬지
④ 안스리움

110 ①　111 ①　112 ①　113 ③　114 ④　115 ③

116. 건조소재로서 포프리(potpourri)의 설명으로 가장 거리가 먼 것은?

① 병속에 향기를 가꾼다는 의미이다.
② 꽃, 잎, 열매 등에서 자연적으로 향기가 나는 식물을 지칭한다.
③ 용기, 주머니 등 다양한 형태로 장식되며 방향요법에 사용된다.
④ 이집트시대 시체의 부패를 방지하기 위해 사용되었다.

[해설] 방향성 식물 (aromatic plant)은 식물체 전체나 특정 부위의 방향성으로 식용과 약용, 향료용, 관상용 등으로 쓰이고 있는 식물을 말하며 백리향(타임)*Thymus* spp. 로즈메리*Rosmarinus officinalis* 라벤더*Lavandula angustifolia* 등이 속한다.

116 ②

국가기술자격검정 필기시험문제

2008년 기능사 제2회 필기시험

자격종목 및 등급(선택분야)	종목코드	시험시간	문제지형별
화훼장식기능사	7625	1시간	

※ 답안카드 작성시 시험문제지 형별누락, 마킹착오로 인한 불이익은 전적으로 수험자의 귀책사유임을 알려드립니다.

1. 12~3월에 꽃이 피는 상록성 활엽수인 소재는?
   - 가. 노각나무
   - 나. 생강나무
   - 다. 동백나무
   - 라. 사스레피나무

2. 추파 1년초이며 호냉성인 것은?
   - 가. 시네라리아
   - 나. 메리골드
   - 다. 미모사
   - 라. 백일초

3. 자연건조가 잘 되어 건조소재로 이용되는 주요 소재가 아닌 것은?
   - 가. 숙근안개초
   - 나. 밀짚꽃
   - 다. 팔레놉시스
   - 라. 스타티스

4. 식재시기의 구분에 따라 추식구근류인 것은?
   - 가. 칸나
   - 나. 크로커스
   - 다. 다알리아
   - 라. 글라디올러스

5. 플로랄 폼의 사용에 관한 설명으로 옳은 것은?
   - 가. 플로랄 폼을 완전히 물에 적시기 위해 강제로 밀어 넣어 포화시키면 도움이 된다.
   - 나. 플로랄 폼을 물에 포화시킬 때 보존용액을 이용하면 절화수명 연장에 효과가 있다.
   - 다. 플로랄 폼을 용기에 꽉 채울 수 있도록 칼로 잘라낸다.
   - 라. 한번 사용한 플로랄 폼은 구멍난 부분만 제거하고 재사용한다.

6. 화훼장식에 대한 설명으로 틀린 것은?
   - 가. 채소나 과일은 화훼장식재료로 부적합하다.
   - 나. 화훼식물을 이용하여 우리 생활환경을 보다 아름답고 쾌적하게 조성할 수 있다.
   - 다. 감상이나 가꾸는 것 외에 원예치료의 효과도 거둘 수 있다.
   - 라. 생활 환경을 아름답게 하기 위해 절화류, 분화류, 관엽식물 및 건조화 등의 이용이 폭 넓다.

7. 다음 중 절화의 줄기 절단용 도구로 절단면이 가장 깨끗하게 잘려져 세포의 파괴에 의한 부패를 늦출 수 있는 것은?
   - 가. 가위
   - 나. 칼
   - 다. 스닙
   - 라. 가시제거기

8. 식물소재의 선택 시 주의사항으로 틀린 것은?
   - 가. 식물의 신선도를 살펴야 한다.
   - 나. 전체적인 색의 배합을 고려해야 한다.
   - 다. 절화의 수명이 비슷한 것을 선택해야 유지하기 편리하다.
   - 라. 작품의 강한 인상을 주기 위하여 폼 플라워를 여러 종류로 많이 선택한다.

9. 실내 공간장식에서 관목(shrubs)으로 이용되는 식물은?
   - 가. 아글라오네마

나. 필로덴드론 옥시카르디움
다. 알로카시아 오도라
라. 스킨답서스

10. 다음 난과 식물 중 원산지가 열대지방이며 나무줄기나 바위에 착생하여 자라는 것은?
    가. 한란
    나. 온시디움
    다. 보춘화
    라. 풍란

11. 숙근초에 대한 설명으로 옳은 것은?
    가. 꽃이 핀 다음 씨가 맺힌 후 말라죽는 식물이다.
    나. 종자를 파종한 후 발아되어 뿌리나 줄기가 여러해 동안 살아 남아 매년 꽃을 피우는 식물이다.
    다. 식물의 일부인 줄기 또는 뿌리의 일부분이나 배축이 비대해져 알뿌리 모양으로 변형된 식물이다.
    라. 주로 씨앗으로 번식되며, 내한성이 약한 편이다.

12. 리스 등을 제작할 때 이용되는 것으로 못, 진주핀 등을 이용하여 고정과 동시에 디자인을 가미하는 기술은?
    가. 와이어링(wiring)
    나. 밴딩(banding)
    다. 피닝(pinning)
    라. 클러스터링(clustering)

13. 꽃보다 열매가 아름다운 절지용 소재로 가장 거리가 먼 것은?
    가. 노박덩굴
    나. 살구나무
    다. 좀작살나무
    라. 청미래덩굴

14. 크리스마스 무렵에 빨강색의 꽃을 피우는 게 발선인장의 원산지는?
    가. 아프리카
    나. 동남아시아
    다. 브라질
    라. 미국

15. 우리나라에서 원예학적 분류상 다년생이 아닌 것은?
    가. 카네이션
    나. 알스트로메리아
    다. 금어초
    라. 거베라

16. 식공간 연출(테이블 데코레이션)을 제작할 때 주의할 사항으로 거리가 먼 것은?
    가. 화분(花粉:꽃가루)이 떨어지는꽃은 사용하지 않는다.
    나. 화형의 높이는 시선을 방해하지 않게 한다.
    다. 향이 진한 꽃은 사용하지 않는다.
    라. 한 방향에서만 감상할 수 있도록 한다.

17. 신부부케 제작에 관한 설명으로 가장 거리가 먼 것은?
    가. 절화를 이용하여 고리모양으로 만들어 머리에 쓴다.
    나. 꽃의 줄기를 잘라 철사로 대체하여 줄기를 구부려 만들기도 한다.
    다. 줄기를 나선형 또는 직렬형 등으로 모아서 묶어준다.
    라. 플로랄 폼이 들어있는 홀더를 사용하여 원형이나 폭포형 등의 조형이 되도록 만들기도 한다.

18. 선형(formal linear)디자인에 대한 설명으로 틀린 것은?
    가. 수직선, 수평선, 사선 및 곡선 등을 이용할 수 있다.
    나. 소재는 항상 대칭으로 배치하여야 한다.
    다. 식물 소재의 형태와 선의 특성을 대비시켜서 표현한다.
    라. 여백을 이용하여 소재의 아름다움을 강조한다.

19. 칼라(calla)의 부드러운 줄기를 지탱하기 위한 철사처리 방법으로 적합한 것은?
   가. 소잉(sewing)
   나. 크로싱(crossing)
   다. 인서션(insertion)
   라. 시큐어링(securing)

20. 절화의 호흡에 대한 설명으로 틀린 것은?
   가. 절화의 호흡량은 종과 품종에 따라 차이가 있다.
   나. 온도에 따라서 현저하게 달라진다.
   다. 29℃에 저장한 꽃은 2℃에 저장한 것보다 호흡량이 많다.
   라. 모든 식물체는 온도가 올라감에 따라 호흡량이 감소한다.

21. 식물의 발근을 촉진시키는 호르몬은?
   가. 싸이토키닌   나. 지베렐린
   다. 옥신   라. 아브시스산

22. 보석알을 촘촘히 박아 놓은 듯하게 동일한 높이로 꽂는 기법은?
   가. 베이싱(basing)
   나. 그륩핑(grouping)
   다. 파베(pave)
   라. 시퀀싱(sequencing)

23. 장미의 꽃목굽음이 일어나는 주요 요인으로 옳은 것은?
   가. 기온이 떨어지는 겨울에 채화 할 때 일어나는 현상이다.
   나. 조기 채화시 전처리를 해주어 일어나는 현상이다.
   다. 절화의 수분 균형이 깨져 발생하는 현상이다.
   라. 수분 공급이 지나치게 되면 발생하는 현상이다.

24. 절화보존제의 주성분이 아닌 것은?
   가. 당류   나. 살충제
   다. 에틸렌 작용 억제제   라. 식물생장조절제

25. 원예용 특수토양에 관한 설명으로 틀린 것은?
   가. 수태는 이끼를 건조시켜 만든 것이다.
   나. 부엽토는 낙엽을 썩힌 것으로 만든 것이다.
   다. 나무껍질로 만든 것을 질석(vermivulite)이라고 한다.
   라. 진주암을 고온에서 가열하여 만든 것을 펄라이트(perlite)라고 한다.

26. 교차선 배열에 대한 설명으로 틀린 것은?
   가. 교차선 배열은 자연의 식물 모습에서도 볼 수 있는 배열이다.
   나. 선이 엇갈리며 여러 각도로 표현된다.
   다. 여러 개의 생장점이 있으며 구조적 구성에는 활용되지 않는다.
   라. 꽃을 꽂는 한 지점에 여러 개의 소재가 겹치지 않아야 한다.

27. 다음 중 분식물의 관수 방법으로 틀린 것은?
   가. 6~8월에는 햇볕이 뜨거운 낮에 물을 주는 것이 좋다.
   나. 겨울에는 오전 10시경 미지근한 물을 이용한다.
   다. 겨울은 식물의 휴면기이므로 물을 적게 준다.
   라. 싹이 날 때는 수분이 마르지 않도록 물을 준다.

28. 방사선 배열에 대한 설명으로 옳은 것은?
   가. 한 개의 초점에서 부채살처럼 사방으로 펼쳐지는 배열이다.
   나. 여러 개의 줄기가 같은 방향으로 뻗어가는 배열이다.
   다. 여러 개의 초점에서 나온 선이 각각 여러 각도 방향으로 뻗어 나가는 배열이다.

라. 교차선 배열에서 발전된 형으로 선의 흐름이 구부러지고 휘감기는 배열이다.

29. 우리나라 꽃꽂이의 기본 형태는 식물이 자연에서 자라는 형태를 기준으로 한다. 다음중 기본형 태에 대한 설명으로 틀린것은?

   가. 직립형-위로 곧게 뻗는 형
   나. 경사형-비스듬히 뻗는 형
   다. 하수형- 아래로 늘어지는 형
   라. 평면형-사방으로 퍼지는 형

30. 식물 소재의 손질 방법으로 틀린 것은?

   가. 구입된 절화소재에서 시들거나 손상된 부위의 꽃잎과 잎은 제거하고 잎이 너무 무성하면 솎아준다.
   나. 절화 줄기나 나뭇가지 아랫부분의 잎은 깨끗하게 제거한다.
   다. 비슷한 길이의 서로 평행으로 자란 나뭇가지는 모양이 좋으므로 가지를 자르지 않고 잘 살리는 것이 좋다.
   라. 대칭으로 자란 잔가지는 번갈아 쳐내어 공간을 살리는 것이 좋다.

31. 수태를 이용하여 식재한 공중걸이분의 관수에 대한 설명으로 가장 적합한 것은?

   가. 분무기로 하루 2~3회 분무해 준다.
   나. 매일 욕실 등에 옮겨 물을 충분히 준다.
   다. 수태가 바싹 마르면 한 번씩 흠뻑 준다.
   라. 수태는 수분을 많이 함유하므로 처음 심을 때 한 번만 많이 준다.

32. 에틸렌 발생의 원인에 대한 설명으로 틀린 것은?

   가. 좁은 공간내 열원이 가까이 있으면 발생한다.
   나. 통풍이 너무 잘 되어도 발생한다.
   다. 오래되고 시든 절화가 있으면 발생한다.
   라. 포장시 취급하는 폴리에틸렌 필름, 플라스틱 조화, 포장용 끈 등이 원인이 된다.

33. 디펜바키아 마리안느(*Dieffenbachia*)와 같은 잎에 적합한 철사처리 방법은?

   가. 크로싱(crossing)   나. 소잉(sewing)
   다. 피어싱(piercing)   라. 인서션(insertion)

34. 갈란드(galand)제작시 주의사항으로 틀린 것은?

   가. 꽃가루나 잎이 떨어지지 않는 재료로 선정한다.
   나. 절화, 절엽 소재들은 모두 인서션법(insertion method)으로 철사 처리한다.
   다. 묶거나 꽂은 재료가 빠지거나 떨어지지 않게 한다.
   라. 갈란드의 끈은 재료의 무게를 충분히 견딜 수 있는 것으로 한다.

35. 일반적으로 리스(wreath)에 적용되는 본체와 안쪽 지름의 황금비율(A:B:C)은?

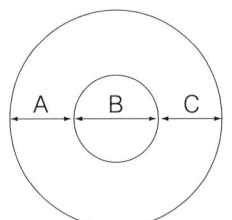

   가. 1 : 1 : 1   나. 1 : 1.6 : 1
   다. 1 : 2 : 1   라. 1 : 2.5 : 1

36. 비더마이어에 대한 설명으로 틀린 것은?

   가. 클래식 스타일이다.
   나. 소재를 적게 쓰는 장점이 있다.
   다. 비더마이어 디자인은 부케에도 사용된다.
   라. 빽빽하고 둥글게 장식한다.

37. 절화를 수확한 후 물올림 작업에 사용하는 물의 pH로 까장 적당한 것은?
   가. pH1~2
   나. pH3~4
   다. pH6~7
   라. pH8~9

38. 과꽃이나 소국 등으로 부케(bouquet)를 제작할 때 와이어 끝을 1cm 구부려서 제작하는 철사처리 방법은?
   가. 후킹(hooking)
   나. 소잉(sewing)
   다. 피어싱(piercing)
   라. 트위스팅(twisting)

39. 테라리움(terrarium)의 관리요령으로 틀린 것은?
   가. 충분한 광합성을 위하여 직사광선을 받는 곳에 둔다.
   나. 과다한 관수를 피해야 한다.
   다. 토양을 적당히 건조한 상태로 유지시켜 식물의 생장을 억제 시킨다.
   라. 뚜껑을 가끔 열어주어 공기순환과 함께 수분을 증발 시킨다.

40. 토양의 특성이 아닌 것은?
   가. 뿌리의 호흡과 양분·수분 흡수에 관여한다.
   나. 식물의 생육에 관여한다.
   다. 식물체를 지지한다.
   라. 고온에서 가공되며 균이 없다.

41. 볏단, 밀짚다발, 옥수수대 등을 이용하여 같은 재료 또는 비슷한 재료를 단단히 묶는 기법은?
   가. 조닝(zoning)
   나. 시퀀싱(sequencing)
   다. 번들링(bundling)
   라. 테라싱(terracing)

42. 다음 중 난색에 대한 설명으로 틀린 것은?
   가. 무채색에서는 고명도의 색이 더 따뜻하게 느껴진다.
   나. 색상환에서 빨강, 주황, 노랑 주위의 색을 말한다.
   다. 난색은 주로 빨강 위주의 고채도의 색일 때 따뜻하게 느껴진다.
   라. 색상 중에서 흰색보다 검정색이 따뜻하게 느껴진다.

43. 색채가 화사하고 안정적이며 흥분을 가라 앉히는 색으로 가장 적합한 것은?
   가. 순색
   나. 파스텔 색조
   다. 무채색
   라. 탁색

44. 고려시대 꽃문화의 특징에 해당하는 것은?
   가. 꽃 문화가 생활 속에 정착하고 발전하였으며, 불전에 바치는 공양으로 꽃이 많이 사용되었다.
   나. 이 시대에 들어 꽃꽂이는 획기적인 발전을 이루었으며 꽃에 관한 다양한 전문서적이 저술되었다.
   다. 서양으로부터 다양한 양식이 도입되었다.
   라. 꽃꽂이는 실용적인 목적으로 사용되기 시작하였으며, 주로 여성들의 여가 활동으로 각광을 받았다.

45. 다음 화훼장식에 사용되는 소재 중 가장 고운 질감에 속하는 것은?
   가. 아킬레아
   나. 리아트리스
   다. 알스트로메리아
   라. 카네이션

46. 강조에 대한 설명으로 틀린 것은?
   가. 작품 전체의 통일감을 주면서 특정부분을 강하게 표현하는 것이다.

나. 다른 작품들과 대비를 이룰 때 이루어진다.
다. 디자인에서 필수적인 요소이며 디자인의 크기, 모양에 상관없이 한 개만 존재한다.
라. 디자인의 일부로 남아 있어야 한다.

렬한 느낌을 주게 된다.
라. 화훼디자인에서 꽃과 용기의 색은 일치해야 한다.

47. 보색을 서로 합치면 무슨 색이 되는가?
가. 유채색　　　　나. 무채색
다. 중성색　　　　라. 난색

48. 조선시대의 화훼장식에 대한 저자와 책이 바르게 짝지어진 것은?
가. 강희안–임원십육지　　나. 홍만선–산림경제
다. 허균–양화소록　　라. 서유구–성소부부고

49. 화훼장식에 대한 설명으로 틀린 것은?
가. 화훼장식은 조화 소재를 주로 사용하여 실내 공간을 장식하는 것이다.
나. 화훼장식이란 장식물을 제작, 설치, 유지 및 관리하는 기술을 말한다.
다. 화훼장식 중 실내 장식의 형태는 절화장식, 분식물 장식, 실내 정원으로 나눈다.
라. 화훼장식의 재료에서 화훼는 관상의 대상이 되는 초본 식물과 목본식물을 총칭한다.

50. 염색화를 제작시에 사용되는 표백제가 아닌 것은?
가. 하이포아염소산염　　나. 구연산
다. 아염소산나트륨　　라. 과산화수소

51. 화훼장식디자인에서 색채의 분포에 대해 바르게 기술한 것은?
가. 눈을 자극하는 재료는 넓은 면적에 분배한다.
나. 현란한 색은 많이, 엷고 부드러운 색은 적게 사용한다.
다. 대립되는 색은 주조색(主潮色)보다 적어야 강

52. 빅토리아 시대의 화훼장식에 대한 설명으로 틀린 것은?
가. 디자인과 테크닉이 체계화 되었다.
나. 화훼디자인 교육을 받을 수 있었다.
다. 화훼디자인이 예술로 인정받았다.
라. 주로 종교적으로 쓰이기 시작했다.

53. 색의 3원색이 아닌 것은?
가. Green　　　　나. Magenta
다. Yellow　　　　라. Cyan

54. 다음 중 화훼장식의 기능으로 거리가 먼 것은?
가. 공간장식　　　　나. 메시지 전달
다. 정서불안　　　　라. 환경조절

55. 다양한 구성요소가 모여 아름다운 전체 구성을 이루어 내는 것은?
가. 균형(balance)　　나. 강조(emphasis)
다. 비례(proportion)　　라. 조화(harmony)

56. 건조화에 대한 설명으로 옳은 것은?
가. 꽃이 빨리 마를 수록 밝고 섬세한 색을 잃기 쉽다.
나. 압화는 평면건조화 이다.
다. 실리카겔은 일회용 건조제이다.
라. 글리세린은 대표적인 고체건조제이다.

57. 화훼디자인의 요소 중 만져서 느낄 수 있는 촉각과 덩어리감을 느낄 수 있는 뭉치, 중량감, 부피감을 말하는 것은?

가. 공간(space)　　나. 양감 (volume)
다. 비례(proportion)　라. 질감(texture)

58. 균형(balance)에 관한 설명으로 옳은 것은?
   가. 대칭 균형만이 완전한 균형을 이룬다.
   나. 균형은 형태나 색채상으로 평형 상태인 것을 말한다.
   다. 비대칭 균형은 엄숙하고 장중한 느낌을 준다.
   라. 비대칭 균형은 동적인 화훼장식을 표현할 수 없다.

59. 디자인의 원리를 설명한 것으로 옳은 것은?
   가. 균형은 소재들 간의 상대적 크기이다.
   나. 리듬은 움직임이 연속적으로 되풀이 되는 것이다.
   다. 구성은 특정 부분을 강하게 표현한다.
   라. 비율은 공간과 질감의 상호관계이다.

60. 화훼장식에 있어서 디자인의 전체적인 틀과 골격을 형성하는 요소는?
   가. 방향　　　　나. 크기
   다. 선　　　　　라. 면

[화훼장식기능사] 답안

1	다	11	나	21	다	31	가	41	다	51	다
2	가	12	다	22	다	32	나	42	가	52	라
3	다	13	나	23	다	33	나	43	나	53	가
4	나	14	다	24	나	34	나	44	가	54	다
5	나	15	다	25	다	35	나	45	다	55	라
6	가	16	라	26	다	36	나	46	다	56	나
7	나	17	가	27	가	37	나	47	나	57	나
8	라	18	나	28	가	38	가	48	나	58	나
9	다	19	다	29	라	39	가	49	가	59	나
10	나	20	라	30	다	40	라	50	나	60	다

참고문헌

고하수. 1993. 한국의 꽃 예술사 I, II. 하수출판사.
곽병화. 1984. 신제화훼원예학총론. 향문사.
곽병화. 1994. 화훼원예각론. 향문사.
김광식 외. 2003. 개정화훼학총론. 선진문화사.
김규원, 김기선, 김종화, 김홍열, 백기엽, 이종석 외. 2005. 화훼재료 및 형태학. 위즈밸리.
김명숙. 1998. 선물포장. 모아.
김장미. 2005. 화훼장식기초이론과 실제. Top.
김선례, 한금숙. 2005. step by step floral design. 멜리아.
문 원, 이종석, 주영규, 김기선, 이용범, 정병룡. 2007. 생활원예. 한국방송통신대학교출판부.
민희자, 노순복, 이영혜. 2004. 전통화예. 도서출판 인아.
박윤점, 변미순, 이윤주, 이정민, 이현주, 정우윤 외. 2005. 화훼장식학. 위즈밸리.
박윤점, 서정근, 손기철, 이인덕, 한용희, 허북구. 2003. 알기쉬운 장식원예총론. 중앙생활사.
박은혜 외 3인. 2004. 화훼장식기능사 1, 2, 3, 4. 시대고시기획.
박진아. 2004. 컬러리스트. 예문사.
박홍덕, 박재홍, 박선주, 정병갑. 2006. 식물계통분류학. 월드사이언스.
서수옥. 1999. 플라워디자인 교본(Arrangement 편, Corsage · bouquet). 알라딘.
서정남 외. 2005. 분화 및 화단 식물. 부민문화사.
서정남, 경윤정, 박천호. 2005. 원예와 함께하는 생활. 부민문화사.
서정남, 박천호, 서정근. 2003. 푸른학교 가꾸기. 부민문화사.
손관화. 2004. 화훼장식. 중앙생활사.
손기철, 윤재길. 2000. 꽃색의 신비. 건국대학교출판부.
손기철. 1997. 원예치료. 서원.
손기철. 2002. 수확 후 관리 및 취급요령. 중앙생활사.
손기철. 2003. 절화 · 절엽 · 드라이플라워의 수확 후 관리 및 활용. 중앙생활사.
예하미디어편집부. 2006. 원예학. 예하미디어.
오성도, 김기선. 2005. 원예작물학 II. 한국방송통신대학교출판부.
이규배. 식물형태학. 2005. 라이프사이언스.
이상태 외. 식물분류학. 2005. 신일상사.
이유성, 이상태. 1994. 현대식물분류학. 우성.
이종석, 곽병화. 1996. 신제 가정원예. 향문사.
이종석, 박천호, 서정근, 정정학, 정병룡, 김영아, 김규원 등. 2005. 화훼품질유지 및 관리론. 위즈밸리.
이창복. 1993. 식물분류학. 향문사.
임주연. 2006. 화훼장식 이론과 실기. 도서출판 인아.
윤평섭, 이화은, 정해인, 나선영, 김양희, 문현선, 변미순 등. 2005. 화훼장식디자인 및 제작론. 위즈밸리.
윤평섭. 1995. 한국원예식물도감. 지식산업사.
장은옥, 김혜정. 2005. 화훼장식기능사 필기문제. 크라운출판사.
장은옥. 2005. 화훼장식 기능사 실기출제 예상문제. 크라운출판사.
조제영. 2003. 신고재배학원론. 향문사.
진미자. 2001. 화훼디자인의 표현과 기법. 미진사.
한국꽃예술작가협회. 2004. 화훼장식 A to Z. KOBOOK.
한국색채연구소(재). 2003. 색채 I, II. 칼라뱅크커뮤니케이션(주).
한국원예학회. 2003. 원예학용어 및 작물명집. 한림원.
한국화훼연구회. 1998. 화훼원예학총론. 문운당.
한국화훼장식교수연합회. 2007. 600가지 꽃도감. 부민문화사.
화훼장식기술 인정도서 편찬위원회. 2008. 화훼장식기술 I. 경기도교육청.
화훼장식기술 II 인정도서 편찬위원회. 2008. 화훼장식기술 II. 경기도교육청.
황영숙. 2007. 화훼장식기사. 일진사.